Keine Panik vor Mechanik!

Oliver Romberg · Nikolaus Hinrichs

Keine Panik vor Mechanik!

Erfolg und Spaß im klassischen „Loser-Fach" des Ingenieurstudiums

9. Auflage

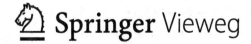 Springer Vieweg

Oliver Romberg
Deutsches Zentrum für Luft- und
Raumfahrt (DLR)
Bremen, Deutschland

Nikolaus Hinrichs
Bovenden, Deutschland

Illustrations by
Oliver Romberg
Deutsches Zentrum für Luft- und
Raumfahrt (DLR)
Bremen, Deutschland

ISBN 978-3-8348-2412-7   ISBN 978-3-8348-2413-4   (eBook)
https://doi.org/10.1007/978-3-8348-2413-4

Die Deutsche Nationalbibliothek verzeichnet diese Publikation in der Deutschen Nationalbibliografie; detaillierte bibliografische Daten sind im Internet über http://dnb.d-nb.de abrufbar.

Einbandabbildung: Oliver Romberg, Bremen
Cartoons: Oliver Romberg, Bremen

Planung/Lektorat: Stephanie Preuß
Springer Vieweg ist ein Imprint der eingetragenen Gesellschaft Springer Fachmedien Wiesbaden GmbH und ist ein Teil von Springer Nature.
Die Anschrift der Gesellschaft ist: Abraham-Lincoln-Str. 46, 65189 Wiesbaden, Germany

Vorwort (liest sowieso keiner)

... und noch ein Buch mit Grundlagen der Mechanik. *Warum?* Vor allem, weil wir, die beiden Autoren, viel Spaß beim Schreiben hatten. Wir trafen uns dafür regelmäßig in Hannovers Kneipenszene zwecks Brainstorming ... jeden Abend eine andere Kneipe. Aus diesen bis in die frühen Morgenstunden dauernden Arbeitstreffen haben wir Anregungen für eine nicht-wissenschaftliche Darstellung der Mechanik geschöpft. Wir hoffen, mittels der verdienten Tantiemen dann irgendwann die verbliebenen offenen Deckel bezahlen zu können. Und (ganz ohne Geschwafel) ein weiterer Grund für dieses Buch:

> So ein Buch war schon lange mal dran!

Im Vorwort „der anderen" wird „ein einfacher Zugang zur Mechanik" angekündigt. Unter Verlust der wissenschaftlichen Strenge[1] wolle man „dem Leser einen einfachen Zugang liefern". Was viele der Autoren in ihren kühnsten Fantasien erträumen – in diesem Buch wird es getan! Oft fällt einfach die Tatsache unter den Tisch, dass Mechanik nur die mathematische Beschreibung und Verallgemeinerung alltäglicher Beobachtungen ist.

In diesem Buch sollen die Grundlagen der Mechanik so dargestellt werden, dass sie für fast jeden verständlich sind. Und vor allem:

> Dieses Buch soll Spaß machen!

Selbst wenn Spaß für die meisten Ingenieure eine unnötige Zeitverschwendung darstellt, wollen wir auf möglichst lustvolle Weise eine schnelle Führung durch das „Gebäude der Mechanik" veranstalten und die volle Schönheit und Einfachheit des gedanklichen Bauwerks zum Ausdruck bringen. *Der Wert anderer Lehrbücher soll aber nicht gemindert werden!* Im Gegenteil: Die Lektüre weiterführender, wissenschaftlicher Bücher ist jedem

---

[1]... was Herr Dr. Hinrichs bei dem hier vorliegenden Werk oft nur mit Schmerz verzerrtem Gesicht realisierte.

zu empfehlen, der sich von den soliden Fundamenten des Bauwerks „Mechanik" und der liebevollen Ausgestaltung der Details überzeugen möchte.

Als Vorlage dienten uns die in der Literaturliste angegebenen Quellen. Die meisten Aufgabenideen stammen aus dem nahezu grenzenlosen Fundus des Instituts für Mechanik an der Uni Hannover. Neu ist allerdings … na, das werdet ihr schon sehen!

Wenn einige Leser bei der Lektüre des Buches das Gefühl haben, dass wir, die beiden Autoren, im Verlauf des Buches etwas allergisch aufeinander reagieren und uns gegenseitig so oft wie möglich einen reinwürgen, dann … also wirklich …, dann ist das ganz bestimmt nicht so gemeint![2,3]

Bremen Göttingen   Dr. Oliver Romberg
(irgendwann am frühen Morgen)   Dr. Nikolaus Hinrichs

---

[2]Herr Dr. Hinrichs möchte an dieser Stelle ausdrücklich betonen, dass er Herrn Dr. Romberg trotz alledem für ein sehr geselliges, lustiges Kerlchen hält.

[3]Herr Dr. Romberg bedauert, dass er dieses schmeichelhafte Kompliment so nicht zurückgeben kann; er möchte betonen, dass er Herrn Dr. Hinrichs für einen ~~Langweil~~ hervorragenden Wissenschaftler hält.

Vorwort zur neuesten Auflage (liest auch keiner)

Wir möchten uns bei allen Lesern für das große Interesse an diesem Buch bedanken! Besonders gefreut haben wir uns über all die motivierenden Briefe und E-Mails begeisterter Fans, inklusive *etliche Dankesschreiben nach bestandenen Prüfungen!* Dass sich dieses Buch tatsächlich zu einem Bestseller entwickeln würde, hatte selbst Herr Dr. Hinrichs nicht gewagt zu prognostizieren![4]

Vielen Dank auch an den Vieweg-Teubner-Verlag, der den Mut hatte, einen so unkonventionellen Weg zu beschreiten!

Ein großes Dankeschön auch an diejenigen Leser, die in akribischer Arbeit einen Fehler in den ersten Auflagen des Buches entdeckt haben. Nicht nur die Klopfer, die Herr Dr. Romberg als seine typischen „After-five-Bugs[5]" rechtfertigt, sind in der neuesten Auflage verschwunden. Auch „kleine Ungereimtheiten", die Herr Dr. Hinrichs angeblich absichtlich eingebaut hatte, um einen zeitgemäßen interaktiven Kommunikationsfluss zwischen Autoren und Lesern „... mit dem Buch als kulturellem Zentrum für einen kreativen Wissenstransfer ..." aufzubauen, sind beseitigt worden.

Außerdem möchten wir darauf hinweisen, dass es dieses Buch auch *auf Englisch* gibt: *Don't Panic with Mechanics!* bietet eine hervorragende Möglichkeit, gleichzeitig Mechanik und Englisch zu lernen (!); siehe dazu:

www.dont-panic-with-mechanics.com

Im Label Native Records ist die begleitende Rock-CD zum Buch erschienen (Herr Dr. Romberg singt und spielt Gitarre, und Herr Dr. Hinrichs schüttelt nur den Kopf ..., aber nicht als Headbanger und schon gar nicht im Takt). Hörproben gibt es u. a. auf der oben angegebenen Hohmpäidsch und auf amazon.de. Die CD ist überall im Handel erhältlich. Bitte an die Kommilitonen weiterempfehlen ... Studien aus den USA (!) haben bereits

---

[4]Wohingegen sich Herr Dr. Romberg schon im Vorfeld mit Stockholm in Verbindung setzte – leider bisher ohne Erfolg.

[5]Fehler, die nach dem fünften Getränk entstehen.

erwiesen, dass der Konsum dieser „Engineer Music" (what's the hell's that?) nachweislich die Durchfallquote bei Mechanikklausuren drastisch reduziert!

Und zum Schluss halten wir noch ein Zitat eines Literaturkritikers „from the dark side" über das vorliegende Buch für erwähnenswert:

„... *Ich habe unsere Fachbibliothek gebeten, alle bisher gekauften Exemplare zu vernichten* ..."

Und außerdem: Die offenen Bierdeckel sind alle bezahlt (nicht nur die) …

Maui, Hawaii   Dr. Oliver Romberg
(irgendwann am späten Abend)   Dr. Nikolaus Hinrichs

Inhaltsverzeichnis

Im Vollbesitz unserer geistigen Kräfte und Momente: Statik

Man stelle sich vor, irgendwo in einem Zugabteil des Interregio herumzusitzen … irgendwo zwischen Aurich und Visselhövede (Letzteres liegt zwischen Hannover und Bremen und lässt sich am besten nach einigen Tequila aussprechen, aber Herr Dr. Hinrichs kann's auch so!).

© Springer Fachmedien Wiesbaden GmbH, ein Teil von Springer Nature 2020
O. Romberg und N. Hinrichs, *Keine Panik vor Mechanik!*,
https://doi.org/10.1007/978-3-8348-2413-4_1

Bei unveränderter Position auf der spärlichen Sitzgelegenheit macht sich nach einigen Stunden unweigerlich ein leichter Schmerz im Gesäßbereich bemerkbar. Dieser ist auf eine Druckkraft zurückzuführen. Trotz der Schmerzen siegt der Wille, sich innerhalb des gewählten Koordinatensystems (z. B. Kurswagen 234) nicht zu bewegen! Schon haben wir ein statisches System! Statik ist nämlich die Lehre vom Einfluss von Kräften auf ruhende Körper. Da sich nicht erst seit Einstein ein gleichförmig bewegter Körper auch als ruhend bezeichnen kann, lassen sich die Gesetze der Statik auch auf Körper oder Systeme übertragen, die sich mit konstanter Geschwindigkeit bewegen, wie in diesem Fall auf den Zug (vorausgesetzt, er fährt sehr viel langsamer, als sich das Licht bewegt).

In allen Bereichen der Mechanik können einen die einfachsten Zusammenhänge manchmal zum Grübeln bringen, weil sie sich mit der menschlichen Vorstellungskraft in irgendeiner Art und Weise nicht zu vertragen scheinen. Das liegt auch daran, dass man immer versucht, Lösungsansätze auf der Basis eigener Erfahrungen in Verbindung mit vermeintlicher Logik zu bringen. Von dieser Seite her kann einem die Mechanik dann ganz übel mitspielen (Herr Dr. Hinrichs kennt dieses Phänomen nach eigenen Angaben nicht).

Sehen wir uns einmal Abb. 1.1a an. Dort ist ein festgebundenes (fest gelagertes) masseloses Seil dargestellt, an dessen einer Seite genau ein Newton zieht – eine Kraft von einem Newton (1 N) entspricht derjenigen Kraft, die man aufbringen muss, um

Abb. 1.1 **a** Ein Newton zieht. **b** Zwei Newton ziehen

ungefähr 0,1 kg, also z. B. eine Tafel Schokolade, in der Höhe zu halten. Das Seil wird hier als *masselos* angenommen, damit wir erst mal keine vertikalen Kräfte betrachten müssen. In Abb. 1.1b ist das gleiche Seil abgebildet, an dessen anderer Seite jetzt aber noch ein Newton (vielleicht sein gleich starker Bruder) mit aller Kraft tätig ist. Es ziehen also zwei; die Frage ist: In welchem Fall muss das Seil mehr aushalten? Oder mechanischer: In welchem der beiden Fälle nimmt das Seil eine größere Zugkraft auf?

Umfragen bei Nichtmechanikern gehen fifty-fifty aus. Die einen sagen, dass das Seil mit den beiden Newtons mehr aushalten muss, da in diesem Fall ja doppelt so viel gezogen wird. Die anderen sind davon überzeugt, dass es in beiden Fällen die gleiche Kraft aufnimmt, und genau das ist auch richtig! Wer das nicht versteht, sollte sich folgende Frage stellen: Woher soll das Seil aus unserem Beispiel wissen, dass es im Fall 2 (Abb. 1.1b) auf der einen Seite von Sir Isaac Newtons Bruder festgehalten wird und nicht um den rostigen Hafenpoller gewickelt ist? Man kann das Ganze auch so ausdrücken: Im Fall 2 (Abb. 1.1b) *simuliert* Newtons Bruder den Hafenpoller und muss sich bemühen, von dem anderen nicht über den Rasen gezogen zu werden. Er muss dafür die gleiche Kraft aufbringen wie sein Bruder oder der Hafenpoller in Fall 1 (Abb. 1.1a). Wenn das aber so einfach zu durchschauen wäre, dann hätte man im Mittelalter zum Vierteilen keine vier Pferde benutzt, sondern nur drei Gäule und einen Baum.

Herr Dr. Romberg, der gern auch als Hilfsphilosoph für viel zu lange Abende sorgt, fragt an dieser Stelle:

Was ist denn überhaupt eine Kraft?

Man stellt sehr schnell fest, dass diese Frage unmöglich zu beantworten ist. Dafür eignet sie sich aber hervorragend zum Herumphilosophieren. Kann man in der Wissenschaft etwas nicht erklären, so wird es entweder definiert oder für ein paar Jahrzehnte oder Jahrhunderte für Unsinn abgetan. Der bekannte italienische Maler, Zeichner, Bildhauer, Architekt, Naturwissenschaftler, Techniker und Ingenieur (strengt euch an!) Leonardo da Vinci (1452–1519) hat folgende Definition der Kraft für uns parat [16]:

> „Ich sage, Kraft ist ein geistiges Vermögen, eine unsichtbare Macht, die durch zufällige, äußere Gewalt verursacht wird, hineingelegt und eingeflößt durch die Körper, die durch ihren Gebrauch abgeplattet und eingeschrumpft erscheinen, ihnen tätiges Leben von wunderbarer Macht schenkend; sie zwingt alle Dinge der Schöpfung zu Wandlungen von Formen und Standort, eilt ungestüm zu ihrem gewünschten Tode und verändert sich je nach Ursache; Verzögerung macht sie groß, Schnelligkeit schwach, sie entsteht durch Gewalt und vergeht durch Freiheit."

Man könnte wirklich in der obigen Aufzählung die ungeschützte Berufsbezeichnung „Dichter" hinzufügen. Für den Nurmechaniker ist eine Kraft per Definition *eine Erscheinung, die entweder eine Verformung oder eine Bewegung hervorruft oder vermeidet.*

Wir stellen uns z. B. vor, jemand presst seine Nase ganz entschieden gegen die Seitenwand eines schweren, frei stehenden Schranks. Irgendwann wird die Testperson eine Verformung zu spüren bekommen oder sogar eine Bewegung, nämlich dann, wenn der Schrank mit der schon blutverschmierten Seitenwand plötzlich umkippt. All das ist auf eine Kraft zurückzuführen, welche (wie der Mechaniker sagt) von der Nase auf den Schrank und *in gleicher Weise* vom Schrank auf die Nase ausgeübt wird. Dabei ist es eben für die Bestimmung der Kraft egal, von welcher Seite wir dieses Problem behandeln: Die Kräfte an Wand und Nase sind grundsätzlich gleich groß, wirken aber in genau entgegengesetzte Richtungen. Und schon haben wir das erste und wichtigste „Axiom" der Statik verstanden:

Actio = reactio (Kraft = Gegenkraft)

Dieses Axiom ist in der Mechanik auch als „Newton 3" bekannt: „Die Wirkung ist stets der Gegenwirkung gleich, oder die Wirkungen zweier Körper aufeinander sind stets gleich und von entgegengesetztem Richtungssinn." (Einzige Ausnahme ist, wenn Herr Dr. Hinrichs irgendwelchen aufgebrezelten Damen zuzwinkert …)

Wird das Seilbeispiel (Abb. 1.1) profimäßig als einfache Statikaufgabe behandelt, dann zeichnet man es erst einmal vereinfacht auf. Die zerrende Figur symbolisieren wir

Abb. 1.2 Ersatzsystem
„Newton zieht am Seil"

einfach durch einen Pfeil. Eine Kraft ist nämlich ein Vektor, d. h., man muss nicht nur ihren Betrag (hier: F = 1 N) angeben, sondern auch die Richtung, in der sie wirkt. Die Wirkung einer Kraft ist abhängig von deren Betrag und Richtung.

Statt des feststehenden Pollers wird nun ein mechanisches Ersatzmodell verwendet: das Festlager. Abb. 1.2 zeigt schließlich ein fertiges mechanisches Ersatzmodell für das System: „Ein Newton zieht am festgebundenen Seil."

1.1 Das Allerwichtigste

Das Wichtigste im Leben von Mechanikerinnen und Mechanikern fängt mit F an und hört mit n auf. Es ist etwas, an das man immer denken muss! Leider wird es viel zu selten und in den wenigsten Fällen mit der notwendigen Sorgfalt und Liebe gemacht und führt dadurch zu allerlei Problemen. Das muss nicht so sein, wenn man von Anfang an lernt, damit richtig umzugehen: Die Rede ist vom *Freischneiden.*

Freischneiden bedeutet, von einem System (hier Seil) alle Figuren, Poller, Lager, Hebezeuge, Gewichte etc. zu entfernen und diese durch Pfeile (Kräfte und Momente) zu ersetzen. Dabei muss man darauf achten, dass das System bei Beendigung des Freischneidens keine Berührung mit der Umgebung mehr hat.

Wir schneiden also – wie mit der Schere – alle Verbindungen des Seiles mit der Umgebung (Poller und Person) ab. Überall dort, wo Material durchgeschnitten wurde (hier das Seil), müssen wir (mindestens) eine Kraft antragen. Wir dürfen schneiden, wo wir wollen! So kann man an einer beliebigen Stelle (auch innerhalb) eines Körpers die Kräfte ermitteln, vorausgesetzt, man hat sie richtig angezeichnet. Hierbei ist die Wahl der Richtung der Kräfte nicht von entscheidender Bedeutung. Viel wichtiger ist es, sich zu überlegen, ob an der Stelle, wo wir geschnitten haben, eine Horizontalkraft und/ oder eine Vertikalkraft und/oder ein Moment (kommt später) wirkt. Wird diesbezüglich irgendetwas vergessen, geht die Bestimmung der Kräfte und Momente den Bach runter. Mit einem genauen Hinsehen fällt und steigt also der Erfolg beim Lösen eines mechanischen Problems oder einer Aufgabe.

Wenn wir die Newton-Figur also wegnehmen, so müssen wir diese „ganz schnell" durch einen Pfeil (Kraft) ersetzen, damit das Seil nicht schlaff wird. Dies ist für Abb. 1.2 schon geschehen. Das Gleiche gilt aber auch für den Poller bzw. den anderen Newton. Es ist beim Freischneiden völlig egal, ob die Kräfte von außen aufgebracht werden (Person) oder am System „entstehen" (Poller, besser: Lager). Bei *von außen aufgebrachten („ein-geprägten") Kräften* ist es wichtig, von vornherein auf die richtige Pfeilrichtung zu

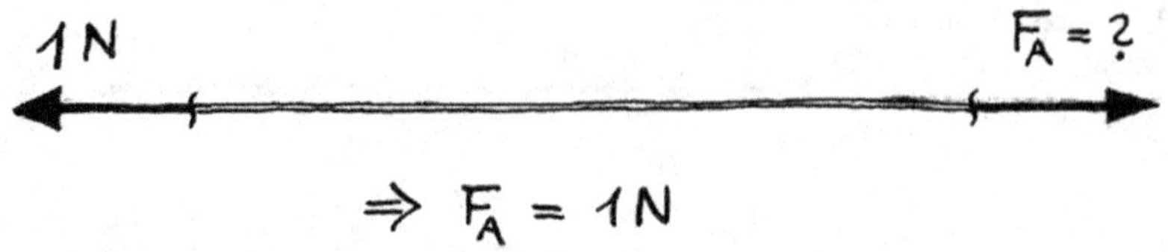

$$\uparrow N \qquad\qquad\qquad\qquad\qquad\qquad \vec{F}_A = ?$$

$$\Rightarrow \vec{F}_A = \uparrow N$$

Abb. 1.3 Freikörperbild (FKB) „Newton zieht am Seil"

achten. Beim Seil ist die Richtung einfach, denn ein Seil kann nur Zugkräfte aufnehmen. Das weiß jeder, der schon einmal versucht hat, seinen Hund beim Gassigehen mit der Leine zu schieben. Bei den im System entstehenden Kräften, die man meistens herausbekommen möchte, ist der Richtungssinn der Pfeile erst einmal egal. Die Mathematik zeigt uns dann schon, ob wir sie richtig gezeichnet haben! Es entsteht also beim Freischneiden für beide Fälle in Abb. 1.1 dasselbe *Freikörperbild* (FKB; Abb. 1.3), weil beide Systeme mechanisch identisch sind.

Kompliziertere Systeme (Aufgaben!) in der Statik unterscheiden sich in 90 % der Fälle nur dadurch, dass sie aus mehr Kräften (herbeigeführt durch Figuren, Gewichte oder sonstige Kraftgeber), Momenten (kommt gleich) oder Lagern bestehen und dass man sie für zwei oder drei Raumrichtungen behandeln muss. Für jede Richtung gilt dann, dass sich alle Pfeile insgesamt aufheben müssen, *weil sich ja nichts bewegen soll (Statik).* Kräfte und Momente werden dabei völlig unabhängig voneinander aufsummiert. That's all!

Das Paradoxe bei der Methode des Freischneidens ist, dass sie von innenund -mechanikern einfach nicht angenommen und angewendet wird. Der Grund dafür ist eines der letzten großen Rätsel der Grundlagenmechanik.

1.2   Moment mal!

Neben Kräften können auf einen Körper noch Momente wirken, die statt einer geraden (Herr Dr. Hinrichs nennt das lieber „translatorischen") Bewegung eine Drehung (Rotation) hervorrufen wollen. Ein Moment wird erzeugt durch eine Kraft, die an einem Hebel zieht oder drückt. Ein und dieselbe Kraft kann je nach Länge des Hebels (Hebelarm) völlig unterschiedliche Momente hervorrufen. Die Einheit eines Moments ist 1 Nm, was daher kommt, dass man den Betrag der Kraft mit dem Hebelarm multipliziert. Dabei ist zu beachten, dass Kraft und Hebel bei der Berechnung zu Fuß ohne Anwendung der Vektorrechnung (kommt später) senkrecht zueinander stehen müssen.

Die Bestimmung der Momente in der Statik ist fast immer nichts anderes als die Anwendung des auch allen Hausfrauen und Hausmännern bekannten „Hebelgesetzes", nur manchmal mit mehr als nur einem Hebel und zwei Kräften. Wichtig: Kräfte und

Momente werden in einem System unabhängig voneinander zusammengezählt. In der vektoriellen Betrachtungsweise hat man sich darauf geeinigt, dass die Richtung des Moments senkrecht auf der Ebene steht, die von Kraft und Hebelarm aufgespannt wird. Zeigen die Finger der rechten Hand in die Richtung, in welche die Kraft versucht, den Hebel herumzureißen, so zeigt das Moment in die Richtung des motivierend (thumbs up!) hochgestellten Daumens („Rechte-Hand-Regel").

Herr Dr. Hinrichs weist darauf hin, dass die Darstellung des Moments in Abb. 1.4 nicht ganz korrekt ist, da beim Ersetzen eines Moments M durch eine Kraft F und einen Hebelarm l plötzlich eine resultierende Kraft vorhanden ist. Dies darf in der Statik nicht passieren, sonst setzt sich irgendwas in Bewegung.

Mechanikerinnen und Mechaniker würden sagen, dass die Gleichung für das Gleichgewicht der Kräfte (Σ F=0; kommt noch) nicht befriedigt ist (Herr Dr. Hinrichs befriedigt aber am allerliebsten Gleichungen, was man eben akzeptieren muss. Er hat sich etwas zu lange mit Science Friction beschäftigt). Ein Moment wird daher – wenn überhaupt mal in einer Aufgabe – durch ein Kräftepaar ersetzt (Abb. 1.5).

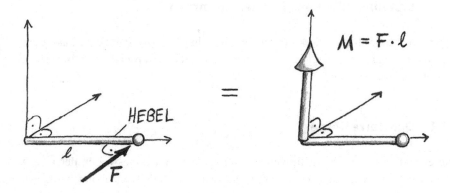

Abb. 1.4 Das Moment

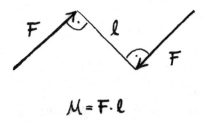

Abb. 1.5 Kräftepaar = Moment

Auf diese Weise heben sich beide Kräfte gegenseitig auf, denn ein Moment allein führt zu keiner translatorischen Bewegung. Die Momentenwirkung aber bleibt dieselbe. Dieser Zusammenhang wird weiter unten beim Rechnen der ersten einfachen Beispiele klarer.

1.3   Erst mal auf einen „Nenner" kommen

Bevor wir richtig in die Statik einsteigen, sind einige Grundbegriffe zu klären und ein paar Vereinfachungen zu treffen, damit man sich über die Problematik überhaupt „vernünftig" unterhalten kann.

1.3.1   Der starre Körper

Wie eigentlich überall bei naturwissenschaftlichen Betrachtungsweisen der uns (wahrscheinlich)[1] wirklich umgebenden Welt, ist man auf Modellvorstellungen angewiesen, um die Problemstellungen und Fragen auf das Wesentliche zu reduzieren.[2]

---

[1]Ausdruck in der Klammer auf ausdrücklichen Wunsch von Herrn Dr. Romberg hinzugefügt.

[2]Der Lektor gibt an dieser Stelle den bedeutenden Hinweis, dass bei dem gezeichneten tiefen Sonnenstand die Sonne oval verformt ist …

Jedes noch so einfach erscheinende System ist in seiner vollständigen Gesamtheit mit naturwissenschaftlichen Methoden nicht zu erfassen, da man dafür nicht nur die Koordinaten sämtlicher Elementarteilchen zu jedem beliebigen Zeitpunkt wissen müsste, sondern auch noch alle Temperaturen, Emissionen, Eigenbewegungen, Wandlungen usw. Wollte man dieses Wissen ergründen, sollte man lieber gleich irgendeiner harmlosen und vorzugsweise friedlichen Religionsgemeinschaft beitreten! Möchte man jedoch nichts weiter als die an einem System angreifenden mechanischen Kräfte und Momente beschreiben, so kann man *fast alles* vernachlässigen. Es genügt hier ein rein mechanisches Modell, um sich der Realität anzunähern.

Ein solches Modell ist der *starre Körper*. Dieser ist unendlich steif und fest und kann sich auch bei einer noch so großen Krafteinwirkung nicht verformen. In der Technik ist diese Vereinfachung bei irgendwelchen stabilen Bauteilen meistens zulässig und äußerst sinnvoll. In Wirklichkeit verformen sich die Teile bei Krafteinwirkung, und das bedeutet, dass sich auch die Orte verschieben, wo diese Kräfte angreifen, sodass sich wiederum die Kräfteverhältnisse am Körper ändern können. Dieser unglückliche Umstand entfällt beim starren Körper völlig. Es wird also angenommen, dass die Geometrie des Systems trotz aller möglichen Kräfte gleich bleibt.

1.3.2 Kräftegeometrie

Der Ort, an dem eine Kraft angreift, heißt (Kraft-)*Angriffspunkt*. Durch diesen Punkt –
zusammen mit der Kraftrichtung – wird eine Gerade definiert, die man als *Wirkungslinie* bezeichnet. In der Statik ist es erlaubt, eine Kraft unter Beibehaltung der Richtung
und des Betrags auf dieser Wirkungslinie hin und her zu schieben, ohne das System zu
verändern.

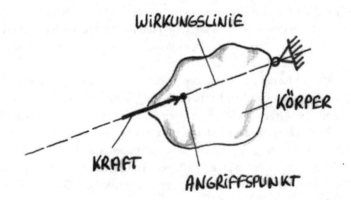

Wer Lust hat, kann dazu einen simplen Versuch machen: Man stelle irgendeinen starren
Körper, z. B. eine Vase oder einfach ein Wasserglas, auf ein Regal an die Wand (Lager)

Abb. 1.6 Krafteck

und drücke mit dem Finger zentral gegen den Körper, sodass dieser nicht zur Seite weg-
rutscht, sich also aufgrund seiner wirkenden Kräfte durch Finger und Wand (!) in Ruhe
befindet. Mechanikerinnen und Mechaniker würden sagen, der Körper befindet sich im
Gleichgewicht.

Der Gegenstand befindet sich auch dann noch im Gleichgewicht, und die Wirkung
und auch die Kräfte selbst bleiben identisch, wenn wir die äußere Fingerkraft auf ihrer
Wirkungslinie verschieben. Dazu können wir einfach eine beliebig lange Stange, z. B.
~~die zufällig abgebrochene Autoantenne eines Prüfers oder~~ einen Bleistift, der Länge nach
zwischen Finger und Gegenstand klemmen. Unter Beibehaltung von Betrag und Richtung der Kräfte bleibt die Wirkung (Gleichgewicht) auf den ursprünglichen Körper dieselbe. Gleichgewicht bedeutet in der Statik, dass ein Körper sich aufgrund der Kräfte
und Momente, die möglicherweise überall an ihm zerren oder drücken, nicht bewegt. Die
Kräfte und Momente heben sich für alle Richtungen[3] gerade eben auf. Bei einem starren
Körper, an dem nur zwei Kräfte angreifen, müssen beide Kräfte auf einer Wirkungslinie
liegen, gleich groß und entgegengesetzt gerichtet sein. Das ist bei unserem Glas-an-der-
Wand-Beispiel genau erfüllt.

Die drei Kräfte eines zentralen Kräftesystems kann man immer zu einem sogenannten
Krafteck (das ist *nicht* die Kneipe unter der Muckibude!) zusammenfassen (Abb. 1.6).

Greifen drei Kräfte an einem starren Körper an, so müssen sie sich – abgesehen
vom „Gegenseitig-Aufheben für jede Richtung" – in einem Punkt schneiden. Ausnahme: Sie sind parallel (aber dann berühren sie sich im Unendlichen[4]). Wenn
mehrere Kräfte an einem Körper ziehen oder drücken, so kann man diese grafisch
(z. B. Kräfteparallelogramm) oder rechnerisch (vektoriell) zu einer *Resultierenden*
zusammenfassen (Abb. 1.7). In der Statik muss die Resultierende, gebildet aus allen
Kräften, der „Nullvektor" sein.

---

[3]In unserer vereinfachten Welt gibt es sechs Richtungen oder „Freiheitsgrade", nämlich drei translatorische und drei rotatorische „Richtungen". In Wirklichkeit gibt es aber viel mehr (!).

[4]Herr Dr. Hinrichs findet das sehr romantisch ...

Abb. 1.7 Resultierende Kraft

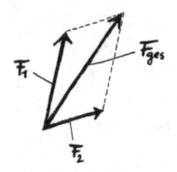

Eine resultierende Kraft hat dieselbe äußere Wirkung auf einen starren Körper wie alle Kräfte zusammen, aus der sie gebildet wird. Daher kann so ein Haufen aus Kräften durch die Resultierende ersetzt werden.

Als *Cremona-Plan* bezeichnet man (meistens bei Stabwerken, die später behandelt werden) die geschlossene Kette der Kraftvektoren, welche aus den beliebig vielen äußeren Kräften eines sich im Gleichgewicht befindlichen Systems gebildet wird. Für drei Kräfte eines zentralen Kräftesystems entspricht dies dem Krafteck.

1.3.3   Die Auflager (in der Ebene)

Neben dem starren Körper gibt es in der Mechanik noch mehr Modellchen, die dem kundigen Rechenknecht das Leben stark erleichtern. Bei den gedachten Bauteilen, die einen belasteten Gegenstand im Gleichgewicht halten, also selbst Reaktionskräfte aufbringen, handelt es sich um verschiedenartige Lager. Am einfachsten kann man sich das *Festlager* vorstellen (das ist *keine* Campingparty!). Wenn man seine Maus mit einem Nagel am Schreibtisch fixiert (Rechnermaus, nur ein Gedankenmodell!), dann kann sie sich nicht mehr translatorisch bewegen, sondern nur noch drehen. Der Nagel kann also bei seitlicher Belastung die zwei Kraftkomponenten in x- und y-Richtung aufnehmen. Er ist ein sogenanntes *zweiwertiges* Festlager.

Das einwertige *Loslager* kann nur die Kräfte in einer Richtung ausgleichen. Es kann einen Körper ähnlich einer glatten Wand nur abstützen. Der betreffende Körper kann aber seitlich wegrutschen. Auf einem Loslager kann ein Gegenstand ohne Widerstand herumrutschen wie ein Stück Seife am Boden einer Herren-Großraumdusche, nach dem man sich nur unter besonderen Sicherheitsvorkehrungen bucken sollte. Ein Loslager lässt sich auch als verschiebliches Festlager auffassen, welches, je nachdem, wie es angebracht ist, die Kräfte einer Belastungsrichtung aufnehmen kann.

Die dritte der wichtigsten Lagermöglichkeiten in der Ebene ist die *feste Einspannung*, ein gegen Verdrehung gesichertes Festlager. Diese Vorrichtung kann man sich wie eine Stange vorstellen, dessen eine Ende mit einer Schraubzwinge an der Tischkante so richtig festgespannt ist.

Die Stange lässt sich weder translatorisch verschieben noch um das Lager drehen. Es kann somit nicht nur die Kräfte in x- und y-Richtung aufnehmen, sondern auch die möglicherweise auftretenden Momente ausgleichen.

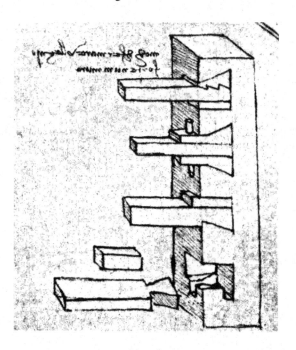

Überlegungen von Leonardo da Vinci zur Realisierbarkeit einer (lösbaren) festen Einspannung [16]

Tab. 1.1 Häufig verwendete Auflager	Symbol	Freikörperbild	Wertigkeit
		$\xrightarrow{F_H}$ $\uparrow F_V$	2
		$\uparrow F_V$	1
		$F_H \leftarrow$ M $\uparrow F_V$	3

Eine feste Einspannung ist also dreiwertig. Ein Lager kann aber auch als sogenannte *Schiebehülse* ausgeführt sein, als ein gegen Verdrehung gesichertes Loslager oder sogar als Momentenstütze, welche nur die auftretenden Momente aufnimmt (schwer vorstellbar, kommt so gut wie nie vor).

Tab. 1.1 fasst die Wertigkeiten und Symbole der oben vorgestellten wichtigsten Lager zusammen.

1.3.4   Sonstige Hilfsmodelle

- *Stab:* Ein Stab (Abb. 1.8) ist die Modellvorstellung einer dünnen, starren Stange, an deren beiden Enden sich je ein Gelenkknoten befindet. So ein Gelenkknoten ist praktisch wie ein Fest- oder Loslager, das aber nirgendwo befestigt sein muss. Es kann sich ebenso gut das Ende eines weiteren Stabes an diesem oft frei schwebenden Gelenk befinden.

Abb. 1.8   Stab

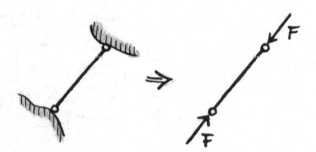

Mehrere Stäbe, immer an den Gelenkknoten miteinander verbunden, ergeben dann ein Stabwerk (kommt später). Wenn Kräfte nur an den Gelenkknoten, genannt Knoten, angreifen, kann der Stab nur eine Kraft in Richtung seiner Längsachse aufnehmen, wodurch die Kraftrichtung an den Lagern oft schon feststeht (seeeehr wichtig und seeeehr hilfreich!). Ein Stab ist im Gegensatz zu einem Balken (siehe unten) ein Gebilde, das nur Zug und Druckkräfte aufnehmen kann (Abb. 1.8). Man kann ihn sich auch als gefrorenes Seil vorstellen. Ein Stab ist etwas völlig einspuriges, ein Etwas, das nur Zug oder Druck verteilen kann (Das Wort wurde wahrscheinlich von „Stabsunteroffizier" abgeleitet).

- *Pendelstütze:* Einen irgendwo eingebauten Stab, der nur an seinen Enden Kräften ausgesetzt ist, nennt man Pendelstütze.

Eine Pendelstütze kann grundsätzlich nur Kräfte *in Richtung der Längsachse* aufnehmen, daher ist auch die Kraftrichtung an den Enden (Gelenken) bekannt.

Ist so eine Pendelstütze dann irgendwo eingebaut, braucht man für die Bestimmung der Kraftrichtung am freigeschnittenen Stab – und an der Schnittstelle des Gegenstücks *(actio = reactio)* – nur eine Gerade durch die Endpunkte des (vielleicht auch krummen) Stabes zu legen.

- *Balken:* An einem Balken können Kräfte und Momente an einer beliebigen Stelle angreifen, und der Balken kann beliebig gelagert oder irgendwo eingebaut sein. Auch dieses Modell ist in der Statik starr und kann sich somit trotz der Kräfte und Momente

Abb. 1.9 Rolle oder auch
Umlenkrolle

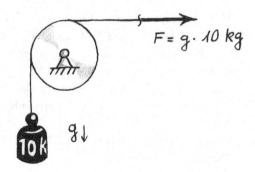

nicht verformen. Aber die dabei auftretenden inneren Spannungen (innere Kräfte und
Momente) lassen sich durch geeignetes Freischneiden berechnen. Ein häufig ver-
wendetes Modell eines Balkens ist der Kragträger, welcher einseitig fest eingespannt
mit seinem freien Ende obszön in die Welt hinausragt. Ein Beispiel für einen (elastischen) Kragträger ist das Sprungbrett in einer Badeanstalt mit Großraumdusche,
wobei man erwähnen sollte, dass es sich in der Praxis dort meistens um einen fest-los-
gelagerten Balken handelt und nicht um eine feste Einspannung.

- *Rolle:* Eine Rolle ist in der Statik im reibungsfreien Fall nur dazu da, irgendwelche
  Seilkräfte um die Ecke zu bringen. Man kann mit einer Rolle z. B. eine Gewichtskraft
  in die Horizontale oder in eine andere Richtung umlenken (Abb. 1.9).

Im Folgenden beschäftigen wir uns ausschließlich mit *starren Körpern,* die sich aufgrund der angreifenden Kräfte und Momente im Gleichgewicht befinden. Die Systeme
werden der Übersicht halber zunächst in der Ebene, d. h. zweidimensional, betrachtet
(3-D funktioniert analog).

Ein Kraftvektor hat also nur zwei Komponenten (Richtungsanteile), in x- und y-Richtung (Papierebene), die beide unabhängig voneinander betrachtet werden können. Im
ebenen Fall gibt es neben den beiden genannten translatorischen Richtungen x und y
noch die Drehmöglichkeit in Richtung des Winkels φ[5]. Ein Moment, das um φ drehen
will, „zeigt" in die z-Richtung (aus der Papierebene heraus, dritte Koordinate im kartesischen 3-D-System).

Na, abgehängt? Herrn Dr. Hinrichs läuft schon wieder der Geifer aus dem Rachen …,
aber jetzt geht es wieder ein wenig ruhiger weiter.

---

[5]Vorsicht: Klein φ macht auch Mist!!!

1.4 Lasset uns Auflagerreaktionen bestimmen!

In fast allen Fällen kommt es erst einmal darauf an, die äußeren Lagerkräfte und Lagermomente, kurz *Auflagerreaktionen* eines Systems, bei meist bekannten von außen aufgebrachten Kräften und Momenten, zu berechnen. In unserem ersten Beispiel (Abb. 1.10) betrachten wir einen Schlossergesellen, der am freien Ende eines masselosen Kragträgers der Länge L mit einer rostigen Schraube kämpft. Glücklicherweise erfährt er fachliche Unterstützung durch seinen Vorgesetzten, einen Diplom-Ingenieur (Maschinenbau).

Wir treffen hier die kühne Annahme, der Stahlträger sei masselos. Man darf in der technischen „Wissenschaft" nämlich beliebige Annahmen treffen, wenn man sie

Abb. 1.10 Hilfestellung durch studierten Vorgesetzten

begründen kann. Unsere Begründung: Wir wissen (noch) nicht, wo eine mögliche Trägergewichtskraft angreift.

Um im nächsten Schritt die Auflagerreaktionen zu ermitteln, müssen wir das System zunächst freischneiden und alle Kräfte und Momente richtig antragen oder, anders ausgedrückt, zuerst mal das richtige Freikörperbild zeichnen. Zur Bestimmung der Auflagerreaktionen zeichnen wir zuallererst ein Freikörperbild. Zunächst ist es wichtig, ein richtiges Freikörperbild zu zeichnen.

Bevor wir irgendeine weitere Überlegung anstellen, zeichnen wir ein Freikörperbild. Wir zeichnen zuerst ein vernünftiges Freikörperbild, bevor wir versuchen, die Lagerreaktionen zu berechnen. Am Anfang der Lösung einer Statikaufgabe zeichnet man ein Freikörperbild. Zuallererst schneiden wir das System frei! Wir zeichnen ein Freikörperbild. Noch bevor wir die Aufgabe überhaupt richtig verstanden haben! Als Erstes zeichnen wir ein Freikörperbild. Wir zeichnen also am Anfang eines jeden Statikproblems ein richtiges Freikörperbild. Wir schneiden zuerst mal frei. Freischneiden – das Aller-, Allerwichtigste …

Um das schon erwähnte Freikörperbild zu erstellen, ersetzen wir unseren Schlosser durch eine einfache Gewichtskraft F, die bekanntlich immer nach unten wirkt und versucht ist, alles nach unten zu ziehen.

Wie oben schon erwähnt, sei der Träger masselos, um das System zu vereinfachen. Jetzt denken wir uns eine Schere – oder besser eine Flex – und schneiden den Träger unter entschiedenem Protest der beiden abgebildeten Fachleute am Auflager frei. Der Träger hängt nun frei in der Luft und droht aufgrund der Gewichtskraft des Schlossers (der Balken selbst wiegt ja nichts) abzustürzen. Der Protest verstummt jedoch sofort, wenn wir das Lager durch seine äquivalenten Lagerkräfte ersetzen. Aus Tab. 1.1 entnehmen wir die äquivalenten Reaktionen (hier: feste Einspannung), drei an der Zahl, und zeichnen sie an die Schnittstelle. Jetzt ist das System wieder wie vorher, zumindest statisch gesehen.

Man muss aber peinlich genau darauf achten, dass man keine Kraft vergisst, wenn man ein Freikörperbild erstellt. Bei der Wahl eines kartesischen, also rechtwinkligen Koordinatensystems fällt die x-Achse meistens mit den horizontalen Kräften zusammen. Wie bereits mehrfach erwähnt, verlangt die Gleichgewichtsbedingung ein Verschwinden der Kräfte- und Momentensummen für jede Richtung.

Wir betrachten zuerst die x-Richtung und stellen uns folgende Frage: „Wie groß darf die *horizontale* (Index H) Lagerkraft $F_H = A_x$ sein, damit die Summe der Kräfte in x-Richtung verschwindet? Antwort: „Null!" (du Kiste ...). Bei den *vertikalen* Kräften (Index V) kommt man zu dem Schluss, dass $F_V = A_y$ genauso groß sein muss wie die Gewichtskraft F des Schlossers. Das Einspannmoment M kann vom Betrag her nur F mal L sein. Bei diesem System sind wenige Kräfte beteiligt, die noch dazu mit den Koordinatenrichtungen korrespondieren, und es ist nicht schwierig, die Reaktionen zu bestimmen, ohne sich die einzelnen Summen hinzuschreiben. Um Flüchtigkeitsfehlern vorzubeugen, sollte man sich schon zu Beginn angewöhnen, bei jedem noch so einfachen System die Kräftegleichungen für die Summen (Σ) einer jeden Richtung nach folgendem Schema zu formulieren – aber erst nachdem man ein Freikörperbild gezeichnet hat; erst kommt das Freikörperbild (Abb. 1.11)!

Unter Berücksichtigung des Koordinatensystems werden alle Kräfte, die in Koordinatenrichtung zeigen, positiv (+) gezählt und alle Kräfte, die entgegengesetzt zeigen, mit einem Minuszeichen (−) versehen.

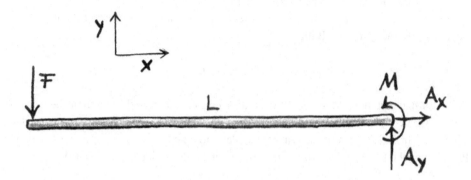

Abb. 1.11 Freikörperbild für den außen belasteten Träger

Also, für die x-Richtung (horizontal) gilt:

$$\sum F_x = A_x = 0 = F_H \Rightarrow F_H = 0.$$

Für die y-Richtung (vertikal) gilt:

$$\sum F_y = 0 = -F + A_y \Rightarrow A_y = F = F_V.$$

Bei der Momentenbestimmung müssen wir uns neben der „Drehrichtung" noch auf einen Bezugspunkt einigen, um den „gedreht" werden soll. Dabei kann der Punkt irgendwo im Universum liegen (d. h. im ebenen Fall irgendwo in der Unendlichkeit der Pläne …). Es ist jedoch immer sinnvoll, den Bezugspunkt ins untersuchte System zu legen. Dabei kann man einen guten Trick anwenden:

Der Bezugspunkt wird so gewählt, dass möglichst viele unbekannte Kräfte keinen Hebelarm haben und die Momente verschwinden (meistens ein Auflager)!

Grund: Die Momente der Kräfte ohne Hebelarm sind null und müssen demnach bei der Aufsummierung der Momente nicht mitgezählt werden. Diese unbekannten Kräfte tauchen also in der Gleichung der Momentensumme nicht auf. Alle Momente, die in die z-Richtung, also aus der Zeichenebene heraus zeigen („Rechte-Hand-Regel"), werden positiv gezählt. Das heißt, wir bilden die Summe der Momente um den Auflagerpunkt A, *weil hier der Hebelarm für die meisten unbekannten Kräfte verschwindet:*

$$\sum M_z^{(A)} = 0 = F\,L + M \Rightarrow M = -\,F\,L.$$

Das Minuszeichen vor dem Term F L sagt uns, dass wir das Einspannmoment M, das wir ja vorher nicht kannten, im Freikörperbild „falsch herum" angezeichnet haben. Macht nichts! Kein Fehler! Die Mathematik zeigt uns schon, wie es richtig sein muss. Wir wissen jetzt aufgrund der Lösung, dass das Einspannmoment M andersherum drehen muss, um den Balken mit dem Schlosser darauf in der Waage zu halten. Die Richtung der Auflagerreaktionen im Freikörperbild ist völlig Tofu![6]

Bei einem anderen Bezugspunkt kommen wir ebenfalls zum selben Ergebnis. Nehmen wir z. B. die Mitte des Balkens:

$$\sum M_Z^{(Balkenmitte)} = 0 = F\,0{,}5\,L + A_y\,0{,}5\,L + M.$$

Beim Einspannmoment M ist der Hebelarm schon enthalten, d. h., wir brauchen dieses äußere Moment nicht unbedingt direkt an die Einspannstelle zu zeichnen, obwohl es dort der Übersicht am meisten dient. Wir können das Moment M genauso gut in der Nähe des Pferdekopfnebels annehmen, vorausgesetzt, dieser befindet sich (in unserem Fall) in der

---

[6] „Hä?" (Anmerkung des nichtveganen Lektors).

Ebene des Balkens. Ein äußeres Moment kann man beliebig in der Ebene verschieben, eine Merkwürdigkeit, an die man sich als Anfänger wahrlich gewöhnen muss – wie an so vieles in der Mechanik. Man sieht diese Verschiebemöglichkeit am besten daran, dass das Moment in der „Drehgleichung" einfach nur als Buchstabe M ohne Ortsbezeichnung auftaucht. Die Kräfte sind aber durch den jeweiligen vom Drehpunkt (Bezugspunkt) abhängigen Hebelarm ortsabhängig. Es ist wirklich so: Wenn man an einem Brett, welches mit einer Schraubzwinge am Tisch festgespannt oder sogar festgenagelt ist, eine Bohrmaschine ansetzt, so ist das Moment, welches die Zwinge aushalten muss, bzw. sind die Kräfte, welche die Nägel aufnehmen, *völlig unabhängig vom Ort des Bohrers* (äußeres Moment)!

Aber zurück zu unserem Balken und dem neuen Bezugspunkt: Da $F_V = A_y = F$ ist (siehe oben) folgt ebenfalls:

$$F\,L + M = 0 \Rightarrow M = -F\,L.$$

Als fortgeschrittener Mechaniker hat man oft mal eine Gleichung zu wenig, und die Rechnung geht nicht auf. Hier darf man sich aber nicht täuschen lassen. Ein neuer Bezugspunkt liefert hier keine neue Gleichung! Andererseits kann man ein solches System auch mit zwei Momentengleichungen und einer Kraftgleichung berechnen. Dann dürfen aber die beiden Bezugspunkte nicht auf einer Geraden liegen, die in Richtung des ersetzten Kräftegleichgewichts liegt. Es geht sogar mit drei Momentengleichungen: In diesem Fall dürfen die Bezugspunkte überhaupt nicht auf einer Geraden liegen. Das kann man ja alles mal ausprobieren, wenn man zu so etwas Lust hat bzw. wie im Fall des Herrn Dr. Hinrichs dabei sogar Lust verspürt.

Das hier behandelte Beispiel ist ziemlich übersichtlich, da die wenigen Kräfte alle in die Richtung der Koordinaten zeigen. Normalerweise kann man davon aber aufgrund natürlicher Gegebenheiten bzw. sadistischer Urheber von Mechanikaufgaben nicht ausgehen. Wir wollen uns jetzt ein Beispiel ansehen, bei dem Kräfte in „schiefe" Richtungen wirken und sie daher in die Koordinatenrichtungen zerlegt werden müssen. Abb. 1.12 zeigt eine Bratpfanne (Masse m, Bratradius R), die am Punkt A an ihrem masselosen Griff (Länge $L = 2R$) hängt und im Punkt B durch ein Seil S gehalten wird. Außerdem greift an der Pfanne eine große bekannte, also gegebene Kraft F in der gezeichneten Weise an.

Das Beispiel ist so ausgewählt, dass man sich möglichst frühzeitig an den tieferen Sinn von so manchen Übungsaufgaben gewöhnen kann. Wir wollen ausrechnen, welche Kraft die Aufhängung A aushalten muss. Wir berechnen also wieder Auflagerreaktionen. Um diese zu ermitteln, müssen wir das System zunächst freischneiden und alle Kräfte und Momente richtig antragen oder, anders ausgedrückt, zuerst mal das richtige Freikörperbild zeichnen. Zur Bestimmung der Auflagerreaktionen zeichnen wir zuallererst ein Freikörperbild. Zunächst ist es wichtig, ein richtiges Freikörperbild zu zeichnen. Bevor wir irgendeine weitere Überlegung anstellen, zeichnen wir ein Freikörperbild. Wir zeichnen zuerst ein „vernünftiges" Freikörperbild, bevor wir versuchen, die Lagerreaktionen zu berechnen. Am Anfang der Lösung einer Statikaufgabe zeichnet man ein Freikörperbild.

Abb. 1.12 Hängende
Bratpfanne

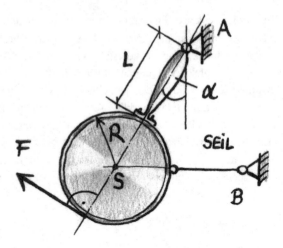

Zuallererst schneiden wir das System frei! Wir zeichnen ein Freikörperbild. Noch
bevor wir die Aufgabe überhaupt das zweite Mal gelesen haben! Als Erstes zeichnen wir ein Freikörperbild. Wir zeichnen also am Anfang eines jeden Statikproblems
ein richtiges Freikörperbild. Wir schneiden zuerst mal frei. Freischneiden – das Aller-,
Allerwichtigste.

Beim Freischneiden zur Bestimmung der äußeren Reaktionskräfte ist es völlig egal,
wie es *innerhalb* des Systems aussieht (gaaaanz wichtig!). Es können Seile, Federn,
Gelenke und alle möglichen Weichteile eingebaut sein. Man kann ein schwarzes Tuch
über das System stülpen und dann ganz in Ruhe freischneiden. Beim Bestimmen der
äußeren Kräfte geht das, *weil das sich im Gleichgewicht befindliche System eben gerade
diese Form aufgrund eben gerade dieser wirkenden Kräfte angenommen hat* (diesen Satz
am besten noch mal lesen!). Wer das nicht versteht, der rettet sich einfach in eine ele-
gante wissenschaftliche Formulierung und postuliert: „Hier gilt das *Erstarrungsprinzip*
… räusper, räusper …"

Abb. 1.13 zeigt das Freikörperbild des Systems. Wir müssen dabei wirklich die ganze
Umgebung der Pfanne entfernen. Also einmal ganz herum (360°) alles wegschneiden
und stattdessen die entsprechenden Kräfte antragen. Dabei darf man die Gewichtskraft
nicht vergessen, die in diesem Fall genau in der Mitte der Frikadellenfolter angreifen soll
(Der Griff sei masselos). Wir kommen wieder auf drei unbekannte Größen – hier: A_x, A_y
und B_x – und brauchen daher wieder drei Gleichungen. Aber was ist mit B_y? (Holzauge!)
Wir wissen ja schon, dass ein Seil nur Zugkräfte in Richtung seiner selbst aufnehmen
kann. Die Richtung der Kraft am Auflager B steht also bereits fest. Bei solchen Sachen
muss man schon mal den Tatort-Kommissar raushängen lassen, aber wir sind ja schließlich Akademiker oder wollen welche werden (oder müssen? „… und denk an deine
Zukunft, Kind!!!"„Ja, Mami!").

Abb. 1.13 Freikörperbild der
hängenden Bratpfanne

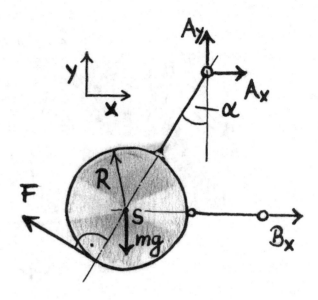

Das heißt: Die Reaktionskraft B kann nur genau in Seilrichtung wirken (also B_x).
Dies ist ein sehr häufig auftretender Fall, den man unbedingt in seinem „Hab-ich-kapiert-
Täschchen" haben sollte. Die Reaktionskraft am zweiwertigen Auflager A zerlegen wir
in ihre jeweiligen Koordinatenrichtungen x und y. Wir bilden also wieder unsere drei
Summengleichungen für die ebene Statik (Man sollte die folgenden Gleichungen nicht
nur lesen, sondern selbst mit Papier und Bleistift aufstellen, bzw. nachvollziehen!).

Für die x-Richtung gilt:

$$\sum F_x = 0 = B_x + A_x - F \cos \alpha. \tag{1.1}$$

- $F \cos\alpha$ ist derjenige Anteil der eingeprägten Kraft F, welcher in x-Richtung wirkt, die
  sogenannte x-Komponente der Kraft F (Man beachte das Vorzeichen!).

Oft stellt sich die Frage: Sinus oder Cosinus? Hier hilft es zu gucken, was bei $\alpha = 0°$
passiert: Für $\alpha = 0°$ zieht F voll in x-Richtung und muss daher voll in die x-Gleichung
(Gl. 1.1) eingehen. Da aber der Cosinus von $\alpha = 0°$ eins ist, muss hier der Cosinus verwendet werden. Der Winkel α der Kraft F folgt aus der geometrischen Überlegung, dass
die Wirkungslinie von F senkrecht auf der Pfannenmittellinie steht, welche eben gerade
in einem Winkel α zur Wand und damit zur y-Achse geneigt ist. Solche Sachen muss
man einfach üben, bis man sie irgendwann beherrscht. Nach etwa 50 Aufgaben sieht man
solche Zusammenhänge sofort (Herr Dr. Hinrichs brauchte nach eigenen Angaben dafür
nur etwa 40 Aufgaben).

So, weiter ... Für die y-Richtung gilt:

$$\sum F_y = 0 = A_y + F \sin \alpha - mg, \tag{1.2}$$

wobei F sinα die y-Komponente der Kraft F ist und mg die Gewichtskraft beschreibt, welche stets aus dem Produkt der Masse und der Erdbeschleunigung g (ca. 10 m/s^2) gebildet wird (Herr Dr. Hinrichs kann nur bei mindestens zwei Nachkommastellen, d. h. g = 9.81 m/s^2). Bei der Einheit der Beschleunigung tritt die Zeit t im Quadrat auf!? Das ist kein Grund zur Beunruhigung und schon gar nichts Übernatürliches. Auch in der Mechanik kann sich der total beschränkte, aber meistens überhebliche „Wissenschaftler" die Zeit nur als ein eindimensionales Gebilde vorstellen (obwohl sie nach Auffassung von Herrn Dr. Romberg, genauso wie der Raum, ebenfalls mehrere einfach zu begreifende Dimensionen hat). Der Ausdruck s^2 im Nenner der Einheit kommt einfach daher, dass man es hier mit einer Geschwindigkeitsänderung pro Sekunde, also mit einer Beschleunigung, zu tun hat. Man kann sagen: Die Einheit der Beschleunigung a, die bei bewegten Systemen (Kap. 3) eine große Rolle spielt, ist Meter pro Sekunde ... pro Sekunde, also m/s^2. Ist doch ganz einfach, oder?

Nun aber zu unser Gl. 1.3 (Summe der Momente). Welchen Bezugspunkt nehmen wir denn mal am besten? F ist bekannt ... mg ist bekannt ... mmh ... am Punkt A fallen wieder die meisten unbekannten Kräfte weg, außerdem können wir dann die ganze Kraft F „drehen" lassen, weil diese schon zufällig senkrecht zu ihrem Hebelarm steht (sonst müssten wir auch hier mit Komponenten rechnen). Also wählen wir A als Bezugspunkt. Gl. 1.3 lautet somit:

$$\sum M_Z^{(A)} = 0 = mg(L + R)\sin\alpha + B_x(L + R)\cos\alpha - F(L + 2R). \qquad (1.3)$$

$(L + R)\sin\alpha$ ist der senkrechte Hebelarm der Kraft mg um den Punkt A, $(L + R)\cos\alpha$ ist der senkrechte Hebelarm der Kraft B_x. Mit der obigen Angabe $L = 2R$ können wir aus der Momentengleichung (Gl. 1.3) die unbekannte Kraft B_x berechnen und aus Gl. 1.2 bekommen wir sofort A_y heraus:

$$B_x = F\, 4/(3\cos\alpha) - mg\tan\alpha$$
$$A_y = mg - F\sin\alpha.$$

Setzen wir schließlich B_x in Gl. 1.1 ein, so erhalten wir nach einfacher Umformung:

$$A_x = (\cos\alpha - 4/(3\cos\alpha))F + mg\tan\alpha.$$

Um solche Aufgaben ein wenig kniffliger zu machen, werden häufig fiese Fragen gestellt, z. B.: „Wie groß muss die Kraft F mindestens sein, damit das Seil S nicht schlaff wird?" Hier gibt es einen sehr einfachen, aber höchst wirkungsvollen Trick, um die langsam und eiskalt vom Steißbein emporklimmende, sich zum Nacken vorkämpfende und trotz grausiger Kälte den Schweiß herauspressende Panik zu zerschlagen (kurz: „das P aus dem Gesicht nehmen!"). Bei solchen Aufgaben- oder Problemstellungen geht man folgendermaßen vor: Nachdem man kurz durchgeatmet hat, verzieht man die Mundwinkel zu einem verächtlichen Grinsen in Richtung seiner verzweifelten Nachbarn und stellt sich selbst die folgenden zwei Fragen:

1. Kann ich hier irgendwas gleichsetzen?
2. Kann ich hier irgendwas null setzen?

In über 95 % aller Fälle kann man eine dieser beiden Fragen mit „Jeouu, alles klar!" beantworten. In den etwa verbleibenden 5 % geht man zur nächsten Aufgabe über und holt sich ggf. einen Loser-Schein. Wenden wir diesen Trick einmal bei dem oben gestellten Problem mit dem schlaffen Seil und des sich daraus ergebenden Betrags der Kraft an. Kann man bei schlaffem Seil irgendwas gleichsetzen? … Kann man bei schlaffem Seil irgendwas null setzen? Jeouu, alles klar! Nämlich die Seilkraft! Wenn das Seil schlaff ist, so überträgt es keine Kraft auf das Lager B. Das bedeutet, wir können in allen Gleichungen die Kraft B_x zu null setzen, vorausgesetzt, sie tritt überhaupt auf. Folglich ergibt sich direkt aus dem Momentengleichgewicht (Gl. 1.3) die Kraft F bei gerade eben schlaffem Seil zu

$$F = {}^3\!/_4\, mg\sin\alpha.$$

Die Antwort auf die Frage lautet also, dass die Kraft F mindestens ¾ mg sinα betragen muss, damit das Seil nicht erschlafft. Cool, oder? Macht Spaß, oder?

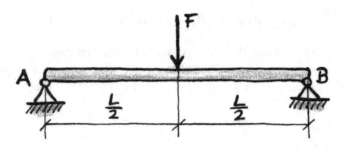

Abb. 1.14   Beidseitig fest gelagerter Balken

1.5   Bestimmt statisch bestimmt … stimmt's?

Bei unseren bisherigen Beispielen hatten wir immer genauso viele Gleichungen zur Verfügung, wie es Unbekannte in der Aufgabenstellung gab. Leider ist das nicht immer so; es gibt nämlich auch Systeme, bei denen man mit den Gleichgewichtsbedingungen allein nicht mehr auskommt. Das kann beispielsweise passieren, wenn man mehr unbekannte Kräfte hat, als Gleichungen zur Verfügung stehen. Bei Prüfungsaufgaben kann man meistens davon ausgehen, dass „die Rechnung aufgeht". Es soll Leute geben, die für den Rest der Fälle ganz cool auf Lücke setzen.[7] Aber gerade bei praktischen Anwendungen hat man häufig ein paar Lager zu viel, man spricht dann von einem *statisch über-bestimmten* System. Solchen Dingen wollen wir uns als Nächstes zuwenden.

Was heißt „statisch bestimmt"? Den folgenden Satz sollte man sich merken: Ein System, dessen Auflagerreaktionen sich allein aus den Bedingungen für das statische Gleichgewicht bestimmen lassen, heißt *statisch bestimmt.* Umgekehrt kann man daraus folgern, dass Systeme, bei denen die Bedingungen des statischen Gleichgewichts zur Bestimmung der unbekannten Auflagerreaktionen *nicht* ausreichen, statisch unbestimmt sind.

Sehen wir uns dazu Abb. 1.14 an, in dem schematisch ein starrer masseloser Träger dargestellt ist, der auf zwei Festlagern aufliegt. Wie sieht es hier mit den Auflagerreaktionen aus? Stopp!!! Was macht man in der Statik, bevor man irgendeinen Gedanken fasst? Wir müssen das System zunächst freischneiden und alle Kräfte und Momente richtig antragen oder, anders ausgedrückt, zuerst mal das richtige Freikörperbild zeichnen. Zur Bestimmung der Auflagerreaktionen zeichnen wir zuallererst ein Freikörperbild. Zunächst ist es wichtig, ein richtiges Freikörperbild zu zeichnen. Bevor wir irgendeine weitere Überlegung anstellen, zeichnen wir ein Freikörperbild.

---

[7]An dieser Stelle der obligatorische Protest von Herrn Dr. Hinrichs.

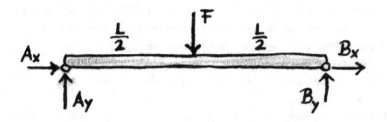

Abb. 1.15 Freikörperbild des beidseitig fest gelagerten Balkens

Wir zeichnen zuerst ein vernünftiges Freikörperbild, bevor wir versuchen, die Lagerreaktionen zu berechnen. Am Anfang der Lösung einer Statikaufgabe zeichnet man
ein Freikörperbild. Zuallererst schneiden wir das System frei! Wir zeichnen ein Freikörperbild. Noch bevor wir die ersten Formeln hinkritzeln! Als Erstes zeichnen wir ein
Freikörperbild. Wir zeichnen am Anfang eines jeden Statikproblems ein richtiges Freikörperbild. Wir schneiden zuerst mal frei. Freischneiden – das Aller-, Allerwichtigste
(gähn). In Abb. 1.15 ist das entsprechende Freikörperbild dargestellt.

Man sieht sofort, dass hier vier unbekannte Kräfte vorliegen, wo wir in der Ebene
doch nur unsere drei berühmten Gleichungen zur Verfügung haben. Durch das Kräftegleichgewicht in y-Richtung und der Summe der Momente um einen beliebigen Punkt
(am besten eines der Auflager) erhalten wir zunächst

$A_y = B_y = \frac{1}{2} F.$

Das sollte jetzt jeder selbst ausrechnen können. Wenn nicht: Buch zuschlagen und morgen von vorn anfangen zu lesen! Was aber ist mit den horizontalen Kräften A_x und B_x?
Alle Mathematik-Nobelpreisträger[8] der Welt gemeinsam könnten diese beiden Kräfte
ohne weitere Informationen nicht ausrechnen. Beim Kräftegleichgewicht in x-Richtung
kommt lediglich heraus, dass sich beide Kräfte aufheben müssen:

$A_x = -B_x.$

Diese beiden Kräfte können beliebig groß sein, ohne irgendetwas am mechanischen Charak-
ter dieses starren Balkens zu verändern. Wer danach fragt, woher denn diese unbekannten
Kräfte kommen sollen, dem sei gesagt, dass dieser Balken ja gewaltsam zwischen die
Lager gequetscht worden sein könnte, ohne sich jedoch dabei zu verformen. Da können
ganz schön große Kräfte in horizontaler (x) Richtung auftreten. Das System ist statisch
unbestimmt, und zwar im wahrsten Sinne des Wortes wahrscheinlich noch unbestimmter
als die nächsten Lottozahlen. Mechanikerinnen und Mechaniker nennen dieses System statisch überbestimmt. Man kann auch sagen: Das System klemmt. Dies ist genau der Grund,

---

[8]Wichtige Anmerkung des Lektors: „Es gibt keinen Mathematik-Nobelpreis!"

warum solche Träger, Stäbe, Wellen, Brücken usw. in der Praxis immer, grundsätzlich und überall – Maschinenbauerinnen und Maschinenbauer wissen das – mit einem *Fest- und einem Loslager* versorgt werden. Auf diese Weise erhält man eine spannungsfreie Lagerung, und die horizontale Lagerkraft ist null, wenn keine äußeren Kräfte angreifen. Falls doch welche angreifen, nimmt das eine Festlager sie eben auf, und *wir haben nur noch drei Unbekannte* ☺.

Der pfiffige Loser kann sich bestimmt auch vorstellen, wie hier ein statisch unterbestimmtes System aussehen könnte: Der Balken aus Abb. 1.14 mit zwei Loslagern würde sich bei der kleinsten äußeren horizontalen Kraftkomponente auf die Reise begeben, da eine Lagerreaktion fehlt. Statische Überbestimmtheit dagegen bedeutet, dass eben zu viele Lagerreaktionen vorhanden sind bzw. zu wenige Gleichungen. Das heißt, wir brauchen mehr Gleichungen, um ein statisch überbestimmtes System berechnen zu können.

Zusätzliche Gleichungen kann man aus sogenannten *Zwischenbedingungen* erhalten. Die Idee ist folgende: Grundsätzlich ist es erlaubt, auch Teile eines Körpers oder Systems freizuschneiden. Wir können also z. B. eine Ecke eines beliebigen Körpers abschneiden und an der Schnittstelle „schnell", ohne dass die Ecke es „merkt", die entsprechenden (unbekannten) Kräfte und Momente antragen, die den Körper sonst genau an dieser Stelle zusammenhalten. Das bringt aber nur etwas, wenn wir dadurch mehr Gleichungen ranholen als neue ungebetene Unbekannte (Kräfte und Momente in der Schnittfläche). Aber wie geht das? Wenn wir einen Körper irgendwo durchschneiden, so müssen wir im ebenen Fall grundsätzlich drei Reaktionen antragen: zwei Kraftkomponenten (horizontal und vertikal) und ein Moment, das den Körper genau an dieser Stelle im nicht abgeschnittenen Fall in Form hält. Wir bekommen dadurch aber auch nur drei neue Gleichungen (wie und warum sehen wir gleich).

Aber jetzt kommt der Trick: Wenn wir genau in einem Gelenk schneiden, so brauchen wir nur die beiden Kraftkomponenten anzeichnen, da sich in einem idealen reibungsfreien Gelenk nie ein Reaktionsmoment festbeißen kann.

Wir wenden uns dazu dem Beispiel in Abb. 1.16 zu: Bei dem gezeichneten eingespannten masselosen Träger mit *Zwischengelenk* ist das andere Ende nicht frei, sondern durch ein Loslager abgestützt.

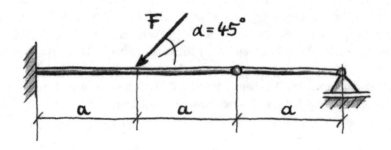

Abb. 1.16 Träger mit Zwischengelenk

Richtige Mechanikerinnen und Mechaniker erkennt man daran, dass sie beim Anblick eines solchen idealisierten Gebildes triebhaft zu Papier und Bleistift bzw. zu Laptop und aktueller Corel-Version greifen (zitter, geifer) und ein „vernünftiges" Freikörperbild zeichnen. Wir müssen das System nämlich zunächst freischneiden und alle Kräfte und Momente richtig antragen oder, anders ausgedrückt, zuerst mal das richtige Freikörperbild zeichnen. Zur Bestimmung der Auflagerreaktionen zeichnen wir zuallererst ein Freikörperbild. Zunächst ist es wichtig, ein richtiges Freikörperbild zu zeichnen. Bevor wir irgendeine weitere Überlegung anstellen, zeichnen wir ein Freikörperbild. Wir zeichnen zuerst ein vollständiges Freikörperbild, bevor wir versuchen, die Lagerreaktionen zu berechnen. Am Anfang der Lösung einer Statikaufgabe zeichnet man ein Freikörperbild. Zuallererst schneiden wir das System frei! Wir zeichnen ein Freikörperbild. Noch bevor wir uns die Aufgabe überhaupt richtig angeschaut haben!

Als Erstes zeichnen wir ein Freikörperbild. Wir zeichnen am Anfang eines jeden Statikproblems ein klasse Freikörperbild. Wir schneiden zuerst mal frei. Freischneiden – der Abschied vom Losertum! Das entsprechende Freikörperbild des gewichtslosen Balkens sieht also wie in Abb. 1.17 dargestellt aus.

Hier haben wir jetzt einmal den Fall, dass zu viele Kräfte sinnlos walten … wir wissen noch nicht, wie sich Loslager B und Einspannmoment M gegenseitig die Arbeit abnehmen. Das System scheint statisch überbestimmt zu sein. Wir haben vier unbekannte Reaktionen und nur drei Gleichungen.

Jetzt kommt der Trick mit der Zwischenbedingung und der kühne Freischnitt mitten durchs Gelenk. Das Ergebnis sind zwei einzelne Freikörperbilder (Abb. 1.18), wobei

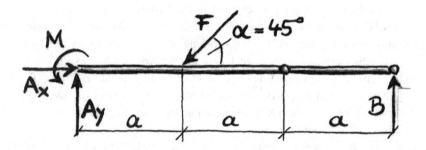

Abb. 1.17 Freikörperbild des Trägers (gewichtsloser Balken) mit Zwischengelenk

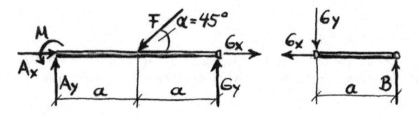

Abb. 1.18 Schnitt durchs Zwischengelenk

die Zwischenreaktionen bzgl. beider Freikörperbilder immer das Axiom *actio = reactio* erfüllen müssen. Das bedeutet: Die Zwischenkräfte für beide Freikörperbilder sind vom Betrag her gleich, aber mit entgegengesetztem Vorzeichen versehen.

Das Schöne an der Sache ist, dass wir jetzt für beide Teilsysteme jeweils drei Gleichungen zur Verfügung haben.

Aus der Momentensumme, gebildet um das Zwischenlager G des rechten Teilsystems, folgt sogleich:

$$B = 0.$$

Jetzt können wir in aller Ruhe zu unserem Gesamtsystem zurückkehren, denn es sind nur noch drei unbekannte Reaktionen übrig, die wir mit drei Gleichungen entlarven können!

Dies rettende Gelenk heißt *Gerbergelenk*. Der ganze Träger wird *Gerberträger* genannt. Der anfangs scheinbar statisch überbestimmte Träger wurde also durch das Gelenk „statisch bestimmt", d. h., wir haben das System angepasst (Es gibt auch andere Möglichkeiten, statisch überbestimmte Systeme zu behandeln; dies wird in Kap. 2 erläutert).

Dieses System (Gerberträger) soll aber lediglich zeigen, wie einem die Zwischenbedingungen weiterhelfen können. Man darf in der Praxis natürlich nicht einfach irgendwo ein Gelenk hinzeichnen, nur um ein statisch unbestimmtes System besser in den Griff zu bekommen. Aber man kann in einem (etwas komplizierteren) System meistens durch scharfes Hingucken (wow!) irgendwo eine geeignete Stelle für einen geschickten chirurgischen Zwischenbedingungsfreischnitt finden und sich auf diese Weise neue unabhängige Gleichungen zum Befriedigen besorgen. Wir wollen uns an dieser Stelle aber auf das *Aufspüren* statisch unbestimmter Systeme beschränken.

Da man für den (meistens nur) pragmatisch und technisch „begabten" Ingenieur stets eine Definition oder ein Rezept zur Überprüfung einer Hypothese parat haben muss (Herr Dr. Hinrichs weiß das), gibt es auch hier so eine Art Abzählreim zur Prüfung auf statische Bestimmtheit. Obwohl man dieses Rezept eigentlich nicht benötigt, da man den wenigen Fällen, in denen einem die statische Unbestimmtheit über den Weg läuft, zur Abwechslung mal mit gesundem Menschenverstand entgegentreten kann, sei es hier der Vollständigkeit halber vorgestellt.

Also, ein Gleichungssystem ist nur dann lösbar, wenn die Zahl der Unbekannten mit der Zahl der Gleichungen übereinstimmt. Eine (notwendige) Bedingung für statische Bestimmtheit in der Ebene ist die Erfüllung folgender Gleichung:

$$D = 0 = \sum a + \sum z - 3n$$

mit D = Defekt, a = Reaktionszahl (Wertigkeit) pro Auflager, z = Reaktionszahl pro Zwischenbedingung, n = Anzahl der durch Gelenke (Zwischenlager) getrennten Teile.

Leider hat diese Bedingung einen kleinen Haken: Sie ist eben nur eine *notwendige*[9], aber keine *hinreichende*[10] Bedingung. Bei einem statisch bestimmten System muss diese Bedingung erfüllt sein, aber man darf allein aus dieser Bedingung nicht folgern, dass das System tatsächlich statisch bestimmt ist. Nochmal: Die Gleichung oben ist eine notwendige Bedingung, d. h. für ein statisch bestimmtes System ist dieser Defekt D immer null. Er kann aber bei ungünstigen Bedingungen auch für ein statisch unbestimmtes System null sein, also vorsichtig! Aber ein System mit $D \neq 0$ ist unbedingt statisch unbestimmt.

Bei räumlichen Systemen wird die 3 durch eine 6 ersetzt (Im Raum führt die mögliche Drehung von Stäben um ihre Achse zu einer statischen Unbestimmtheit, die man jedoch nicht so ernst nehmen muss, da man solche Systeme trotzdem berechnen kann). Hier noch zwei Tipps zum Aufstellen der obigen Gleichung:

- Die Anzahl z der Zwischenbedingungen eines Gelenks, an dem n Teile hängen, ist $2(n-1)$ (z. B. Gerberträger: $n=2$, $z=2$)!
- Systeme, bei denen alle Lager nur jeweils höchstens eine Kraft aufweisen können, sind immer statisch unbestimmt, wenn alle Wirkungslinien parallel sind *oder* mehrere Wirkungslinien zusammenfallen *oder* sich alle Wirkungslinien in einem Punkt schneiden.

Es bietet sich nun an, die in diesem Abschnitt behandelten Beispiele einmal anhand des Abzählreimes zu überprüfen ... Viel Spaß dabei!

---

[9]Übrigens: Herr Dr. Hinrichs ist nicht notwendig.

[10]Man beachte: Bei Herrn Dr. Romberg reicht es oft nicht hin!

Es wird jedoch trotz entschiedenen Protests von Herrn Dr. Hinrichs dringend empfohlen, ein System mit Verdacht auf statische Unbestimmtheit mit der unwissenschaftlichen „Wackelmethode" zu überprüfen. Das ist ganz einfach: Wir stellen uns vor, das zu untersuchende System ist aus starren Bauteilen real existierend. Jetzt legen wir imaginär Hand an und schütteln … Falls irgendwie etwas wackeln könnte, liegt statische Unbestimmtheit vor. Herr Dr. Hinrichs wirft ein, dass man es sich nicht so zu Herzen nehmen dürfe, wenn mal etwas nicht so richtig fest wird, das kommt oft vor und sei ganz normal! (?) Ist das System trotz Rüttelei fest, kann es immer noch statisch überbestimmt sein. In diesem Fall, in dem das Bauteil fest in seinem Zustand verharrt, sehen wir noch einmal genau hin und überlegen uns, ob irgendwo etwas klemmen könnte (statisch überbestimmt). Die dargestellten Beispiele sorgen hoffentlich für Klarheit: Bei dem Beispiel in Abb. 1.19, ganz oben links, ist der Defekt $D = 0$ ($a = 3$, $n = 1$, $z = 0$), und trotzdem ist das System statisch unbestimmt. Das kommt aber nur daher, dass hier Wackeln und Klemmen gleichzeitig auftreten. Wenn das der Fall ist, so kann der Defekt D verschwinden und trotzdem ein statisch unbestimmtes System vorliegen. Man möge diesen Zusammenhang[11] an den anderen Beispielen in Abb. 1.19 verifizieren.

1.6   Streckenlasten

Kräfte wirken nicht zwangsläufig in einem Punkt, wie es bisher dargestellt wurde. Wenn wir uns z. B. vorstellen, jemand liegt locker ausgestreckt auf irgendeiner Pritsche (Abb. 1.20a–c), so wird diese auf fast ihrer gesamten Länge unterschiedlich stark belastet, je nach Anatomie der Person. Die Zusammenfassung dieser Streckenlast zu einer Resultierenden erfordert im Allgemeinen die Integralrechnung. Dabei wird die Streckenlast q als eine Funktion q(x) angegeben, die eine Kraft pro Längeneinheit (Newton pro Meter) beschreibt.

Meistens kann man sich jedoch mit einer recht einfachen Schwerpunktbetrachtung behelfen. Kennt man den „Mittelpunkt" (Schwerpunkt) einer Streckenbeanspruchung, muss man nur gedanklich die „zusammengezählte" (über der Länge integrierte) Gesamtkraft genau in diesem Punkt angreifen lassen. Die Berechnung der Auflagerreaktionen erfolgt dann wie gehabt. Aber wo liegt dieser Kraftangriffspunkt? Wir betrachten also als Nächstes die Berechnung des Schwerpunktes.

---

[11]Herr Dr. Romberg merkt an, dass dieser Zusammenhang in dieser Art formuliert hier erstmals Erwähnung findet, und möchte den „Defektlosen Koinzidierenden Wackelklemmer (DKW)" als seine Entdeckung verbuchen.

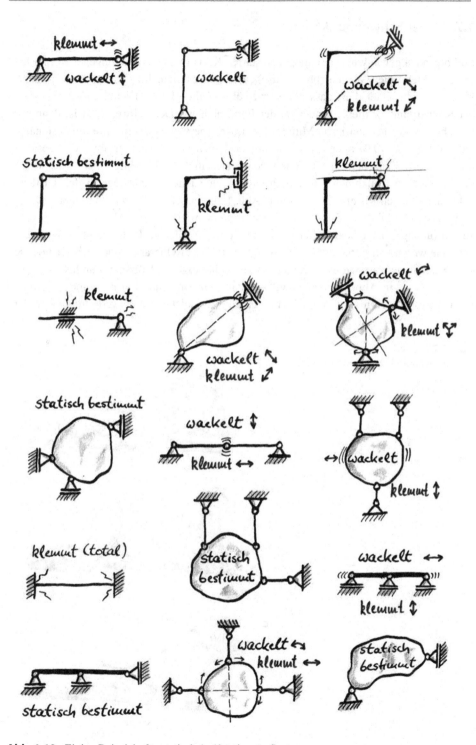

Abb. 1.19   Einige Beispiele für statisch (un)bestimmte Systeme

1.7   Der Schwerpunkt

Im Folgenden gehen wir von homogenen starren Körpern aus. Ein homogener Körper hat an jeder Stelle die gleichen (physikalischen) Eigenschaften. Im Fall der Schwerpunktbetrachtung bedeutet dies, dass ein Körper überall die gleiche Dichte aufweist, sodass der Schwerpunkt schließlich nur von der Form abhängt. Der Schwerpunkt ist dann das Gleiche wie der geometrische Mittelpunkt des Körpervolumens. Im zweidimensionalen Fall, welcher in 90 % aller Aufgaben auftritt, haben wir es schlicht mit dem Gesamtmittelpunkt der Flächen zu tun. Wir machen also mal wieder einige mehr oder weniger vernünftige Annahmen, um ein Problem wenigstens so halbwegs in den Griff zu bekommen. Sehen wir uns die Figuren in Abb. 1.20 einmal genau an (alle drei bitte).

Im ersten Fall (Abb. 1.20a) haben wir es mit einem klassischen Muckibudenbesucher zu tun (uhhhg!). Hier liegt sicherlich keine Homogenität vor, da der Kopf in Wirklichkeit eine wesentlich geringere Dichte hat ($\rho \to 0$) als der Oberarm. Aber wir machen die kühne Annahme, dass wir es auch hier mit einem homogenen Körper zu tun haben.

Der Körper in Abb. 1.20b („wow!" ← Zitat Herr Dr. Hinrichs) ist homogen (wenn auch nichts für Homos!). Auch hier liegt eine ungleiche Massenverteilung über der

Abb. 1.20   a–c:
Verschiedenartig belastete
Pritschen

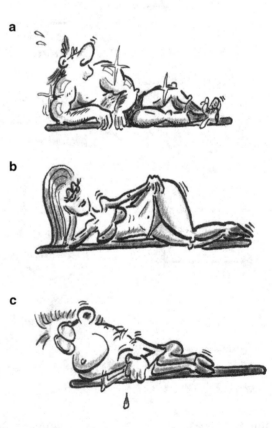

Pritsche (Länge L) vor. Im Fall des E-Technikers in Abb. 1.20c ist ebenfalls ein deutliches Ungleichgewicht vorhanden.

Aber wie wird die Pritsche nun belastet? Wo greift die resultierende Gewichtskraft an, die wir brauchen, um die Auflagerkräfte zu berechnen? Das rettende Stichwort lautet hier: Modellbildung. Auch Maschinen oder Bauwerke sind zu kompliziert, um den Schwerpunkt exakt berechnen zu können. Aber man kann sich durch geschickte Modellierung der Wirklichkeit annähern.

Es bietet sich hier an, die Körper in kleinere Formen aufzuteilen, dessen Einzel„schwerpunkte" bekannt sind. Wir betrachten die drei Figuren als zweidimensional und modellieren sie durch Quadrate, Kreise und Dreiecke.

In Abb. 1.21 ist für jeden Körper das sogenannte vereinfachte „Ersatzsystem" gezeichnet, welches sich eben aus diesen einfachen geometrischen Formen zusammensetzt (Herr Dr. Hinrichs legt besonderen Wert auf die etwas feinere Auflösung in Abb. 1.21b).

Abb. 1.21 a–c: Ersatzsysteme der Figuren **a**, **b** und **c**

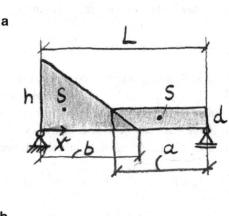

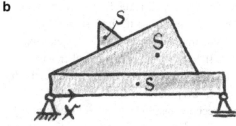

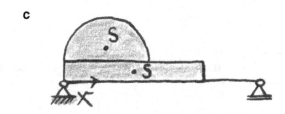

Wichtig ist nun, dass wir die Schwerpunkte der Einzelteile kennen. Die Schwerpunkte von Kreisen, Quadraten und Rechtecken sind jedem Toploser bzw. jeder Toplosen bekannt. Bei Dreiecken und Halbkreisen sieht das schon etwas anders aus. Der Schwerpunkt einer homogenen Dreiecksplatte konstanter Dicke ist der Schnittpunkt der Seitenhalbierenden. Definiert man die Höhe H von einer beliebigen Grundseite aus, dann gilt für den Schwerpunkt x_s:

$$x_s = H/3.$$

Der Gesamtschwerpunkt[12] setzt sich dann aus dem gewichteten Mittelwert sämtlicher Abstände der Teilschwerpunkte zusammen:

$$x_s = \left(\sum x_{si}\, A_i\right)\bigg/\left(\sum A_i\right).$$

Für unseren Muckibudenbuben aus Abb. 1.20a bedeutet das also zunächst für die Summe der gewichteten Teilschwerpunkte in x-Richtung:

$$\sum x_{si} A_i = b/3\; bh/2 + (L - a/2)\, ad\ldots,$$

aber da ist noch eine kleine Schwierigkeit: Da sich die beiden geometrischen Formen in der Mitte überlappen, würden wir den Genitalbereich dieses typischen Maschinenbauers hier kräftemäßig überbewerten. Das kleine schraffierte Dreieck (s. Ersatzsystem) geht doppelt in die Rechnung ein, also müssen wir es in der Summe der gewichteten Teilschwerpunkte einmal abziehen. Die richtige Berechnung sieht folglich so aus:

$$\sum x_{si} A_i = b/3\;\; bh/2 + (L-a/2)\, ad - ((L-a) + (b - (L-a))/3)\,(d\,(b - (L-a))/2),$$

wobei der kursiv gedruckte Term das Produkt aus der Schwerpunktkoordinate des kleinen Dreiecks in der Mitte und seiner Fläche darstellt. Versucht das mal nachzuvollziehen! Wir müssen diesen Ausdruck jetzt nur noch durch die Gesamtfläche teilen – und sind fertig!!! Ein wenig übersichtlicher wird es, wenn wir das Ersatzsystem anders wählen (Abb. 1.22). Hier muss jedoch das Gleiche für die Schwerpunktkoordinate xs herauskommen … ausprobieren!!!

Entsprechend lassen sich die Schwerpunkte für die anderen beiden Körper berechnen. Im dreidimensionalen Fall führt man diese Rechnung eben für jede der drei Koordinaten durch.

---

[12]Übrigens: Bei einem Halbkreis ist der Abstand des Schwerpunktes von der Schnittkante $y_s = 4R/3\pi$.

Abb. 1.22 Alternatives
Muckibudenbubenersatzsystem

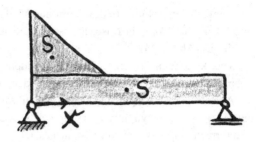

1.8   3-D-Statik

Bei räumlichen Systemen muss man entweder die Summengleichungen für die Kräfte
und die Momente für jede Koordinatenrichtung einzeln aufstellen, oder man bedient
sich der Vektorrechnung. Für die erste Methode braucht man ein gutes räumliches Vor-
stellungsvermögen, etwas Zeit und ein wenig Spürsinn (damit man nichts übersieht). Für
die zweite Methode benötigt man nur Ingenieurpragmatismus (auch wenn sie von den
Ingenieuren selbst, die ja bekanntlich zu den größten Ästheten gehören, als „elegantere"
Methode bezeichnet wird).

Wir betrachten das folgende einfache Beispiel: Ein Diplom-Ingenieur (Maschinenbau) geht der „Idee" nach, den Schirm von handelsüblichen Rapper-Käppis serienmä-
ßig durch einen Faden zu unterstützen (Abb. 1.23). Die sich dem Ingenieur aufdrängende
Aufgabe besteht darin, den Faden zu dimensionieren. Es stellt sich die Frage nach der
Fadenkraft F_S bei gegebenem Schirmgewicht G.

Zunächst gilt es wieder, ein geeignetes Ersatzsystem zu finden. Wir entfernen uns
von der Wirklichkeit und betrachten den Schirm als eine zweifach gelagerte homogene
Platte, deren Gewichtskraft G im Schwerpunkt S angreift. Nach einigen Besprechungen

Abb. 1.23 Schirmmütze mit
Faden

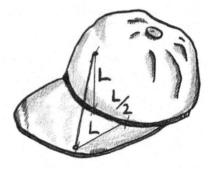

mit eingeflogenen Industriedesignern aus Mailand („Das Buffet war o. k., nurr zo wenig Carpaccio! Porca la Miseria") befindet sich der Aufhängepunkt in einer „Ecke" des Schirmes (Abb. 1.24).

Was kommt als Nächstes? Wir schneiden frei (zur Erläuterung siehe bitte oben)! Abb. 1.25 zeigt das Freikörperbild des betrachteten Ersatzsystems.

Anstatt die Gleichgewichtsbedingungen für jede Koordinatenrichtung einzeln aufzustellen, wenden wir nun die sehr viel schnellere Vektormethode an, wobei hier die Vektorrechnung als bekannt vorausgesetzt wird (Da im Allgemeinen und auch im Besonderen die räumliche Statik selten in Aufgaben vorkommt, kann dieser Abschnitt einfach überblättert werden. Oh, oh, hier gibt es aber heftige Proteste von Herrn Dr. Hinrichs … Kopf zu, Herr Doktor!).

Bei Betrachtung des Freikörperbildes treten hier folgende Kraftvektoren auf (Vektoren sind im Folgenden **fett** gedruckt):

Abb. 1.24 Ersatzsystem Schirmmützenschirm

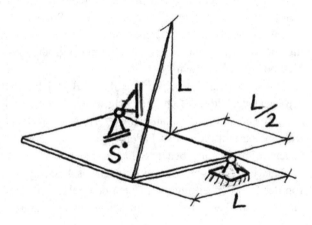

Abb. 1.25 Freikörperbild des Schirmmützenschirmes

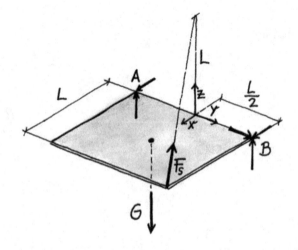

Gewichtskraft : $\mathbf{G} = \begin{bmatrix} 0 \\ 0 \\ -G \end{bmatrix}$,

Seilkraft : $\mathbf{F_S} = \begin{bmatrix} -L \\ -L/2 \\ L \end{bmatrix} 2/(3L) \, F_S$,

Auflager A: $\mathbf{A} = \begin{bmatrix} A_x \\ 0 \\ A_z \end{bmatrix}$,

Auflager B : $\mathbf{B} = \begin{bmatrix} B_x \\ B_y \\ B_z \end{bmatrix}$.

Dabei ist F_S der Betrag der noch unbekannten Seilkraft. Der Faktor vor diesem Betrag ist die sich aus der Geometrie ergebende „Norm" dieses Kraftvektors (Abb. 1.25). In Anlehnung an dieses Freikörperbild lauten die Gleichgewichtsbedingungen in vektorieller Form für die Kräfte

$$\sum \mathbf{F} = 0 = \mathbf{G} + \mathbf{F_S} + \mathbf{B} + \mathbf{A}$$

und für die Momente

$$\sum \mathbf{M} = \sum (\mathbf{r} \times \mathbf{F}) = \mathbf{0}$$

$$\Leftrightarrow \begin{bmatrix} L/2 \\ 0 \\ 0 \end{bmatrix} \times \begin{bmatrix} 0 \\ 0 \\ -G \end{bmatrix}$$

$$+ \begin{bmatrix} L \\ L/2 \\ 0 \end{bmatrix} \times 2/(3L) \, F_S \begin{bmatrix} -L \\ -L/2 \\ L \end{bmatrix} + \begin{bmatrix} 0 \\ -L/2 \\ 0 \end{bmatrix} \times \begin{bmatrix} A_x \\ 0 \\ A_z \end{bmatrix} + \begin{bmatrix} 0 \\ L/2 \\ 0 \end{bmatrix} \times \begin{bmatrix} B_x \\ B_y \\ B_z \end{bmatrix} = \mathbf{0}.$$

Die zweite Komponente dieser Vektorgleichung führt direkt auf die Seilkraft

$$F_S = {}^3\!/_4 \, G.$$

Im räumlichen Fall wird ein Moment durch das Kreuzprodukt von Kraftvektor und Hebelarm gebildet, da diese beiden Vektoren ja nicht unbedingt orthogonal zueinander sein müssen. Beim Anblick dieser Vektorgleichung kann sich Herr Dr. Hinrichs einen verzückten Blick nicht verkneifen, während Herr Dr. Romberg sich für beides entschuldigt.

1.9   Jetzt gibt's Reibereien ...

1.9.1   Reibkräfte und Reibkoeffizienten

Bis jetzt verlief ja alles reibungslos, aber gerade die Reibung ist ein sehr wichtiges Kapitel (nicht nur in der Mechanik). Was wäre die Welt ohne Reibung? Es macht wirklich Spaß diesen Gedanken einmal konsequent zu Ende zu denken: In einer Welt, in der nur formschlüssige Verbindungen möglich sind, hätte man z. B. sehr große Schwierigkeiten, sich überhaupt fortzubewegen.

Reibung gibt es fast überall. Wir betrachten folgenden Versuch: Wenn man eine Kaffeetasse (Gewicht G_T) über den Tisch zieht, spürt man einen Widerstand, der immer entgegengesetzt zur Bewegung gerichtet ist. Knüpfen wir jetzt ein Gummiband an den Henkel, dann können wir die wirkende Reibkraft in Abhängigkeit des Kaffeefüllstandes (Gewicht G_K) anhand der Dehnung des Gummis beobachten, während wir die Tasse locker und leicht über den Tisch ziehen (Nur Herr Dr. Hinrichs lässt sich noch leichter über den Tisch ziehen, aber das ist eine andere Geschichte).

Wir stellen fest, dass, je mehr Kaffee in der Tasse ist, das Gummiband bei Beginn der Bewegung bzw. während des Rutschvorgangs desto länger wird. Aber noch etwas lässt sich deutlich erkennen: Das Gummiband ist immer dann am längsten, wenn die Bewegung gerade anfängt, d. h., die Haftreibung ist größer als die Gleitreibung. Da bei gleichförmiger Bewegung bzw. Stillstand keine weiteren Kräfte in Zugrichtung wirken, muss die Kraft F_G im Gummiband genau der Reibkraft F_R entsprechen. Am deutlichsten wird das natürlich anhand eines Freikörperbildes der über den Tisch gezogenen Tasse (Abb. 1.26).

Wir haben schon festgestellt, dass die Zugkraft (= Reibkraft F_R) mit zunehmendem Gewicht (Kaffee) ansteigt. Führt man diesen Versuch unter „Laborbedingungen" durch, so kommt man zu dem Ergebnis, dass die Zugkraft direkt proportional zur Gewichtskraft $G = G_T + G_K$ ist.

Diese entspricht in unserem Beispiel der Normalkraft F_N (also $G = F_N$). Proportionalität bedeutet, dass das Verhältnis zweier Größen konstant ist. Es gilt also:

$$F_R / F_N = \text{const.}$$

Abb. 1.26 Freikörperbild der Kaffeetasse am Gummiband

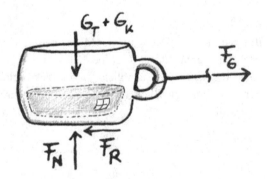

Wir beschränken uns hier auf das einfache Coulomb'sche Reibmodell, das zwei verschiedene Zustände beschreibt: Haften (Gleitgeschwindigkeit v = 0) und Gleiten (v ≠ 0). Im Gleitfall wird dieser konstante Proportionalitätsfaktor als *Gleitreibungskoeffizient* μ bezeichnet, also

$$F_R = \mu F_N.$$

Im Haftfall ist die Reibkraft F_R unbestimmt und erfüllt lediglich die Ungleichung

$$|F_R| \leq \mu_0 F_N$$

mit μ_0 als *Haftreibungskoeffizienten*. Wenn man bei schlaffem Gummi anfängt zu ziehen, ohne dass der Rutschvorgang beginnt, kann man sich unter Berücksichtigung einer beliebigen Richtung leicht vorstellen, dass sich die Resultierende aus den beiden Kräften F_R und F_N innerhalb eines Kegels, des sogenannten *Haftreibkegels* befindet. Der halbe Öffnungswinkel α_0 des Reibkegels berechnet sich zu

$$\tan \alpha_0 = \mu_0.$$

Oder einfacher ausgedrückt: Kippen wir eine schiefe Ebene mit einem Klotz darauf so lange, bis der Klotz beim Winkel α_0 beginnt zu rutschen, dann ergibt sich $\tan \alpha_0 = \mu_0$. Während der Gleitreibung gilt entsprechend $\tan \alpha = \mu$, und die Resultierende aus den beiden Kräften bildet sozusagen den Mantel des Gleitreibkegels. Wichtig ist zu wissen, dass bzgl. dieses vereinfachten Modells die Reibkraft F_R *unabhängig von der Auflagefläche* ist und nur von der Normalkraft F_N und dem Reibkoeffizienten μ bzw. μ_0 abhängt.

Nach dem Coulom'bschen Reibmodell hängt die Reibkraft also nur von der Materialpaarung (μ) und der Normalkraft ab. Andere Einflussparameter gibt es daher nicht. Dazu hat der gute Leonardo auch schon Versuche durchgeführt, und eben diesen Zusammenhang gefunden. Abb. 1.27 zeigt die Originalzeichnungen da Vincis zu seinen Reibversuchen.

Bei den Aufgaben, die Reibungsprobleme beinhalten, geht es meistens darum, erst mal zu erkennen, dass im Freikörperbild irgendwo eine Reibkraft angetragen werden muss. Hier gibt es aber einen ganz einfachen ingenieurmäßigen Trick: Immer da, wo in der Aufgabenstellung an der Schnittstelle zwischen freizuschneidendem Objekt und Umgebung ein μ bzw. μ_0 eingezeichnet ist, heißt es: Reibkraft antragen *(nach dem Freischneiden !!!)*. Man hat hier dann eine Unbekannte mehr, aber: Holzauge! Man hat auch eine Gleichung mehr, die es gilt zu befriedigen, nämlich

$$F_R = \mu_{(0)} F_N,$$

wobei es im Haftfall meistens um die maximal mögliche Reibkraft geht, sodass die Ungleichung zu einer Gleichung wird.

Wir untersuchen folgendes Beispiel: Wir haben Sir Isaac Newton (Gesamtmasse m) am Anfang schon kennengelernt. Jetzt fordert der Pumper (Gesamtmasse M) aus dem

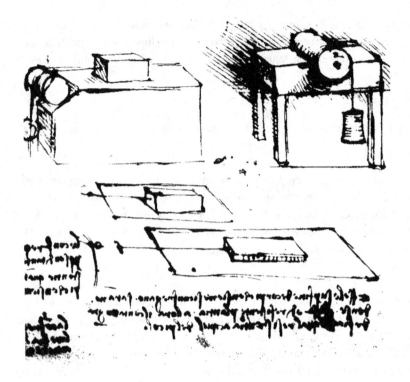

Abb. 1.27 Da Vincis Reibversuche [16]

Abschnitt über die Streckenlasten (Abb. 1.20) unseren Sir Newton zum Tauziehen auf dem Eis heraus. Wir betrachten dazu Abb. 1.28. Der Haftreibungskoeffizient zwischen dem Eis und den Schuhsohlen ist bei Newtons verschnörkelten Rokoko-Gamaschen μ_{02} und bei den qualitativ hochwertigen haftungsoptimierten Adidas-Tretern seines Gegenübers μ_{01}.

Abb. 1.28 Tauziehen auf dem Eis

Newton wendet hier einen Trick an, um seinen warmduschenden Gegner zu überlisten, denn die vermeintlich größere „Kraft in den Armen" ist hier völlig nutzlos, *weil die Seilkraft ja überall gleich groß ist!* Um seine Reibkraft zu erhöhen und das Tauziehen zu gewinnen, hängt sich Sir Newton einfach einen schweren Rucksack (Masse m_R) auf den Rücken. Die Frage ist: Wie schwer muss der Rucksack sein, damit er seinen Gegner gerade eben über das Eis ziehen kann? Anders gefragt: Bei welcher Masse m_R des Rucksacks erreicht die Reibkraft F_{R2} an Newtons Schuhsohlen gerade den Wert von F_{R1} (Adidas-Sohle)?

Um diese Aufgabe zu lösen, schneiden wir frei! Wir müssen das System zunächst freischneiden und alle Kräfte richtig antragen oder, anders ausgedrückt, zuerst mal das richtige Freikörperbild zeichnen. Zur Bestimmung der Auflagerreaktionen zeichnen wir zuallererst ein Freikörperbild. Zunächst ist es wichtig, ein richtiges Freikörperbild zu zeichnen. Bevor wir irgendeine weitere Überlegung anstellen, zeichnen wir ein Freikörperbild. Wir zeichnen zuerst ein vernünftiges Freikörperbild, bevor wir versuchen, die Lagerreaktionen zu berechnen.

THE NEW EXTREME - KICK FROM USA:
FREECUTTING ...

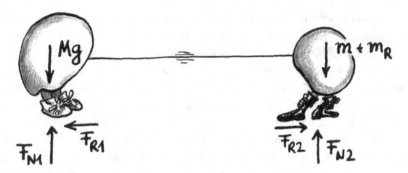

Abb. 1.29 Freikörperbild der beiden Kämpfer auf dem Eis

Am Anfang der Lösung einer Statikaufgabe zeichnet man ein Freikörperbild. Zuallererst schneiden wir das System frei! Wir zeichnen ein Freikörperbild. Noch bevor wir uns das erste Mal verzweifelt am Kopf gekratzt haben! Als Erstes zeichnen wir ein Freikörperbild. Wir zeichnen also am Anfang eines jeden Statikproblems ein richtiges Freikörperbild. Wir schneiden zuerst mal frei (Abb. 1.29).

Free-cutting, the only way to do it.

Wir setzen also an:

$$\sum F_x = 0 = F_{R1} - F_{R2}$$
$$\Leftrightarrow F_{R1} = F_{R2}$$
$$\Leftrightarrow \mu_{01}\, F_{N1} = \mu_{02}\, F_{N2}.$$

Aus der Kräftesumme in y-Richtung folgt schließlich:

$$\mu_{01}\, M_g = \mu_{02}(m + mR)g.$$

Für die Masse des Rucksacks ergibt sich:

$$mR = (\mu_{01}/\mu_{02})M - m.$$

Das soll's dazu gewesen sein – und nun zu einem weiteren reibungsbehafteten Problem.

1.9.2   Seilreibung

Ein spezieller, aber in der Praxis häufig auftretender Fall ist die Reibung zwischen einem Seil und einer Umlenkrolle. Auch hier unterscheidet man zwischen Haft- und Gleitzuständen, wobei es bei passiver Rolle für die wirkenden Kräfte unwesentlich ist, ob sich im Gleitfall das Seil oder die Rolle bewegt. Wir betrachten zunächst den Fall des Haftens, d. h., es tritt keine Relativbewegung zwischen Seil und Rolle auf. In Abb. 1.30 ist eine Rolle gezeigt. Diese wird durch eine Kurbel angetrieben, festgehalten oder abgebremst (Der Mechaniker sagt: Im Drehpunkt oder Momentanpol wirkt ein Moment).

Abb. 1.30 Angetriebene
Seilrolle

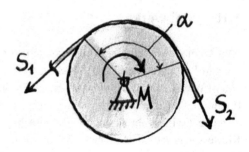

Man kann sich leicht vorstellen, dass hier die beiden Seilkräfte nicht einfach umgelenkt werden, sondern dass je nach Haftreibung ein bestimmtes Verhältnis der beiden Seilkräfte S_1 und S_2 auftritt. Wenn man das Seil z. B. auf die Rolle aufklebt, so kann eines der beiden Seile völlig schlaff werden, während das andere fast zerreißt. Wenn Haftreibung vorliegt, kann man das Seil ab einem bestimmten Verhältnis in irgendeine Richtung zum Gleiten bringen. Dieses Verhältnis kann man anhand des Freikörperbildes eines infinitissiminiganzkurzen Seilstückes auf der Trommel herleiten. ~~Der interessierte Leser~~ ~~Der strebsame Student~~ Heißdüsen können diese relativ einfache und kurze Herleitung selbst durchführen oder in jedem „guten" Mechanikbuch selbst finden. Das Intervall des Seilkraftverhältnisses, in dem kein Gleiten auftritt, ergibt sich je nach Zugrichtung zu

$$e^{(-\mu_0\,\alpha)} \leq S_1/S_2 \leq e^{(\mu_0\,\alpha)}.$$

Um Übersicht zu behalten, empfiehlt es sich hier, je nach Richtung des wirkenden Antriebs-, Brems- oder Haltemoments zu beachten, welche der Seilkräfte die Größere ist. Für den Gleitfall gilt analog zu den Erklärungen über die Reibkräfte:

$$S_1 = S_2\,e^{(\mu\alpha)},$$

wobei man auch hier „mitdenken" sollte, was die Größe und Richtung der Kräfte angeht.

   „Ja, schön", sagt sich der interessierte Loser, „aber welche der beiden Grenzen ist denn nun maßgeblich?" Um diese berechtigte Frage zu beantworten, unternehmen wir – sicher geführt an der Hand von Herrn Dr. Hinrichs – einen kleinen Spaziergang in die Wunderwelt der Exponentialfunktionen. Diese schönen, aber auch gefährlichen Gebilde haben nämlich die folgende Eigenschaft:

$$e^x < 1 \text{ für } x < 0,$$
$$e^x = 1 \text{ für } x = 0,$$
$$e^x > 1 \text{ für } x > 0.$$

Wenn man nun mittels eines Antriebs-, Brems-, oder Haltemoments ermittelt, welche der beiden Seilkräfte die größere ist, kann man erkennen, ob der Quotient S_1/S_2 kleiner als 1 (dann ist die linke Grenze relevant) oder größer als 1 ist (dann ist die rechte Grenze relevant).

1.10   Stabwerke

Jetzt kommen wir zu einem sogenannten *Abstauberthema,* auf das sich ein jeder Noch-loser in Prüfungen so richtig freuen kann. Bei Stabwerken kann man wunderbar Punkte holen! Wie oben schon erwähnt, besteht ein Stabwerk aus Stäben, die Kräfte nur an ihren Enden und in ihrer Längsrichtung aufnehmen können. Diese Stäbe sind durch ideale Gelenke (kein Moment möglich!) ausschließlich an ihren Enden verbunden. Äußere Kräfte sowie Auflager können nur an diesen Gelenken auftreten. So ein Stabwerk gibt es in der Realität also überhaupt nicht, aber das ist uns egal. Die relativen Fehler, die dadurch entstehen, dass man bei wirklichen Fachwerken oder Gitterkonstruktionen ver-schweißte oder vernietete Knoten antrifft, liegen angeblich bei nur 5 %. Wir gehen im Folgenden von statischer Bestimmtheit aus.

Bei der Berechnung von Stabwerken kann man entweder ganz pragmatisch vorgehen (sichere, aber gähntechnisch langwierige Methode), oder man wendet Winner-Tricks an, die relativ schnell zum Ziel führen. Man führt auch bei Stabwerken das Freischneiden durch (Herr Dr. Hinrichs spricht beim Freischneiden gern von der göttlichen Methode).

Wir erinnern uns: Man darf einen (leblosen) Körper durch- bzw. freischneiden, wo man will. Man muss nur eben alle Beanspruchungsgrößen – und damit sind wirklich *alle* Kräfte und Momente gemeint – eintragen, die in der gebildeten Schnittebene (oder Kante) auftreten. Wer das endlich begriffen hat, der braucht sich nicht mehr Loser zu nennen!

Wir nehmen uns das in Abb. 1.31 gezeichnete Beispiel einmal vor und behandeln es auf zweierlei Arten. Die Stäbe haben alle dieselbe Länge. Gesucht ist die Kraft S_7 in Stab 7 (Abb. 1.31). Zu Beginn einer jeden Stabwerkaufgabe werden zunächst die Auf-lagerkräfte berechnet: Es ergibt sich nach richtigem (!) Freischneiden (siehe oben!) und $F_{Knoten\,I} = A, F_{Knoten\,VII} = B$:

$$A = 4/3F, B_x = -1/3F, B_v = -2F.$$

1.10.1 Langsam vortasten (Knotenpunktmethode)

Bei dieser sicheren Methode schneiden wir Knoten für Knoten frei und tragen unter Berücksichtigung des dritten Newton'schen Axioms *(actio = reactio)* alle Kräfte an und hangeln uns dann langsam zu dem Stab, dessen innere Kraft uns „interessiert". Dabei gilt die Vereinbarung, dass zunächst alle Stabkräfte vom Stab weg gerichtet eingezeichnet werden. Diese gelten als *Zug*kräfte (sie *ziehen* am Knoten und am Stab) und ergeben bei Ausrechnung ein positives Vorzeichen (+). Druckkräfte werden laut unserer Verein-barung mit einem negativen Vorzeichen (−) berechnet, d. h., wenn wir irgendeine Stab-kraft ausgerechnet haben und diese hat ein negatives Vorzeichen, so wird der betreffende Stab durch eine Druckkraft belastet (siehe dazu alle freigeschnittenen Knoten in Abb. 1.32).

Abb. 1.31 Stabwerk

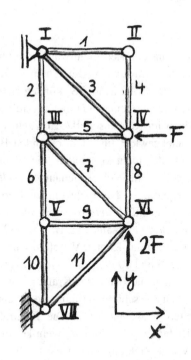

Abb. 1.32 Freigeschnittene
Knoten

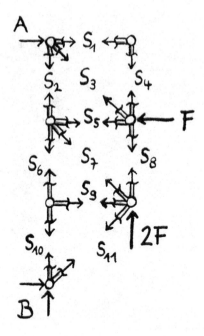

Um uns den Rechenaufwand zu erleichtern, können wir auch hier schon mal einen Win-
nertrick anwenden: Betrachten wir das Freikörperbild von Knoten II in Abb. 1.32: Die
beiden Kräfte S_1 und S_4 können sich aufgrund ihrer orthogonalen Beziehung (sie stehen
senkrecht zueinander) niemals aufheben. Was ist da denn los? Knoten II (Abb. 1.31) ist
doch im Ruhezustand!? Trotzdem ist hier für beide Richtungen das geforderte Kräftegleichgewicht für einen ruhenden Body nicht erfüllt … es sei denn, beide Kräfte sind
null (0), nicht vorhanden, die Stäbe sind „leer" und überhaupt nicht notwendig! Wir
sprechen hier von sogenannten *Nullstäben*, die einem viel Arbeit ersparen können, im
Gegensatz zu Nullkollegen, wie Herr Dr. Hinrichs manchmal einer ist.

Eine *unbelastete frei stehende Ecke* (wie z. B. Knoten II in Abb. 1.31) oder auch ein
unbelastetes T-Stück (z. B. Knoten V) deutet immer auf Nullstäbe hin. Selbst wenn Stab
9 schräg auf Knoten V treffen würde (schiefes T-Stück), wäre Stab 9 ein Nullstab, weil
Stab 6 und 10 die x-Komponente einer vermeintlichen Kraft in Stab 9 nicht ausgleichen
können, da auch deren Kräfte nur in Stabrichtung wirken.

Durch scharfes Hingucken erkennen wir also, dass sich dieser Trick tatsächlich auf
Stab 9 anwenden lässt: Die Stabkräfte S_6 und S_{10} haben keine Komponente in „Stab-9-
Richtung", also kann S_9 nicht kompensiert werden. Das Kräftegleichgewicht für Knoten
V in y-Richtung ist nur dann erfüllt, wenn die Stabkraft S_9 verschwindet. Also ist auch
Stab 9 ein Nullstab, den wir herausnehmen können.

Die Gleichungen für Knoten I lauten:

x − Richtung: $S_3/\sqrt{2} = -A = -4/3F$,
y − Richtung: $S_2 = -S_3/\sqrt{2}$.

Genauso lassen sich die Gleichungen für Knoten III (Knoten II gibt's ja nicht mehr) aufstellen:

$$x - \text{Richtung: } S_5 = -S_7/\sqrt{2},$$
$$y - \text{Richtung: } S_2 = S_6 + S_7/\sqrt{2}.$$

Entsprechend gilt für Knoten IV:

$$x - \text{Richtung: } S_5 = -S_3/\sqrt{2} - F,$$
$$y - \text{Richtung: } S_8 = S_3/\sqrt{2},$$
$$\text{usw}\ldots\ \text{usw}\ldots$$

Nachdem sämtliche Knotenbeziehungen aufgestellt wurden, sind genug Gleichungen
vorhanden, um alle Stabkräfte zu berechnen. Darunter ist selbstverständlich auch unsere
gesuchte Stabkraft S_7. Aber diese sichere Methode, die bei statischer Bestimmtheit mit
ziemlicher Bestimmtheit zum Ziel führt, ist sehr mühsam und in einer Prüfung nur den
ganz coolen Schnellrechnern zu empfehlen. Hier bietet sich ein sehr viel günstigeres Vorgehen an, das im folgenden Abschnitt dargestellt wird.

1.10.2 Schnell zur Sache kommen: Der Ritterschnitt

Die Ritterschnittmethode bietet die Möglichkeit, durch einen einzigen gekonnten Hieb
(Freischnitt) die gesuchte Stabkraft zu finden. Sie bietet außerdem die Möglichkeit einer
schnellen Kontrolle bei speziellen Knoten.

Außerdem kann man auf diese Weise „unwichtige" Teile vorab „entfernen", um von Anfang an näher an seinem Zielknoten zu sein. Wir machen uns dabei wieder die wunderbare Tatsache klar, dass wir wie die Hobbychirurgen überall schneiden dürfen. Also auch mitten durch das ganze System. Das sieht dann aus wie in Abb. 1.33.

Wir bilden mit kriminalistischem Scharfsinn (Herr Dr. Hinrichs, fahr schon mal den Wagen vor!) zunächst die Summe der Momente am unteren übrigen Teilsystem um Knoten VI, da wir dann nur *eine* unbekannte Größe (S_6) haben. Die Momentensumme um Knoten VI führt auf

$$S_6 = 5/3 \; F.$$

Jetzt brauchen wir nur noch die Summe der Kräfte in x-Richtung zu bilden, und es ergibt sich sofort:

$$S_7 = -\sqrt{2}/3 \; F.$$

Da man diese Aufgabe mithilfe dieses Tricks innerhalb von wenigen Minuten lösen kann, besteht während einer Klausur die Möglichkeit, sich ganz lässig einen Kaffee zu holen, während die anderen schwitzen. It's cool! Man muss allerdings so schneiden, dass man immer nur drei Stäbe durchtrennt, die jedoch nicht alle an einem Knoten hängen dürfen. Einfach mal ein bisschen üben!

Die Schnittmethode eignet sich auch prächtig dazu, *innere* Kräfte und Momente zu bestimmen. Immer dann, wenn wir irgendwo ein Stück von einem Körper abschneiden, müssen wir an diesem freigeschnittenen Stück alle Kräfte und Momente antragen, damit sich am ursprünglichen System nichts ändert (gähn). Wozu braucht man innere Kräfte? Ganz klar: Innere Kräfte und Momente führen bei elastischen Körpern zu allerlei Verformungen (also auch zu möglichen Schäden!). Als Nächstes befassen wir uns also mit den inneren Kräften und Momenten, den sogenannten *Schnittgrößen* – aber zunächst noch immer am starren Körper.

Abb. 1.33 Stabwerk mit Ritterschnitt

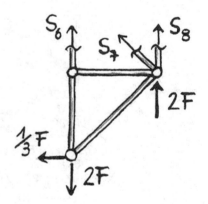

1.11 Schnittige Größen

Erinnern wir uns an den Kragträger (den einseitig eingespannten Balken), der in die Welt hinausragt und dessen Auflagerreaktionen für einen speziellen Belastungsfall wir ein paar Seiten vorher berechnet haben. Auch der Kragträger in Abb. 1.34 sei zunächst masselos. Wir erkennen eine Kraft $\sqrt{2}\,F$ und ein Moment M^*, die den Balken belasten und eben *nicht nur* Auflagerreaktionen an der Einspannung hervorrufen. Es treten auch entlang des Balkens Kräfte (und Momente) auf. Das kann man ganz einfach nachvollziehen, wenn man einen Tresor (Masse m) oder einen anderen geeigneten schweren Gegenstand (F = mg) am ausgestreckten Arm hochzuhalten versucht. Dann tut einem nach einiger Zeit auch *nicht nur* die Schulter (Auflager) weh!

Wie kann man die sogenannten inneren Kräfte und Momente, auch *Beanspruchungsgrößen* genannt, bestimmen? Was machen wir, wenn es gilt, irgendwo Kräfte und/oder Momente zu ermitteln? Wir freuen uns und schneiden frei (juhu!!! kritzel!!, Abb. 1.35) und haben schon mal die halbe Miete im Sack! Zunächst berechnen wir dann mal die Auflagerreaktionen.

Nach richtigem Freischneiden ergeben sich folgende Lagerreaktionen:

$$A_x = -F, A_y = F,\ M = M^* - 2Fa.$$

Jetzt bestimmen wir die inneren Beanspruchungsgrößen zuerst für den Balkenteil mit $0 < x < a$ (und zerlegen so ein System in Teilsysteme, deren Grenzen die Orte der äußeren Kräfte und Momente darstellen). Dazu schneiden wir den linken Teil des Balkens einfach irgendwo an der Stelle x in diesem Bereich durch und zeichnen an den freigeschnittenen Teil „ganz schnell" die Kräfte und Momente an, die den Balken dort in Wirklichkeit zusammenhalten. Auf diese Weise „merkt" das mechanische System gar

Abb. 1.34 Durch Kraft und
Moment belasteter Kragträger

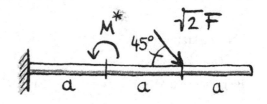

Abb. 1.35 Freikörperbild des
belasteten Kragträgers

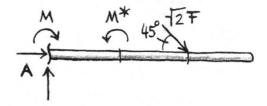

Abb. 1.36 Freikörperbild
des linken Kragträgerteiles
(positives Schnittufer)

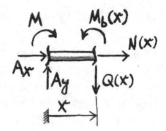

nichts von dem Schnitt, da ja noch immer alle Reaktionen vorhanden sind. Wir müssen
hier allerdings das ~~Gentlemen~~ Mechanics Agreement beachten, was die Richtung der
Reaktionen festlegt, die aus der klaffenden Schnittfläche herausragen (siehe und ver-
innerliche Abb. 1.36! – die hier verwendeten Richtungen der Kräfte und Momente sind
ab jetzt *bindend*).

Es treten im Balken eine Normalkraft N (Zug oder Druckbeanspruchung), eine Querkraft Q (Schubkräfte) sowie ein Biegemoment M_b auf. *Diese Größen können jetzt vom
Ort (also von x) abhängen!*

Mit $\Sigma F_x = 0$, $\Sigma F_y = 0$ und $\Sigma M = 0$ (es bewegt sich ja noch immer nix!) berechnen
sich die Beanspruchungsgrößen für den linken Teil des Trägers zu:

$$\text{Normalkraft: } N(x) = -A_x = F,$$

$$\text{Querkraft: } Q(x) = A_y = F,$$

$$\text{Biegemoment: } M_b(x) = A_y x + M = A_y x + M^* - 2Fa = F(x - 2a) + M^*$$

In diesem Fall und für diesen Balkenbereich hängt nur das Biegemoment Mb vom Ort
x ab. Zur Bestimmung des Biegemomentenverlaufs bilden wir jeweils die Momentensumme um den *momentanen Schnittpunkt*. Als Nächstes wenden wir uns dem mittleren
Balkenteil zu (a < x < 2a). Das entsprechende Freikörperbild zeigt Abb. 1.37. Die Schnittgrößen für diesen Bereich lauten:

$$\text{Normalkraft: } N(x) = F,$$

$$\text{Querkraft: } Q(x) = F,$$

$$\text{Biegemoment: } M_b(x) = Fx + M^* - 2Fa - M^* = F(x - 2a).$$

Abb. 1.37 Freikörperbild
des mittleren Balkenteiles
(positives Schnittufer)

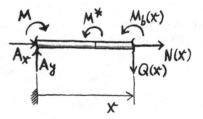

Für die beiden Teilbereiche hat sich kräftemäßig nichts verändert, da im Bereich $0 < x < 2a$ kräftemäßig nichts passiert. Erst bei $x = 2a$ wird eine Kraft eingeleitet. Aber beim Biegemomentenverlauf $M_b(x)$ tritt bei $x = a$ ein Sprung auf, weil hier gerade das Moment M^* in den Balken eingeleitet wird. Das Einleiten eines Moments stellt man sich am besten so vor, wie wenn jemand eine Knarre (Werkzeug) oder einen Schrauben- schlüssel genau an dieser Stelle ansetzt.

Was passiert im rechten Teil des Balkens? Wenn wir uns dieses *freie Ende* einmal praktisch vorstellen, wird doch eigentlich klar, dass hier gar keine Beanspruchungen auf- treten können. Dieses rechte Teilstück wird doch nirgendwo geklemmt oder gedrückt ... wir woll'n mal sehen. Zunächst das Freikörperbild: Die zugehörigen Beanspruchungen (Abb. 1.38) lauten:

Normalkraft: $N(x) = F - \sqrt{2}F/\sqrt{2} = 0$,

Querkraft: $Q(x) = F - \sqrt{2}F/\sqrt{2} = 0$,

Biegemoment: $M_b(x) = F_x + M - M^* - F(x - 2a) = Fx + M^* - 2Fa - M^* - F(x - 2a) = 0$.

Siehe da! Sämtliche Beanspruchungsgrößen sind also null (0)! Es tritt hier somit ein Sprung im Querkraft- und Normalkraftverlauf auf, und zwar (was heißt eigentlich „zwar"?) deshalb, weil bei $x = 2a$ eine Quer- und eine Normalkraft eingeleitet werden.

Das Ergebnis für das freie Ende können wir aber auch viel einfacher bekommen, nämlich wieder mal mit einem Winner-Trick, der uns viiiiiel Rechenaufwand und Zeit erspart: Wir dürfen doch freischneiden, wo wir wollen, also können wir doch einfach nur das freie Ende abschneiden und dann die Schnittgrößen einzeichnen. Hier muss man aber die Schnittkräfte andersherum antragen *(actio = reactio)*, wie bei den Zwischen- bedingungen (Stichwort: Gerbergelenk). Der gemeine Mechaniker spricht hier auch vom *negativen Schnittufer* (Abb. 1.39).

Abb. 1.38 Freikörperbild des rechten Balkenstückes (positives Schnittufer)

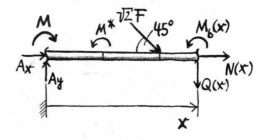

Abb. 1.39 Freikörperbild des freien Endes (negatives Schnittufer)

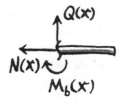

Also „berechnen" wir anhand des freigeschnittenen Balkenendes jetzt einmal die Schnittgrößen mittels des negativen Schnittufers. Mit $\Sigma Fx = 0$, $\Sigma Fy = 0$ und $\Sigma M = 0$ kommt für Abb. 1.39 direkt heraus:

Normalkraft: $N(x) = 0$,

Querkraft: $Q(x) = 0$,

Biegemoment: $M_b(x) = 0$.

Richtig freischneiden ist etwas ganz wundervolles (♥)!

Man kann natürlich auch die anderen Balkenteile vom negativen Schnittufer aus berechnen. Das kann ja jeder machen, der Lust dazu hat (Herr Dr. Hinrichs hat bereits Zettel und Stift in der Hand, das hat er immer, wenn er mal nicht in so einem Ich-hab-eigentlich-weder-Hunger-noch-Durst-aber-es-kann-ruhig-ein-bisschen-was-kosten-Bistro sitzt, an einem anspruchsvollen bunten Getränk herumnibbelt und eingebildeten, hochnäsigen Damen zulächelt … Na ja, die Anspruchslosen unter ihnen lächeln dann manchmal zurück *[reactio]*).

Falls mehrere Auflager vorhanden sind, werden ihre Reaktionen wie üblich vorab berechnet und die entsprechenden Größen dann wie äußere Kräfte weiterbehandelt. Noch anschaulicher wird das Ganze, wenn wir die Schnittgrößenverläufe einmal über der Balkenlänge auftragen. Auch hier gibt es Vereinbarungen, wie z. B. die, dass positive Größen nach unten zeigen. Abb. 1.40 stellt die Diagramme der drei Schnittgrößen über der Länge x dar.

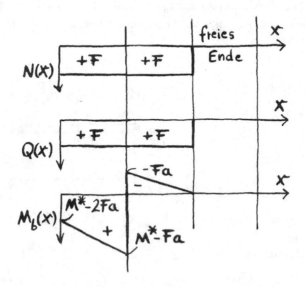

Abb. 1.40   Schnittgrößenverläufe des belasteten Kragträgers in Abb. 1.34

Noch ein wichtiger Tipp besonders für mündliche Prüfungen: Die Schnittgrößen-verläufe lassen sich mit ein wenig Übung (Herr Dr. Hinrichs meint, dass es auch ohne Übung geht) aus dem Stegreif mithilfe bekannter Eckwerte zeichnen.

Die Eckwerte sind z. B. durch die Auflagerreaktionen, eingeleiteten Kräfte und Momente oder freien Enden gegeben. Wenn man zusätzlich weiß, dass die Kraftver-läufe zwischen den eingeleiteten Kräften konstant sind und der *Querkraftverlauf die erste Ableitung des Momentenverlaufs darstellt* und dass eingeleitete Momente zu Momen-tensprüngen führen, dann ist man die allerlängste Zeit ein Loser gewesen! Bei Strecken-lasten q(x) muss man allerdings ein wenig aufpassen, wie folgendes Beispiel zeigt. Dennoch kann einem auch hier die Mechanik wenig anhaben, wenn man konsequent, langsam und ganz cool das schon Gelernte anwendet und *man richtig freischneidet.*

Wir wenden das Verfahren zur Schnittgrößenbestimmung jetzt auf einen mit $q(x) = q_0$ ($=$const.) massebehafteten, also realen einfach eingespannten Kragträger (Gewicht G) an. Es handelt sich in diesem Fall um das 1-m-Sprungbrett (Länge L) der städtischen Bade-anstalt mit Großraumdusche. Herr Dr. Hinrichs (Gewicht 2G) befindet sich seit geraumer Zeit im Abstand b von der Einspannung, da er sich trotz der aufmunternden Zurufe der tosenden Menge (Schwimmschule Delmenhorster Wasserflöhe) nicht traut zu springen. Zunächst zeichnen wir das Freikörperbild, wobei wir die Lastwechsel der von Herrn Dr. Hinrichs ausgeübten Kraft aufgrund der zitternden Knie vernachlässigen (Abb. 1.41).

Auf dem gesamten Träger (Länge L) wirkt die Streckenlast $q(x) = q_0$. Die resul-tierende Gewichtskraft ist also $G = Lq_0$. Diese greift im Schwerpunkt $x = L/2$ an. Zusammen mit der zusätzlich ausgeübten Kraft $F = 2G$, die bei $x = b$ angreift, führt dies auf folgende Auflagerreaktionen:

$$A_x = 0, A_y = 3\,G, M = -G(L/2 + 2b).$$

Jetzt zeichnen wir das Freikörperbild für den linken Teil (positives Schnittufer, $x < b$) des Sprungbrettes (Abb. 1.42).

Die Schnittgrößen links von Herrn Dr. Hinrichs ($x < b$) lauten hier:

Normalkraft: $N(x) = 0$,

Querkraft: $Q(x) = A_v - q_0 x$ (Streckenlast q_0 wirkt auf Länge x) $= 3G - q_0 x$,

Biegemoment: $Mb(x) = G(-L/2 - 2b + 3x) - q_0\, x^2/2.$

Abb. 1.41 Freikörperbild eines realen Kragträgers (Sprungbrett)

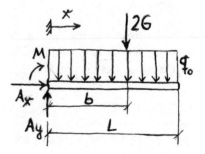

Abb. 1.42 Freikörperbild
vom linken Teil des
Sprungbrettes

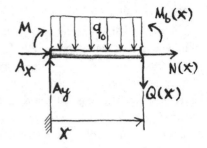

Abb. 1.43 Freikörperbild
vom rechten Teil des
Sprungbrettes

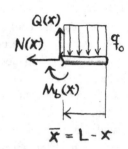

Wie kommt der rechte Term in der Biegemomentengleichung zustande? Take a look at the free body diagram!!![13] Der Schwerpunkt und damit der Hebelarm der wirkenden resultierenden Streckenlast auf dem freigeschnittenen Teilstück liegt bei $x_s = x/2$. Daher ergibt sich der Faktor ½ bzw. das x^2, denn die resultierende Streckenlast ist $q_0 x$. Bingo?

Für den rechten Teil des Sprungbrettes nehmen wir aus Bequemlichkeitsgründen das linke Schnittufer (wir dürfen schneiden, wo wir wollen!), denn dort steht kein zitternder Herr Dr. Hinrichs mit grünem Gesicht (Angst) und blauen Lippen (Kälte). Außerdem haben wir dort keine Auflagerreaktionen mit einzuberechnen (Abb. 1.43).

Hier lohnt es sich, zunächst eine neue Koordinate $\bar{x}$ einzuführen, welche vom Brettende aus entgegengesetzt zu x zeigt. Es gilt dabei: $\bar{x} = L - x$. Daraus ergeben sich also folgende Schnittgrößenverläufe für das Brettende rechts von Herrn Dr. Hinrichs:

Normalkraft: $N(x) = 0$,

Querkraft: $Q(x) = q_0 \bar{x} = q_0 (L - x)$,

Biegemoment: $M_b(x) = -1/2 q_0 \bar{x}^2 = -1/2 q_0 (L - x)^2$.

Auch hier lassen sich die Verläufe grafisch darstellen, viel Spaß dabei!

Genug des Starrsinns – nun wird es spannend. Es wir gebogen, gezogen, gezergelt, ausgeleiert, geseiert, gereihert und gequetscht. Kurz: Wir kommen zur „Festigkeits"lehre.

---

[13]Bei Herrn Dr. Hinrichs schneiden wir die Badehose lieber nicht frei.

Mit dem Starrsinn ist jetzt Schluss: Elastostatik

Kleiner Witz über unsere Freunde, die Mathematiker: „Wie fängt ein Mathematiker mindestens einen Löwen? Indem er drei Pfähle in den Boden schlägt, mit diesen einen Zaun um sich herum bastelt und sich selbst als draußen definiert!".

Tja, zuallererst werfen wir alles über den Haufen, was bisher so dagewesen ist: Jetzt gilt es, eine Grundannahme in Kap. 1 völlig zu vergessen. Von nun an sind die Körper nicht mehr starr, sondern elastisch. Wir wenden uns etwas mehr der Realität zu. Als kleines, anschauliches Beispiel aus dem täglichen Leben von Herrn Dr. Hinrichs stellen wir

© Springer Fachmedien Wiesbaden GmbH, ein Teil von Springer Nature 2020
O. Romberg und N. Hinrichs, *Keine Panik vor Mechanik!*,
https://doi.org/10.1007/978-3-8348-2413-4_2

uns ein gepierctes Ohrläppchen vor, das zur Optimierung der Ästhetik mit Gewichten behängt wird. Nach Kap. 1 können wir die auf das Ohr wirkenden Kräfte und Momente berechnen – nun wollen wir auch die Verlängerung des Ohrläppchens bestimmen.

Bei den von uns betriebenen Grundlagen der Mechanik machen wir allerdings gleich eine weitere brutale Annahme: Wir gehen davon aus, dass die berechneten Auflagerreaktionen und die Schnittgrößen am starren Körper nur geringfügig von denen des elastischen Körpers abweichen! Dies ist nicht selbstverständlich: Man betrachte den Kragträger mit Belastung durch eine Gewichtskraft. Die Schnittgrößenberechnung hat ja ergeben, dass keine Normalkraft im Balkenquerschnitt wirkt. Bei großen Verformungen – man nehme das elastische Lineal zur Verifikation zur Hilfe – neigt sich das Balkenende in Richtung der Gewichtskraft. Mit zunehmendem Neigungswinkel wird also eine immer größere Normalkraft in den Balken eingeleitet! Diesen Einfluss vernachlässigen wir im Folgenden.

2.1   Das Who is Who der Festigkeitslehre: Spannung, Dehnung und Elastizitätsmodul

Bis hier hat die Dimensionierung des Querschnitts unserer Bauteile keine Rolle gespielt. Dies hat nun ein Ende! Da nicht immer ein Ohrläppchen für Eigenversuche zur Hand ist und das Buch auch das kritische Auge der Mutti von Herrn Dr. Hinrichs) passieren soll, betrachten wir im Folgenden anstelle des Ohres drei Bungee-Springer, die das Kleingedruckte im „Jet-and-Jump-Proposal" nicht gelesen haben, wo eindeutig nichts von einer anschließenden Bergung des Kunden geschrieben steht.

Wir wollen uns noch einmal mit den Augen der Festigkeitslehre den Schnittgrößen widmen. Aus der Statik ist uns noch bekannt, dass an dem kleinen freigeschnittenen Seilelement die Normalkraft $F_N = mg$ wirkt. In der Statik hatten wir den Querschnitt der Bauteile unberücksichtigt gelassen. Es ist allerdings nicht abzustreiten, dass das Seil eine räumliche Ausdehnung mit einer Querschnittsfläche A aufweist – und diese Querschnittsfläche hat wohl auch einen entscheidenden Einfluss auf unseren Pulsschlag vor dem Sprung, d. h., die Belastung des Seiles hat etwas mit der Querschnittsfläche zu tun!

Irgendwo an einem Punkt in dieser Fläche muss die Normalkraft F_N wirken – aber wo genau? Eigentlich ja überall, also N kleine Kräfte vom Betrag F_N/N, die in der Summe F_N ergeben. Und eigentlich können wir unendlich viele Kräfte ($N \to \infty$) in der Querschnittsfläche unterbringen (mit kleinen Kräften $F_N/N = \ldots$).

Für die Beschreibung der Vorgänge in der Querschnittsfläche ist der Kraftbegriff also offensichtlich nicht mehr geeignet. Die Belastung der Fläche scheint von der Größe der Fläche einerseits und von der aufgebrachten Kraft andererseits abhängig zu sein. Hier muss eine neue Größe eingeführt werden, und zwar die **Spannung:**

$$\sigma = \frac{F}{A}. \qquad [\text{N/mm}^2]$$

Zur Erläuterung: Dieses komische Zeichen auf der linken Seite der Gleichung oben ist keine köstlich duftende Tchibo-Kaffeebohne, sondern das Zeichen für die Spannung, ein griechisches s. Man lese „sigma".

Hieraus folgt, dass die Belastung des Seiles bei Verdoppelung der Masse des Bungee-Springers (oder besser -Hängers) bei einem Seil mit doppelter Querschnittsfläche gleich bleibt.

Da die kleinen Kraftpfeile in der Querschnittsfläche alle senkrecht, also „normal" zur Fläche stehen, heißt diese Spannung auch Normalspannung – diese Bezeichnungsweise korrespondiert mit der Bezeichnung der Normalkraft, die sich ja als Schnittgröße in unserem Seil ergibt. Die Wirkung der Normalspannung ist immer eine Verlängerung (oder Verkürzung) eines kleinen Körperelements, die sich in unserem Beispiel als Verlängerung des Seiles auswirkt.

Die Größe der Spannung gibt somit die tatsächliche *Belastung* an, mit der das Bauteil beaufschlagt wird. An kleinsten Elementen oder Molekülen eines Jumbojets und einer Nadel, die gleichen Spannungen ausgesetzt sind, zerren also die gleichen Belastungen. Im Fall gleichen Materials werden wohl auch die Verformungen dieser sehr unterschiedlichen Bauteile gleich sein – und auch die Sicherheit gegen ein Versagen des jeweiligen Bauteiles …

Kommen wir nun zu den Verformungen, die scheinbar mit den Spannungen etwas zu tun haben, und kehren nochmal zu unseren Bungee-Springern zurück, die „gemeinsam etwas abhängen". (Herr Dr. Romberg kann das auch ohne Seil!) Das Seil der leichten Grazie (Gewichtskraft G) wird wesentlich geringer verformt (nämlich verlängert um den Betrag x) als das des schweren regelmäßigen Besuchers der Muckibude.

Genauere Messungen unter Laborbedingungen zeigen dann, dass nach einem Kombisprung zweier Grazien (Gewichtskraft 2G) an einem Seil dieses die doppelte Verlängerung zweimal erfährt. Die wissenschaftliche Auswertung führt dann zu folgender Ergebnisdiagrammchartplotauswertung:

Wir können in dem Diagramm mit der Zugkraft F über der Verlängerung x den linearen Bereich mit der Proportionalität (doppelte Zugkraft ==> doppelte Verlängerung) erkennen (Abb. 2.1).

Das komische Zeichen vor dem L an der x-Achse ist weder ein Zelt noch ein Dreieck, sondern ein Delta. Dieses beschreibt die Längenänderung, also $\Delta L = L(N) - L_0$ (Längenänderung = Länge bei Normalkraft N minus unbelastete Anfangslänge).

Die Proportionalität gilt bis zum Riss des Seiles oder bis zum Aufprall der Schädeldecke auf dem Asphalt – dann verlieren wir die Kontrolle über unseren Versuch. Auch für unsere schlauen Rechnungen verlieren wir dann die Kontrolle, wir beschränken uns also auf den linearen Bereich. Das alles fasst man normalerweise zum Federgesetz oder auch *Hookeschen Gesetz* zusammen:

$$F = c\Delta L.$$

Da das Bisherige noch jede Hausfrau bzw. jeder Hausmann mit Abitur versteht, schlägt hier die wissenschaftliche Nebelmaschine kräftig zu. Die Erfahrung zeigt Folgendes:

- Das doppelte Gewicht (F = 2G) hat die doppelte Verlängerung beim Hängen zur Folge, d. h., wir folgern messerscharf: $\Delta L \sim F$. (Mann/Frau lese: Die Längenänderung ΔL ist proportional zur (Zug-)Kraft F).
- Verdoppeln wir die Länge L des Gummibandes, ist auch die Verlängerung doppelt so groß: $\Delta L \sim L$.

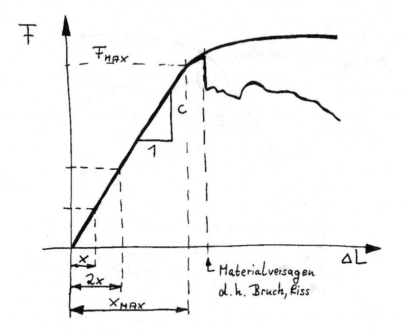

Abb. 2.1 Zugkraft F als Funktion der Verlängerung ΔL

- Bei doppeltem Querschnitt A des Gummibandes (oder zweier Gummibänder) tritt bei gleichem Gewicht nur die halbe Verlängerung auf, d. h. $\Delta L \sim 1/A$.
- Je steifer das Material des Gummibandes ist, desto weniger Auslenkung bewirkt die Gewichtskraft. Die Steifigkeit des Materials benennen wir hier mit ... na, was nehmen wir denn mal ... E. Es gilt also $\Delta L \sim 1/E$.

Es ergibt sich somit für die Auslenkung ΔL das einfache *lineare Stoffgesetz*:

$$\Delta L = \frac{FL}{EA}. \qquad [m] \tag{2.1}$$

Statt der Kraft tragen wir nun die Spannung als bezogene Größe auf:

$$\sigma = \frac{F}{A}. \qquad [N/mm^2]$$

Die Spannung bezeichnet also die Kraft pro Flächenelement des Zugstabes oder des Seiles. Anstelle der Verlängerung ΔL führen wir zur weiteren Vernebelung eine Deeee-ehhhhhhhhnnnnnuuuuung ein, also die Verlängerung pro Teilstück des Seiles:

$$\varepsilon = \frac{\Delta L}{L}. \qquad [1]$$

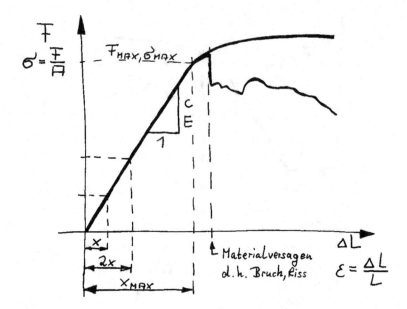

Abb. 2.2 Wie Abb. 2.1, nur mit verwissenschaftlichter Achsenbeschriftung

Der Federkonstanten c (bezogen auf eine Länge) haben wir in Abb. 2.2 ja einen komplizierteren Namen verpasst: Elastizitätsmodul E (unter Freunden: E-Modul). Hört sich gut an, oder?

Die wissenschaftliche Nebelmaschine hat hier also kräftig zugeschlagen: der technische Sachverhalt ist gegenüber Abb. 2.1 unverändert, was man an den identischen Bildern erkennen kann – die Bezeichnungen erfordern aber ein kleines Wörterbuch für den unerfahrenen (Noch-)Loser.

Infolge der geänderten Einheiten durch die Einführung von σ und ε hat sich auch die Einheit der Proportionalitätskonstanten geändert: Der Elastizitätsmodul E besitzt die Einheit N/mm^2. Dies ist eine materialspezifische Konstante, d. h., deren Wert ist für jedes Material beim Kauf gegeben und unabhängig von der Farbe, dem gewählten Durchmesser ..., also einfach nur vom Material abhängig. Man kann nun schnell das Federgesetz umwandeln, und aus den Gleichungen oben ergibt sich

$$\sigma = \varepsilon\, E.$$

Die Modellbildung für die Abhängigkeit der Verformung (Dehnung ε) von der Belastung (Spannung σ) nennt man Stoffgesetz – im vorliegenden Fall haben wir für den linearen, elastischen Bereich ein lineares Stoffgesetz verwendet, und dabei soll es auch bleiben!

Einsetzen der Gleichungen ineinander liefert die „lebenswichtige" Erkenntnis, dass die Ersatzsteifigkeit eines elastischen Körpers sich auch aus den Material- und Geometriedaten errechnen lässt:

$$\Delta L = \frac{FL}{EA}, \qquad c_{Ersatz} = \frac{EA}{L}.$$

Der Ehrlichkeit halber müssen wir hier anmerken, dass neben der gewünschten Vernebelung des ursprünglichen Federgesetzes ein Vorteil erzielt wurde: Beim einfachen Federgesetz ergibt sich natürlich für ein dünnes Seil eine andere Steifigkeit als für ein dickes. Ein längeres Gummiband gibt bei gleicher Last mehr nach als ein kürzeres … Mithilfe der neuen Gleichungen kann man ein Bauteil dimensionieren, wenn man die *Geometrie* des Bauteiles und als *Material*konstante den Elastizitätsmodul (oder einfach E-Modul) E kennt. Das ist ja schon mal was, oder?

2.2   Spannung und Dehnung bei Normalkraftbelastung und gleichzeitiger Erwärmung

Bekanntlich besitzen die südeuropäischen Mechaniker etwas mehr Temperament als die kühlen aus dem Norden. Das nehmen wir natürlich gleich mal kritisch unter die Lupe: Bei den höheren Temperaturen im Glutofen des Südens führen gleiche zwischenmenschliche Spannungen zu größeren Auswirkungen.

Unser Bungee-Hänger ist nun bis zur Mittagshitze des nächsten Tages gut abgehangen – den Temperaturanstieg kann er wohl nicht mehr so ganz wahrnehmen. (Die blutigen Hände stammen von den vielen verzweifelten Kletterversuchen). Das Seil merkt die Temperaturänderung sehr wohl: Es wird infolge der Erwärmung länger. Auch bei unserer Formel für die Verlängerung des Seiles müssen wir bei zusätzlichem Temperatureinfluss das „Temperament" des Seiles berücksichtigen:

$$\Delta L = \frac{FL}{EA} + \alpha \, \Delta \vartheta \, L. \tag{2.2}$$

mit $\alpha =$ Wärmeausdehnungskoeffizient (dieser ist eine materialspezifische Konstante, die die Empfindlichkeit – das Temperament – des Stabes gegenüber der Erwärmung beschreibt), $\Delta \vartheta =$ Temperaturänderung. Ist doch ganz klar: Wenn's heiß wird, wird er groß!

Es ergibt sich allerdings infolge der einsetzenden modrigen Geruchsentwicklung für den Bungee-Springer ein weiteres Problem: Wir müssen in den Berechnungen noch die Geier berücksichtigen, die es sich auf dem Seil gemütlich machen. Der erfahrene Statiker sieht natürlich sofort, dass die Normalkraft FN nicht mehr konstant ist, sondern über die Länge (mit zunehmender Geierzahl) zunimmt. Gl. 2.1 und 2.2 können wir also nicht einsetzen, da wir in diesen nicht mit einer vom Ort abhängigen Normalkraft rechnen können.

Da dies alles aber noch nicht kompliziert genug ist, wollen wir das Beispiel noch etwas verallgemeinern. Im Folgenden soll unser Seil zusätzlich zu dem Gewicht des Bungee-Hängers mit dem Eigengewicht des Seiles, also einer Streckenlast, belastet werden. Die ganze Apparatur wird dann erwärmt – natürlich nicht überall gleichermaßen. Ist ja klar. Ach ja: Und wir nehmen zusätzlich noch an, dass die Querschnittsfläche und der Ausdehnungskoeffizient des Gummibandes aus unerfindlichen Gründen nicht über der Länge konstant sind. Kommt in der Praxis ja regelmäßig vor! Die magische Formel lautet nun:

$$\Delta L = \int_0^L \left(\frac{\sigma(x)}{E(x)} + \alpha(x)\, \Delta\vartheta(x) \right) dx, \qquad (2.3)$$

wobei

$$\sigma(x) = \frac{N(x)}{A(x)}$$

die uns schon hinreichend bekannte Spannung bezeichnet. Wer diese Formel nicht glauben will, der muss dies trotzdem tun, weil wir natürlich immer recht haben (wir sind nämlich Doktorissimi).

Das kann sich doch schon sehen lassen, oder? Aber aufgepasst: Es gilt immer zu prüfen, welche Annahme für die Aufgabenstellung gemacht wurde, sonst macht man sich die Arbeit unnötig schwer:

1. Konstante Last, konstanter Querschnitt, *ohne Erwärmung* ==> Gl. 2.1
2. Last, Querschnitt, *Erwärmung* und konstanter Ausdehnungskoeffizient ==> Gl. 2.2
3. *Alles offen* ==> Gl. 2.3

Hier der Tipp von Herrn Dr. Hinrichs für die Heißdüsen: Ihr könnt natürlich Fall 1 und 2 auch mit dem allgemeineren Fall 3 erschlagen ...

Diese drei Fälle wollen wir gleich an Beispielen festklopfen. An seiner Krawatte (Querschnittsfläche A, E-Modul E, Wichte[1] γ[2], Wärmeausdehnungskoeffizient α)

---

[1]Hierbei handelt es sich nicht um diese kleinwüchsigen pädophilen kretischen Goldsucher im Harz des Jahres 1000 v. Chr., die mit ihren roten Filzmützen noch nach Jahrtausenden für Geschichten sorgen.

[2]Der Lektor verweist an dieser Stelle auf die seit den 1970er Jahren bestehende DIN-Normierung, der zufolge anstelle der Wichte von dem spezifischen Gewicht zu sprechen ist.

hängt in der Tiefe $L + \Delta L$ ein Selbstmörder (Kadavergewichtskraft G, ~~dreimal durch Mechanikklausur gefallen~~):

a) Der Strick sei gewichtslos ($\gamma = 0$).
b) Das Eigengewicht des Strickes ist zu berücksichtigen.
c) Die Temperatur des Strickes nimmt von 5° Umgebungstemperatur im Frühjahr auf 20° im Sommer zu.

Um welchen Betrag ΔL wurde das Seil verlängert? Gegeben: G, γ, α, A, E, L.

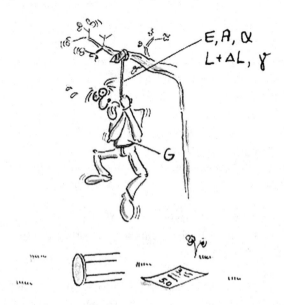

Ist ja ganz einfach?! Wir entscheiden uns bei Aufgabenteil a sofort für den Fall 1, also Gl. 1.1. Dies liefert uns aber direkt – ohne große Rechenkünste – mittels Abschreiben die Lösung

$$\Delta L = \frac{GL}{EA}.$$

In Aufgabenteil b müssen wir uns zunächst noch einmal mit der Statik beschäftigen, da eine Schnittgröße (hier nur die Normalkraft) im Strick benötigt wird. Diese beträgt am unteren Ende des Strickes G, während infolge des Eigengewichts des Strickes die Normalkraft am oberen Ende des Strickes $G + \gamma AL$ beträgt. Tja, und dazwischen? Hier nimmt die Normalkraft linear zu, da ja mit jedem weiteren Zentimeter des Strickes das Strickgewicht dieses Zentimeters zusätzlich am Seil zieht. Somit gilt:

$$N(x) = G + \gamma Ax.$$

Nun müssen wir das Integral aus Gl. 2.3 durchkoffern:

$$\Delta L = \int\limits_0^L ((G + \gamma Ax)/EA)\ dx = \frac{GL + \gamma AL^2/2}{EA}.$$

Zuletzt das Ganze noch einmal in Kurzform für die zusätzliche Erwärmung (Aufgabenteil c):

$$\Delta\vartheta(x) = 15°\ \frac{x}{L},$$

$$\Delta L = \int\limits_0^L (G + \gamma Ax)/(EA) + \alpha\Delta\vartheta(x))\ dx = \frac{GL + \gamma AL^2/2}{EA} + 15°\,\alpha\,L/2.$$

Das positive Vorzeichen des Temperaturterms deutet hier auf eine Verlängerung des Stri-ckes infolge der steigenden Temperatur! Zusatzfrage von Herrn Dr. Romberg: Wie warm muss es bei gegebener Hänghöhe H werden, damit der Selbstmordversuch misslingt?

In diese Richtung kann man sich nun die schönsten Aufgaben ausdenken, die mathe-matisch etwas kompliziertere Terme bzw. Integrale ergeben, aber eigentlich keinen Wissensgewinn für den Durchschnittsloser bedeuten: veränderliche Querschnitte (z. B. aneinandergeknotete dickere Seile), wilde Temperaturverläufe bei zusätzlichem Feuer unterm Hintern …

2.3   In alle Richtungen gespannt: Der Spannungskreis

2.3.1   Der Einachser: Der Stab mit Normalkraftbeanspruchung

Wir wollen nun etwas „Schiffe versenken" spielen. Man nehme einen Bleistift mit einem spitzen Ende und einem Radiergummi am anderen Ende. Stellt man den Bleistift senk-recht mit dem Radiergummi auf ein Blatt und drückt auf die Spitze des Bleistiftes, dann wird an dessen Spitze, also an einem Punkt, eine Kraft F eingeleitet (Abb. 2.3).

Nun neigen wir den Bleistift bei weiterer Druckausübung gegenüber der Vertikalen um den Winkel α (Abb. 2.4). Als Erstes müssen wir jetzt natürlich das unter dem Bleistift liegende Blatt festhalten, da sonst der gesamte Versuchsaufbau seitlich wegflutscht.

Neben der Verkürzung des Radiergummis infolge der Normalspannung kommt unter den geänderten Versuchsbedingungen also eine weitere Wirkung zum Tragen: ein seit-liches Auswandern. Die Kraft F teilt sich gemäß den Auflagerreaktionen (Kap. 1) in die Komponenten FH und FV auf. Die horizontale Kraft (das ist die Reibkraft) wird auch in diesem Beispiel in der Kontaktfläche erzeugt. Bei gleicher Argumentation wie für die Begründung der Einführung der Normalspannung ist nun die Einführung einer Tangen-tial- oder Schubspannung τ [N/mm^2] notwendig, die die Beanspruchung *tangential* zur

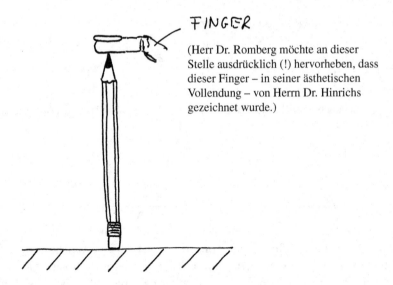

𝓕𝐼𝑁𝐺𝐸𝑅

(Herr Dr. Romberg möchte an dieser
Stelle ausdrücklich (!) hervorheben, dass
dieser Finger – in seiner ästhetischen
Vollendung – von Herrn Dr. Hinrichs
gezeichnet wurde.)

Abb. 2.3   Schiffe versenken: Ausgangslage

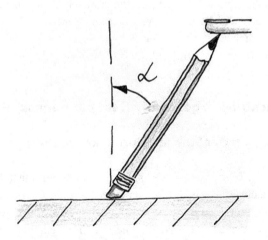

Abb. 2.4   Schiffe versenken:
Abschussposition

Kontaktfläche beschreibt und deren Wirkung eine tangentiale Verschiebung bzw. die Ver-
hinderung einer derartigen Verschiebung ist.

Denkt man über die durchgeführten Versuche etwas länger nach, dann ist man eigentlich immer verblüffter: In beiden Versuchsvarianten ist die äußere Belastung des Stabes
(Bleistiftes) ja identisch. Es wird eine Kraft F in Richtung der Stabachse eingeleitet, also
eine Normalkraft vom Betrag F erzeugt. Im ersten Fall wird diese Belastung durch eine
Normalspannung ausgeglichen, im zweiten Fall durch eine geeignete Kombination der
Normal- und Schubspannung (Abb. 2.5). Dies funktioniert eigentlich analog zu der Zer-
legung einer Kraft in ihre Komponenten (Kap. 1).

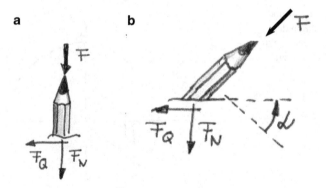

Abb. 2.5 Schnittgrößen des Bleistiftes für **a** $\alpha = 0$ und **b** $\alpha \neq 0$

Wenn uns also jemand fragt, wie die Spannungen im Bleistift sind, können wir eigentlich nur sagen: Das hängt immer von der Blickrichtung ab. Im Querschnitt *senkrecht zur Bleistiftachse* haben wir nur eine Normalspannung, unter einer anderen Blick- oder Schnittrichtung haben wir eine Kombination von einer Schubspannung und einer Normalspannung, die jeweils gerade so groß sind, dass mit der äußeren Kraft F ein Gleichgewicht entsteht.

Wie in der Statik wollen wir für unseren Bleistift die Schnittgrößen genau berechnen. Hierzu führen wir allerdings den Schnitt an unserem Schnittufer unter zwei unterschiedlichen Winkeln aus:

1. Wie immer, also senkrecht zur Stabachse
2. Um den Winkel α gegenüber dem normalen Schnitt verdreht. Das Folgende ist eine herrliche mathematische Herleitung des Mohrschen Spannungskreises[3]

Hinweis: Überraschenderweise ist hier der Stab gegenüber den in der Statik üblichen Zeichnungen etwas auf den Kopf gestellt bzw. verdreht. Grund hierfür ist nicht die geistige Umnachtung des „technischen Zeichners", sondern die bewusste Analogie zu unserem Bleistiftexperiment.

Der durch das Statikkapitel hervorragend geschulte Loser sieht natürlich sofort, dass sich die Schnittgrößen über

$$F_N = -F \cos \alpha, \quad F_Q = -F \sin \alpha$$

---

[3]Autor ist natürlich Herr Dr. Hinrichs. Kleiner Tipp von Herrn Dr. Romberg: schönes kühles Bier aufmachen, locker bleiben und morgen ein paar Seiten weiter hinten wieder einsteigen.

Abb. 2.6 Normalkraft und
Querkraft als Funktion des
Schnittwinkels α (Dem Lektor
ist dieser Kreis a bissle zu
eggisch!)

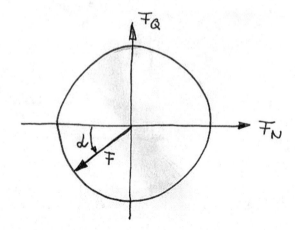

ergeben. Trägt man die sich ergebenden Schnittgrößen mal als Funktion des Schnittwinkels α auf, dann ergibt sich … der in Abb. 2.6 dargestellte Kreis.

Wir müssen jetzt noch die Schnittfläche A_S des Stabes in unsere Überlegungen mit
einbeziehen, die ja für unterschiedliche Schnittwinkel unterschiedlich groß ist. Eine
komplizierte lineare mathematische Operation, die Division durch die geschnittene Fläche, macht aus der berechneten Kraft eine Spannung:

$$\sigma(\alpha) = F_N / A_S$$

und

$$\tau(\alpha) = F_Q / A_S$$

Wenn ein Baguette etwas schräg abgeschnitten wird, sind die Brotscheiben größer.
Entsprechend ist auch die geschnittene Fläche A_S vom Winkel α der Schnittführung
abhängig ist. Es ergibt sich mit

$A_S = A/\cos\alpha$ (mit A als senkrechtem Querschnitt für $\alpha = 0$)

also

$$\sigma(\alpha) = F_N / A_S$$
$$= F \cos^2 \alpha / A$$
$$= \frac{F}{2A}(1 + \cos 2\alpha)$$

und

$$\tau(\alpha) = F_Q / A_S$$
$$= F \sin \alpha \, \cos \alpha / A$$
$$= \frac{F}{2A} \sin 2\alpha.$$

Abb. 2.7 Mohrscher
Spannungskreis

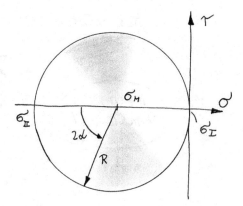

Es entsteht also ein kreisförmiges Gebilde, das wir mit dem Begriff *Mohrscher Spannungskreis* (Abb. 2.7) gerne noch etwas wissenschaftlich verklären!

So einfach kann es sein, den Horror der Festigkeitslehre zu berechnen. Dies ist hier für die reine Normalkraftbeanspruchung, den sogenannten einachsigen Spannungsfall, geschehen.

Für den Belastungsfall unseres Bleistiftes hat der Kreis die folgenden Charakteristika:

1. Mittelpunkt: $\sigma_M = \frac{F}{2A}$, $\tau_M = 0$
2. Radius: $R = \frac{F}{2A}$
3. Maximale Normalspannung: $\sigma_{max} = -\frac{F}{A}$ bei $\alpha = 0$
   (Dieses Ergebnis hätte man wohl auch ohne jede Rechnung abschätzen können?!)
4. Maximale Schubspannung[4]:

$$\tau_{max} = \frac{F}{2A} \quad \text{bei } \alpha = 45°$$

---

[4]Kleiner Tipp für den erfahrenen Praktiker bzw. Werkstoffkundler: Aus diesem Grund (weil so die Schubspannung maximal) reißen die Zugproben duktiler (= fließender) Materialien infolge des Überschreitens der maximal zulässigen Schubspannung unter einem Winkel von 45° zur Stabachse. Die spröden Materialien reißen infolge des Überschreitens der maximalen Normalspannung mit einer Bruchfläche senkrecht zur Balkenachse.

Also, jetzt mal kurz aufpassen Beim Schneiden eines belasteten Körpers sind die Spannungen an der Schnittfläche vom Winkel der Schnittführung abhängig. Die Normalspannungen an den Punkten des Mohrschen Spannungskreises, an denen die Schubspannung τ verschwindet, also die Schnittpunkte des Kreises mit der α-Achse, nennt man auch Hauptspannungen (für unser Bleistiftbeispiel: $\sigma_I = 0$, $\sigma_{II} = -F/A$). In Richtung der einzigen Belastung war die Spannung maximal. Senkrecht zu der Belastungsrichtung ist die Belastung null. Das war uns aber eigentlich schon immer klar: Für $\alpha = 90°$ bestimmen wir die Spannung parallel zur Seitenfläche des Stabes, wir schlitzen den Bleistift also in Längsrichtung auf … Da die Flächen in Längsrichtung nicht belastet sind, dürfen hier auch keine Spannungen auftreten.

Man spricht im untersuchten Fall von einem einachsigen Spannungszustand. Für den Fall eines zwei- bzw. drei-achsigen Spannungszustands liegen zwei bzw. drei Belastungen mit Komponenten in zwei bzw. drei Richtungen vor.

Eigenschaften des Mohrschen Spannungskreises (Teil I)
1. Die Mittelpunkte aller Spannungskreise liegen auf der α-Achse!
2. Der Winkel α am Bauteil wird unter dem Winkel 2α im Spannungskreis angetragen
3. Zur Vorzeichendefinition:
   - Positive Normalspannungen entsprechen einer Zugspannung, negative Normalspannungen sind Druckspannungen
   - Eine Schubspannung wird im Mohrschen Spannungskreis folgendermaßen angetragen: Die Normalspannung σ zeigt aus der Schnittfläche heraus. Muss man diese im Uhrzeigersinn drehen, um sie mit der Schubspannung τ zur Deckung zu bringen, ist τ positiv. Andernfalls ist τ negativ.

4. Die Hauptspannungen werden nach der Größe sortiert:
   $\sigma_I > \sigma_{II}$ ($> \sigma_{III}$, dreiachsiger Fall)
5. Der Satz der zugeordneten Schubspannungen: „Schubspannungen in zwei zueinander senkrecht stehenden Schnittflächen sind betragsgleich." Dies ist für den erfahrenen Mohrschen Spannungskreisler eine Trivialität, da sich diese Punkte ja im Kreis gegenüberliegen müssen ($2*90° = 180°$).

Die größte, aber auch vermeidbarste Fehlerquelle ist erfahrungsgemäß Punkt 3, also die Bestimmung der Vorzeichen.

Wenn wir wissen, dass die Spannungen in Form des Mohrschen Spannungskreises aufgetragen werden können, ist die Verwendung der Gleichungen oben gar nicht mehr nötig: Für die Konstruktion des Mohrschen Spannungskreises reicht es ja völlig aus, zwei Punkte des Kreises zu kennen, also z. B.

1. die Hauptspannungen $\sigma_{II} = 0$ sowie σ_I mit $\tau = 0$ (einachsiger Fall) oder
2. für eine beliebige Teilfläche des Bauteiles für den einachsigen Spannungszustand die an dieser Fläche wirkende Normal- und Schubspannung.

Dazu schnell ein Beispiel:
Herrn Dr. Romberg soll ein Zahn (Querschnittsfläche A) gezogen werden. Infolge der am Zahn wirkenden Zugkräfte erleidet Herr Dr. Romberg (auch infolge des entzündeten Raucherzahnfleisches) große Schmerzen. Die Schubspannung τ und die Normalspannung σ wirken wie in Abb. 2.8 dargestellt unter einem Winkel α an der Zahnwurzel[5]. (Die Kräfte (Spannungen) im Seitenbereich des Zahnes können nach Angaben des Zahnarztes vernachlässigt werden).

1. Nach Abschätzung der schmerzverursachenden Spannungen τ und σ versucht Herr Dr. Romberg erfolglos die maximal im Zahn wirkende Schubspannung abzuschätzen. Kann ihm dabei geholfen werden?[6]
   Lösung: Nein.
2. Mit welcher Zugkraft F zieht der Zahnarzt am Zahn?[7]
   Gegeben: $\sigma = 200$ N/mm², $\tau = 100$ N/mm², A = 20 mm².

---

[5]Den Zahn, dass Herr Dr. Romberg immer noch glaubt, die Amerikaner seien nie auf dem Mond gewesen und die Mondlandung sei in Hollywood gedreht worden, können wir ihm wohl nicht ziehen – er führt bei diesbezüglichen Diskussionen gerne und *ausführlich*(!) u. a. als Gegenbeweis ins Feld, dass die Lichtreflexe auf der Raumkapsel am Drehort fehlerhaft nachgestellt wurden.

[6]Gefragt ist hier nach einer Hilfe für die Berechnungen – ansonsten kommt jede Hilfe zu spät!

[7]Geänderte Aufgabenstellung: Wie stark muss Herr Dr. Hinrichs im dargestellten Beispiel am Zahn ziehen, wenn Herr Dr. Romberg maximale Schmerzbelastung erfahren soll, aber der Zahn gerade noch nicht herausreißt?

Abb. 2.8 Zahn unter dem
Winkel α

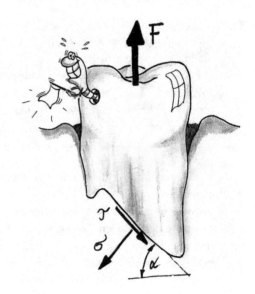

Abb. 2.9 Mohrscher
Spannungs „kreis" (na ja)

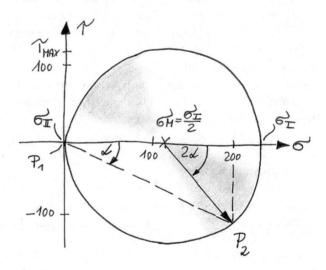

Wir können uns jetzt mit den bekannten Punkten P_1 und P_2 den Mohrschen Spannungskreis zurechtfummeln (Abb. 2.9).

Die maximale Schubspannung und die Hauptspannung springen uns sofort ins Auge:

$$\sigma_I = 230{,}9401077 \ \text{N/mm}^2$$

$$\tau_{max} = 115{,}4700538 \ \text{N/mm}^2$$

Da wir mehr Nachkommastellen nur bei erhöhtem zeichnerischem Aufwand ablesen können, sei hier noch die rechnerische Lösung angegeben:

$$\alpha = \arctan\left(100 \text{ N/mm}^2 / 200 \text{ N/mm}^2\right)$$

$$\tau_{max} = R = 100 \text{ N/mm}^2 / \sin(2\alpha)$$

$$\sigma_I = 2\,R$$

Die Zugkraft am Zahn ergibt sich dann mittels

$$F = \sigma_I\,A = 5{,}0 \text{ kN}.$$

2.3.2 Der Zweiachser

Hat man den einachsigen Spannungsfall verstanden, dann ist auch der Doppelachser kein großes Problem mehr:

Einziger Unterschied ist, dass die zweite Hauptspannung σ_I (bzw. σ_{II}) nicht mehr identisch null ist (Abb. 2.10a, b). Der Mittelpunkt des Mohrschen Spannungskreises ist also im zweiachsigen Spannungsfall verschoben. Zusätzlich zur Zugkraft F kann beispielsweise noch eine Normalspannung auf die Seitenfläche aufgebracht werden, und der Kreis wird in Richtung „Zug gezoomt", d. h., der Mittelpunkt verschiebt sich in positiver Richtung, während eine Hauptspannung bleibt, wo sie im einachsigen Spannungsfall war.

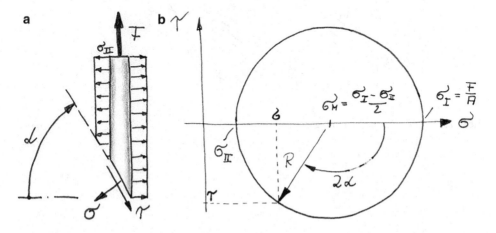

Abb. 2.10 **a** Freikörperbild eines „Zweiachsers" **b** Mohrscher Spannungskreis zu Abb. 2.10a

Also ganz einfach? Leider kann sich der geneigte Prüfer für diesen Spannungsfall sehr viele hinterhältigere Aufgaben ausdenken s (Abschn. 4.2).

2.3.3 Der Dreiachser

Wir haben ja gesehen, dass der Einachser ein Sonderfall des Zweiachsers ist. Genauso verhält es sich mit dem dreiachsigen Spannungszustand, der eigentlich jetzt schon ein alter Hut ist. Hier kann man sich immer die Zustände in einer beliebigen Fläche durch ein Würfelelement des Körpers angucken – diese sind aber auch wie beim zweiachsigen Spannungszustand als Kreis darstellbar.

Zur Erfassung aller drei Raumrichtungen müssen wir drei Seitenflächen des Würfels angucken, also drei Spannungskreise. Und das sich ergebende Gebilde sieht dann aus wie in Abb. 2.11.

Aus verständlichen Gründen stoßen die Kreise aneinander, sodass sich drei Hauptspannungen σ_I, σ_{II} und σ_{III} ergeben. So! Das soll dazu reichen!

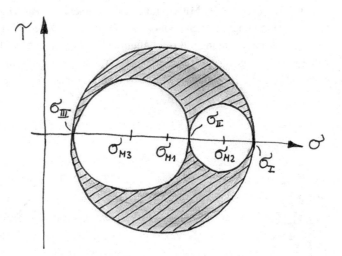

Abb. 2.11 Dreiachsiger Spannungszustand

Herr Dr. Hinrichs hat als – seiner Meinung nach – besonderes Schmankerl noch eine kleine äußerst hilfreiche Tabelle ausgearbeitet:

Eigenschaften des Mohrschen Spannungskreises (Teil II)				
		Spannungsfall		
		einachsig	zweiachsig	dreiachsig
Hauptspannung	σ_I	σ_I oder $\sigma_{II} \neq 0$, z. B. F/A	$\neq 0$	$\neq 0$
	σ_{II}		$\neq 0$	$\neq 0$
	σ_{III}			$\neq 0$
Radius	R	$\sigma_I/2$ bzw. $\sigma_{II}/2$	$(\sigma_I - \sigma_{II})/2$	$R_1 = (\sigma_I - \sigma_{III})/2$ $R_2 = (\sigma_I - \sigma_{II})/2$ $R_3 = (\sigma_{II} - \sigma_{III})/2$
Mittelpunkt	σ_M	$R = \sigma_I/2$	$\sigma_{II} + R$	$\sigma_{M1} = \sigma_{III} + R_1$ $\sigma_{M2} = \sigma_{II} + R_2$ $\sigma_{M3} = \sigma_I + R_3$

Nach diesem etwas drögen Stoff – *sorry!* – bleibt es leider die nächsten weiteren Seiten dröge. Devise also: *Durchbeißen!*

Kehren wir noch einmal zu unseren gepiercten Ohrläppchen mit S-M-Zusatzbelastung zurück. Hier weiß der erfahrene S-M-Praktiker mit häufigem Partnerwechsel, dass jeder auf unterschiedliche Reize unterschiedlich reagiert – der eine kommt schon bei kleinen Druck- oder Zugkräften in volle Fahrt, der andere braucht Zugkräfte kombiniert mit leichten bis schweren Streicheleinheiten mit der Peitsche zu seinem Glück. (Warum Herr Dr. Hinrichs trotz berechtigter Kritik immer wieder auf diese Beispiele kommt, bleibt rätselhaft). Im Folgenden kümmern wir uns daher um den Einfluss unterschiedlicher Belastungen auf die Bauteile.

So schwer es Herrn Dr. Hinrichs an dieser Stelle auch fallen mag – wir kehren im nächsten Abschnitt nochmals zu unseren langweiligen mechanischen Bauteilen zurück.

2.4   Vergleichsspannungen

Es gibt Bauteile, die am sensibelsten auf eine Normalspannung reagieren, d. h. durch Überschreiten einer kritischen Normalspannung versagen. Andere haben den Höhepunkt des inneren Risses bei einem Überschreiten einer kritischen Schubspannung. Und wieder andere Bauteile wählen den moderaten Mittelweg. Für die *Auslegung* der Bauteile muss es je nach Materialwahl also unterschiedliche Kriterien geben, die diese Empfindsamkeiten und Vorlieben des Materials abbilden.

Ein Materialversagen (ein Riss oder Bruch) des Bauteiles infolge eines Überschreitens der zulässigen Normalspannung für sogenannte spröde Materialien nennt man einen

Sprödbruch, der immer quer zur Belastungsrichtung, also quer zur maximalen Normalspannung auftritt. Das einfachste Bewertungsmodell wäre daher das folgende Vorgehen:

1. Da der Betrag der maximal auftretenden Normalspannung immer mindestens so groß ist wie die maximale Schubspannung (siehe Mohrscher Kreis), vergleichen wir die maximale Normalspannung einfach mit der für das Material angegebenen maximal zulässigen Spannung. (Dabei hoffen wir, dass die Schubspannung uns keinen Strich durch die Rechnung macht). Dies ist immer dann der Fall, wenn ein Wissenschaftler von einer Normalspannungshypothese redet.

2. Bei einer zweiten Gruppe von Werkstoffen (probiert mal ein Kaugummi!) tritt der Bruch entlang einer um 45° gegenüber der Richtung der maximalen Normalspannung geneigten Fläche auf – dies sind die duktilen Materialien, die infolge des Überschreitens der maximal zulässigen Schubspannung versagen. (Denn: Die maximale Schubspannung im Mohrschen Spannungskreis ist um 90° gegen die Hauptspannung verdreht, als Bruch dann bei 45°).

Und dazwischen gibt es dann alle möglichen Zwischendinger, also mehr oder weniger duktil usw. Das heißt, wir müssen uns ein Kriterium überlegen, wie die auftretenden Spannungen bewertet werden müssen und damit dann eine aus der Schub- und Normalspannung gebastelte „Vergleichsspannung" σ_V bestimmen, die wir dann mit der zulässigen Spannung für den gewählten Werkstoff vergleichen können, um zu entscheiden, ob das Bauteil hält oder nicht.

Da uns das selber sehr kompliziert erscheint, schreiben wir hier einfach ab und glauben den nicht so ganz neuen Theorien:

3. *Trescasches Fließkriterium:* Hier suchen wir uns das Maximum der Differenz einer beliebigen Kombination der Hauptspannungen, also

$$\sigma_V = \max(|\sigma_{II} - \sigma_I|, \ |\sigma_{III} - \sigma_{II}|, \ |\sigma_{III} - \sigma_I|).$$

4. *Gestaltänderungshypothese* (hört sich schon gut an – wir legen aber noch einen drauf: Diese wird auch Huber-Mises-Henkysches Fließkriterium genannt):

$$\sigma_V = \sqrt{0,5 \left[(\sigma_I - \sigma_{II})^2 + (\sigma_I - \sigma_{III})^2 + (\sigma_{II} - \sigma_{III})^2\right]}$$

Abb. 2.12 Spannungen
an zueinander senkrechten
Schnitten

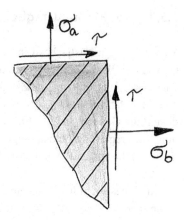

Der Nachteil bei diesen Formulierungen ist, dass die Hauptspannungen $\sigma_{\mathrm{I,II,III}}$ gegeben/
berechnet werden müssen. Mit viel Kreisgeometrie kann man diese Vergleichs-
spannungen auch direkt aus den Spannungen an zwei um 90° verdrehten Flächen
bestimmen (Abb. 2.12) – die Mechanik ist dieselbe!

- Normalspannungshypothese: $\sigma_V = 0,5\,|\sigma_a - \sigma_b| + 0,5\,\sqrt{(\sigma_a - \sigma_b)^2 + 4\tau^2}$
- Schubspannungshypothese: $\sigma_V = \sqrt{(\sigma_a - \sigma_b)^2 + 4\tau^2}$
- Gestaltänderungshypothese: $\sigma_V = \sqrt{\sigma_a^2 - \sigma_b^2 - \sigma_a\sigma_b + 3\tau^2}$

In dieser Darstellungsweise wird eigentlich noch deutlicher, dass die auftretenden Nor-
mal- und Schubspannungen in den einzelnen Hypothesen unterschiedlich gewertet
werden. Natürlich sind dies alles wieder mal Modellbildungen, die mit der Realität
hoffentlich viel zu tun haben. Welche Hypothese zur Anwendung kommt, muss individu-
ell von Experten entschieden werden und ist in den Aufgaben daher fast immer gegeben!

Wir haben euch nun hoffentlich davon überzeugt, dass im Zugstab infolge der im Stab
auftretenden Normalkräfte und -spannungen Verformungen in Form von Verlängerungen
oder Verkürzungen auftreten. Als mögliche Schnittgrößen an einem Bauteil treten neben
den Normalkräften bekanntlich aber auch Querkräfte und Biegemomente auf. Der Einfluss dieser Beanspruchungsgrößen auf die sich ergebenden Verformungen soll im Folgenden untersucht werden.

2.5 Die Balkenbiegung

Mit einem einfachen Versuch wollen wir die Einflussgrößen der Geometrie- und
Materialparameter auf die Verformung studieren.

2.5.1   Das Flächen(trägheits)moment

Man nehme ein elastisches Lineal und befestige mittels eines Seiles an dessen Spitze ein Gewicht, z. B. die Kaffeetasse. Am anderen Ende des Lineals simuliert dann die Hand eine feste Einspannung, indem das Lineal in die Horizontale gebracht wird. (Hierzu muss die Hand eine Kraft und ein Biegemoment in den Träger einleiten). Wenn man nun dosiert die Gewichtskraft auf diesen Kragträger aufbringt und dann hoffentlich die Spannung im Träger infolge der Biegung die maximal zulässige Spannung nicht überschreitet, lässt sich die folgende Versuchsreihe mit unterschiedlichen Belastungen durchfahren:

1. Das Lineal wird flach wie ein „Sprungbrett" in der Badeanstalt (mit Großraumdusche) an einem Ende festgehalten, also mit horizontaler Orientierung der breiteren Seitenfläche.
2. Das Lineal wird um 90° um seine Längsachse gedreht und so an einem Ende gehalten.
3. Es wird eine beliebige Winkelstellung zwischen den Extremstellungen 1 und 2 gewählt.

Es zeigt sich, dass die Durchbiegung des Lineals im Belastungsfall 1 („weiche Achse") sehr viel größer ist als für den Belastungsfall 2 („harrrrte Achse"), obwohl wir ja an den Materialdaten und der Geometrie unseres Trägers nichts geändert haben! Während den Praktiker das Ergebnis der Versuche 1 und 2 nicht überrascht, zeigt sich für den Teilversuch 3 überraschenderweise, dass der Träger nicht nur in Richtung der Gewichtskraft durchbiegt, sondern auch horizontal verbogen wird, also seitlich auswandert. Einen erfahrenen Mechaniker verwundert Derartiges (nach einigen Berechnungen) natürlich nicht – das ist doch ein alter Hut: die *schiefe Biegung*. Da wir aber alle unerfahrene Mechaniker sind, machen wir die fiktive Annahme, dass die schiefe Biegung in der Praxis zunächst mal nicht auftritt.[8]

Wir erinnern uns: Die *Verlängerung* bei reinem Zug (Abschn. 2.1) ist ja proportional zur Querschnittsfläche des Trägers. Die *Biegung* des Trägers hängt aber scheinbar nicht nur von der Querschnittsfläche ab. Welche Einflussgröße ist aber dann für die stärkere Durchbiegung im Fall 1 verantwortlich? Hierzu gleich noch ein weiterer Versuch: Will man ein Blatt Papier zwischen zwei Tischkanten legen, dann wird sich dieses stark durchbiegen. Schon die Lernerfolge in der frühkindlichen Entwicklungsphase suggerieren, dass dieser Papierträger besser hält, wenn man das Papier fächerartig einige Male faltet (Abb. 2.13).

---

[8]Für alle Heißdüsen: Man sehe in den Lehrbüchern nach und/oder studiere die Aufgabe zur schiefen Biegung in Kap. 4.

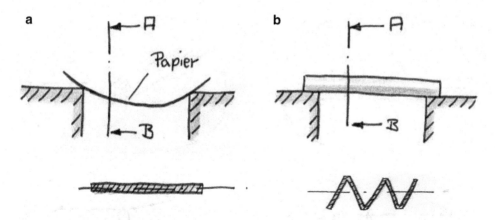

Abb. 2.13 Durchbiegung eines **a** ungefalteten und **b** gefalteten Papierbogens (Vernachlässigt werden sollen hierbei etwaige Verfestigungsvorgänge des Papiers infolge der Knickungen)

Nun zur Preisfrage: Was ist am gefalteten Papier besser als an dem glatten Bogen? Sieht man sich einmal die Querschnitte der beiden Papierträger für die beiden Fälle an, erkennt man als den Hauptunterschied, dass viel Material im Fall des gefalteten Papiers weiter entfernt von der eingezeichneten Mittellinie angebracht ist. Aber warum scheint es günstiger zu sein, wenn das Material weiter außen angeordnet ist? Hierzu noch mal zwei Skizzen (Abb. 2.14 und 2.15) mit einem Modell für ein kleines Element unseres Papiers.

Die drei horizontalen Linien des Modells kennzeichnen eine Papierfaser auf der Oberseite, in der Mitte und auf der Unterseite des Papiers. Für den gefalteten Bogen ist die Ober- und Unterseite natürlich weiter von der Mitte entfernt. Wird der Bogen dann nach unten durchgebogen, dann wird die Papierfaser auf der Unterseite des Bogens auseinandergezogen, während die Papierfaser auf der Oberseite zusammengedrückt wird (das sieht man am besten, wenn man das gefaltete Papier stark belastet). Irgendwo in der Mitte wird es wohl eine Faser geben, die ihre Länge nicht verändert. Diese Faser nennen wir im Folgenden *neutrale Faser*.

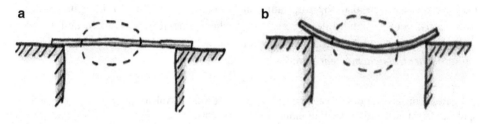

Abb. 2.14 Papier **a** unbelastet und **b** belastet, z. B. durch Eigengewicht

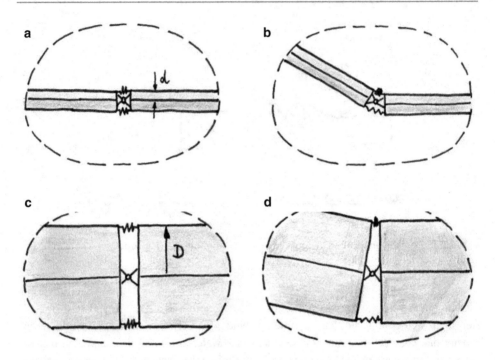

Abb. 2.15 Modell für ein kleines Papierelement: **a** unbelastet, nicht gefaltet, **b** belastet, nicht gefaltet, **c** unbelastet, gefaltet und **d** belastet, gefaltet

Durch die Verlängerung bzw. die Verkürzung der Fasern muss das Biegemoment, welches ja als Schnittgröße im Träger wirkt, ausgeglichen werden. Hier hat aber der gefaltete Träger zwei Vorteile:

1. Durch den größeren Abstand D beim gefalteten Träger führt dieselbe Verdrehung der Querschnitte des Trägers zu einer größeren Zugkraft (Druckkraft) in der Feder auf der Unterseite (Oberseite) des Trägers: $F \sim D$.
2. Der Hebelarm D dieser entstehenden Reaktionskraft (Zug/Druck) auf die Durchbiegung ist beim gefalteten Träger ebenfalls größer, das bedeutet:

$$M_{\text{RÜCK}} \sim F\,D \sim D^2.$$

Das Ganze lässt sich also wie folgt auf den Punkt bringen: Die Durchbiegung scheint *quadratisch* vom Abstand d der Querschnittsflächenelemente A von der Mittellinie (der neutralen Faser) abzuhängen. Die Größe, mit dem wir diesen Effekt modellieren wollen, heißt *Flächenträgheitsmoment* I mit $I \sim A\,d^2$ [mm⁴][9].

---

[9](Die Bezeichnung I für das Flächenträgheitsmoment ist wohl in Anlehnung an die spontanen Aussprüche der Studenten bei der Einführung der Größe entstanden und deutet akutes Unwohlsein und Ekel an). Diese Größe wird immer häufiger nur noch ***Flächenmoment*** genannt, was auch viel sinnvoller ist!

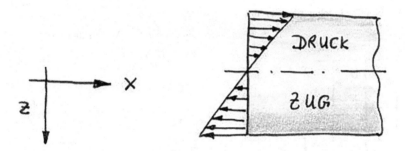

Abb. 2.16 Spannungsverteilung über den Balkenquerschnitt

In einem etwas realistischeren Träger, einem Balken, sind die einzelnen Federn in Abb. 2.15 zu unendlich vielen kleinen Federn verschmiert. Die Spannungsverteilung infolge der Biegung sieht dann aus wie in Abb. 2.16 dargestellt.

Von Bedeutung ist bei manchen Anwendungen noch das sog. Widerstandsmoment W, das eine Berechnung der Maximalspannung „ganz außen" ermöglicht. Dies ist folgendermaßen definiert:

$$W(x) = \frac{I(x)}{|z_{max}|},$$

wobei $I(x)$ eben das Flächenträgheitsmoment ist und $|z|_{max}$ der Ort der maximalen Zugspannung ganz außen am belasteten Bauteil (da wo's zuerst reißt) bedeutet. $|z_{max}|$ ist meistens der Radius eines Kreisquerschnitts bzw. die halbe Breite oder Höhe irgendeines Körpers … man kommt aber ohne dieses Ding aus.

Das Flächenträgheitsmoment I und somit auch das Widerstandsmoment W können wir aus mehr oder weniger umfangreichen Integralen bestimmen – aber warum das Trägheitsmoment eines Rades neu erfinden? Am einfachsten holt man sich dieses aus den entsprechenden Tabellen, z. B. aus solchen Tab. 2.1, in denen einige wenige einfache, aber wichtige (!) Geometrien dargestellt sind.

Und nun eine kleine Erfolgskontrolle: Bitte alle weiteren Bücher schließen, die Schultasche geschlossen unter den Tisch stellen, die Batterien aus dem Taschenrechner nehmen und Handys ausschalten!

Die Prüfungsaufgabe lautet: In Abb. 2.17 sind die Querschnitte mehrerer Träger skizziert (von Herrn Dr. Hinrichs!), wobei die Flächeninhalte der Rechtecke jeweils gleich groß sein sollen. Mann/Frau sortiere in dieser „Zeichnung" die Flächenträgheitsmomente I_i bei Biegung um die skizzierte Achse X-X nach ihrer Größe.

Zur Lösung: Die Grundregel ist hier folgende: Je größer die Flächen und je weiter die Flächenelemente von der Achse X-X entfernt sind, desto weniger Durchbiegung würde sich ergeben (die Federn gemäß Abb. 2.17 sind ja weiter von der Achse X-X entfernt) und desto größer ist das Flächenträgheitsmoment. Es gilt also:

$I_4 > I_3 > I_1 (I_1 = I_2) > I_5.$

Tab. 2.1 Wichtige Flächenträgheits- und Widerstandsmomente

Querschnitt	Flächenträgheitsmoment	Widerstandsmoment
(Rechteck mit b, h, y, z)	$I_{yy} = \dfrac{bh^3}{12},$ $I_{zz} = \dfrac{b^3 h}{12}$	$W_y = \dfrac{bh^2}{6}$ $W_z = \dfrac{b^2 h}{6}$
(Dreieck mit a, h, s, y, z)	$I_{yy} = \dfrac{ah^3}{36},$ $I_{zz} = \dfrac{a^3 h}{48}$	$W_y = \dfrac{ah^2}{24}$ $W_z = \dfrac{a^2 h}{24}$
(Kreisring mit r, R, y, z)	$I_{yy} = I_{zz} = \dfrac{\pi}{4}(R^4 - r^4)$ Kleine Wandstärken δ: $I_{yy} = I_{zz} = \dfrac{\pi}{8} d_m^3 \, \delta$ (Vollkreis: $r = 0$)	$W_y = W_z = \dfrac{\pi}{4}\left(\dfrac{R^4 - r^4}{R}\right)$ Kleine Wandstärken δ: $W_y = W_z = \dfrac{\pi}{4} d_m^2 \, \delta$ (Vollkreis: $r = 0$)

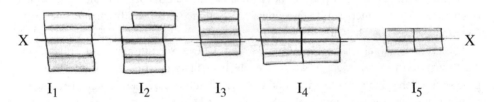

Abb. 2.17 Unterschiedliche Flächenträgheitsmomente I

Dieser Grundregel folgt man auch im Stahlbau, wo man ja bekanntlich als Träger nicht dünne gewalzte Bleche wählt, sondern beispielsweise einen sogenannten Doppel-T-Träger, bei dem möglichst viel Stahl nach außen gepackt worden ist.

Das Flächenträgheitsmoment eines derartigen Körpers bekommen wir natürlich vom Hersteller oder der DIN mitgeliefert, z. B. $I_{XX} = 1140\,cm^4$ (IPBv 100, DIN 1025; Abb. 2.18). (Herr Dr. Hinrichs: Zeichnen Sie doch mal gerade!)

Was aber, wenn uns diese Mitteilung gerade verloren gegangen ist oder wir in Ägypten – nur mit dem Buch *Keine Panik vor Mechanik* im Gepäck – eine Pyramide aus Doppel-T-Trägern bauen wollen? In dem Fall können wir als Vereinfachung den Doppel-T-Träger aus Rechtecken zusammensetzen (Abb. 2.19), die wir wieder in unserer Tab. 2.1 für die Flächenträgheitsmomente finden können.

Für Biegung des oberen Rechtecks I um die Achse C_1-C_1 gilt:

$$I_{I,C_1C_1} = \frac{Bh^3}{12}.$$

Abb. 2.18 Doppel-T-Träger

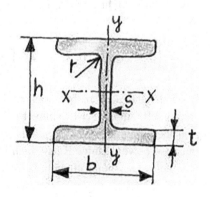

Abb. 2.19 Ersatzmodell des
Doppel-T-Trägers

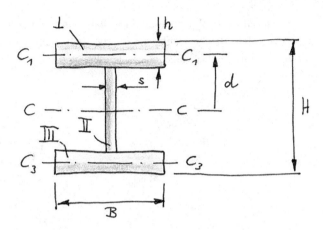

Aber, oh weh! Wir biegen jetzt das obere Rechteck nicht mehr um seine Mittelachse C_1-C_1, sondern um die Achse C-C durch den Gesamtschwerpunkt des Trägers. Hier hilft uns der Satz von Huygens-Steiner:

$$I_{CC} = I_{C_1 C_1} + A\, d^2.$$

Also, bei einer Verschiebung der neutralen Faser um den Abstand d vergrößert sich das Flächenträgheitsmoment gemäß dem uns schon von den Überlegungen zum gefalteten Papier bekannten Term $A\, d^2$. Für die Biegung dieses Teilkörpers I um die Achse C-C durch den Gesamtschwerpunkt gilt mit dem Satz von Steiner:

$$I_{I,\,CC} = I_{I,\,C_1 C_1} + A\, d^2 = \frac{Bh^3}{12} + Bh\,(H/2 - h/2)^2$$

Das Rechteck II können wir gleich Tab. 2.1 entnehmen:

$$I_{II,\,CC} = s\,(H - 2h)^3 / 12.$$

Das gesamte Flächenträgheitsmoment ergibt sich dann aus der Summe der einzelnen I:

$$I_{ges} = I_{I,\,CC} + I_{II,\,CC} + I_{III,\,CC}$$

$$= 2\left(\frac{Bh^3}{12} + Bh\,(H/2 - h/2)^2\right) + s\,(H - 2h)^3 / 12.$$

Der Vollständigkeit halber können wir dann noch anmerken, dass sich das Ergebnis (mit B = 106 mm, H = 120 mm, h = 20 mm, s = 12 mm ==> I = 1125 cm⁴) schon einigermaßen dem „exakten" Ergebnis für den realen DIN-Träger IPBv100 (I = 1140 cm⁴) annähert, obwohl einige Rundungen in unserer Rechnung sowie am gewalzten und/oder entgrateten Originalprofil nicht berücksichtigt wurden.

Und jetzt etwas zum Merken Bei der Anwendung des sog. Steiner-Anteils muss unbedingt beachtet werden, dass die Verschiebung der Biegeachse immer vom Mittelpunkt aus (bei homogenen Körpern: Massenmittelpunkt) erfolgen muss. Das Flächenträgheitsmoment ist für die Biegeachse durch den Mittelpunkt minimal!

Also: Möchte man eine Biegebezugsachse beliebig verschieben, so muss man zunächst eine Verschiebung zum Massenmittelpunkt hin (negativer Steiner-Anteil) und anschließend davon weg (positiver Steiner-Anteil) durchführen, sonst ist das Ergebnis völliger Kappes!

Da uns als alter Steiner-Anhänger jetzt nicht mehr viel schocken kann, schnell noch einen Steilkurs für Fortgeschrittene.

Angenommen, wir kennen das Flächenträgheitsmoment eines Körpers bezüglich der Achse X-X und suchen selbiges bezüglich der Achse Y-Y (Abb. 2.20).

Herr Dr. Hinrichs hat den Umstand, als junger Uni-Übungsleiter folgende fehlertriefende Gleichung aufgestellt zu haben, noch immer nicht verarbeitet und erwacht des Nachts oft schreiend mit furchtbaren unverständlichen Flüchen auf seinen Lippen. Eine entsprechende Therapie lehnt er aber ab.

Die Gleichung lautet:

$$I_{YY} = I_{XX} + A\,d^2$$

Tja, wenn ihr den Fehler nicht erkennt, dann habt auch ihr eine Kleinigkeit noch nicht begriffen: Wie ein paar Sätze weiter oben kursiv erwähnt, gilt der Satz von Steiner immer nur von einer Achse durch den Schwerpunkt (und zu dieser Achse zurück). Die korrekte Berechnung lautet also:

$$I_{YY} = I_{XX} - A\,c^2 + A\,(c+d)^2$$

Abb. 2.20 Skizze zum Satz
von Steiner

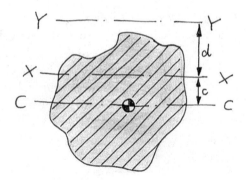

Und das ist leider etwas anderes als das Ergebnis des ersten stümperhaften Lösungsversuchs – ansonsten müssten die binomischen Formeln neu formuliert werden. Also wichtig: Bei Steiner *immer* vom Schwerpunkt los- und wegrechnen!

So, damit wäre auch das Flächenträgheitsmoment abgehakt; es wird im Folgenden – wie wohl auch in der Praxis – immer bei den gegebenen Größen auftauchen.

Nun wollen wir aber zu der anfänglichen Fragestellung zurückkehren: Welche sind die Einflussgrößen auf die Durchbiegung eines Trägers?

2.5.2 Die Durchbiegung

Die wichtigsten Einflussparameter hat schon Leonardo da Vinci (1452–1519) untersucht (Abb. 2.21).

Neben dem unterschiedlichen Flächenträgheitsmoment (Abb. 2.21 Mitte und rechts) hat Signore da Vinci mit der Länge der belasteten Träger herumexperimentiert. Hierbei ist eigentlich jedermann klar, dass ein langer Balken (Abb. 2.21 Mitte) mit einer Last eine größere Durchbiegung erleidet als ein kurzer Balken (Abb. 2.21 links). Die Balkenbiegung w ist also eine Funktion der Balkenlänge L: w = f(L).

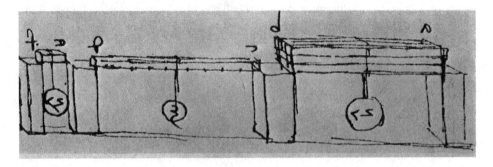

Abb. 2.21 Versuchsskizze von Leonardo da Vinci

Neben der Länge L und dem Flächenträgheitsmoment I können wir außerdem den uns aus Abschn. 2.1 bekannten Elastizitätsmodul E als Einflussgröße auf die Durchbiegung eines Trägers festklopfen.

In unserem Balkenmodell in Abb. 2.15 kann E mit der Steifigkeit der Federn verglichen werden. Wir möchten hier ausdrücklich darauf hinweisen, dass es keine weiteren Einflussgrößen auf die Balkenbiegung gibt – auch wenn der Volksmund davon spricht, dass jemand lügt, bis sich die Balken biegen!

Die Funktion der Durchbiegung von der Koordinate x des Balkens nennt der Mechaniker auch die *Biegelinie*. Und wo kriegen wir die Biegelinie her? In der Mechanikvorlesung sowie in anderen – sagen wir mal – interessanten Leerbüchern sowie unten finden wir dazu Herleitungen, die man aber nie wieder braucht. Wir nehmen uns daher einfach eine der schönen Tabellen für die Belastungsfälle und lesen für den jeweiligen Fall alles aus Tab. 2.2 ab, was uns „interessiert". Das ist doch praktisch, oder?

Wie zu erkennen ist, hängen alle Ergebnisse nur von L, EI und natürlich der Last F bzw. bei anspruchsvolleren Anwendungen von der Streckenlast q(x) ab. Und für weitere Belastungsfälle blättere man einmal die schönen Bücher der Literaturliste oder den Dubbel durch.

Wir können nun eigentlich mithilfe von Tab. 2.2 alle möglichen Belastungsfälle zusammenbasteln …

Trotz des scheinbar einfachen Vorgehens durch Abschreiben der Formeln, können hier durchaus knifflige Aufgaben entstehen (Abschn. 4.2). Aber leider finden wir in den Tabellen der Lehrbücher nicht alle Lastfälle. Es drängt sich der Verdacht auf, dass derartige Ausnahmen in Prüfungsaufgaben häufiger anzutreffen sind als in der Praxis, wo man als Ingenieur dann wild herumrechnen kann.

Tab. 2.2 Zwo wichtige und stets wiederkehrende Lastfälle mit Biegelinien

Belastungsfall	Gleichung der Biegelinie	Durchbiegung	Neigung an Balkenende
	$w(x) =$ $\dfrac{F}{6EI} L x^2 \left(3 - \dfrac{x}{L}\right)$	$w(L) = \dfrac{FL^3}{3EI}$	$\tan\alpha = \dfrac{FL^2}{2EI}$
	$w(x < L/2) =$ $\dfrac{FL^3}{16EI} \left(\dfrac{x}{L} - \dfrac{4x^3}{3L^3}\right)$	$w(L/2) = \dfrac{FL^3}{48EI}$	$\tan\alpha = \dfrac{FL^2}{16EI}$

Wir wollen für die Heißdüsen unter euch im Folgenden die Herleitung der Biegelinie aus beliebigen Schnittgrößenverläufen erklären.

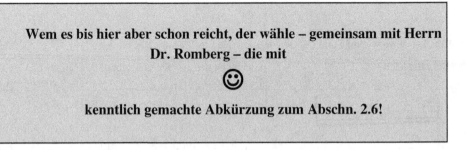

Wem es bis hier aber schon reicht, der wähle – gemeinsam mit Herrn Dr. Romberg – die mit

☺

kenntlich gemachte Abkürzung zum Abschn. 2.6!

2.5.3   Integration der Biegelinie

Wenn wir noch einmal zu dem Modell in Abb. 2.15 zurückkehren, dann ist uns ja noch von der Statik her klar, dass an jedem dieser kleinen Elemente auf der rechten und linken Seite ein Biegemoment angreift – die Schnittgrößen. Wenn wir nun einmal gedanklich diese kleine Kette in die Hand nehmen, dann können wir die Kette in horizontaler Lage

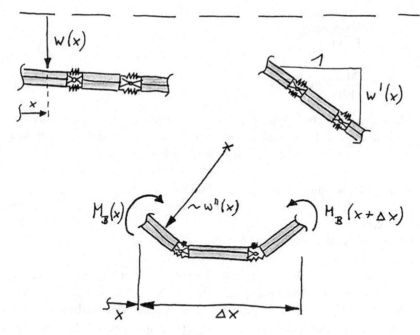

Abb. 2.22 Modellbildung zur Durchbiegung eines Balkens

von oben nach unten schieben (Verschiebung w), aber auch geschlossen um einen Winkel gegenüber der Horizontalen neigen (Neigung w') (Abb. 2.22).

Es besteht die Möglichkeit, die Kette durchzubiegen, indem wir an beiden Enden der Kette die haltenden Hände gegeneinander verdrehen – wir müssen in den Träger ein Biegemoment einleiten. Die Größe dieses Biegemoments scheint dann proportional zur „Verbiegung" des Trägers zu sein. Den Radius der sich einstellenden Kurvenform beschreibt aber w'' (die zweite Ableitung nach dem Ort x). Für den gesamten Träger gilt somit

$$w''(x) \sim M_B(x).$$

Da die für den gefalteten Papierträger hergeleiteten Abhängigkeiten weiterhin gelten müssen, wird wohl auch mit steigendem Elastizitätsmodul E und steigendem Flächenträgheitsmoment I der Radius der sich ergebenden Kurvenform abnehmen. Die vollständige Formel lautet daher:

$$w''(x) = -\frac{M_B(x)}{EI(x)}.$$

Wenn wir also die Biegelinie w(x) eines Trägers ermitteln wollen, dann müssen wir die bekannte rechte Seite der Gleichung zweimal integrieren und erhalten das gesuchte w(x), also

$$w'(x) = -\int \frac{M_B(x)}{EI(x)} dx + C_1,$$

$$w(x) = -\iint \frac{M_B(x)}{EI(x)} dx + C_1 x + C_2.$$

Schade, dass ihr jetzt nicht Herrn Dr. Hinrichs sehen könnt: einen leicht fiebrig-gierigen Blick, zitternde Hände und Schaum vor dem Mund. Die Formel sieht sehr vielversprechend aus – aber wie damit umgehen? Hier ein kleines Kochrezept:

1. Bestimmung der Schnittgröße $M_B(x)$ (kein Problem nach Kap. 1)
2. Einsetzen von $M_B(x)$ in obige Gleichungen und Integration (triviales (?) mathematisches Problem)
3. Aber: Woher die Konstanten C_1 und C_2 nehmen?

Für die Bestimmung von zwei Unbekannten benötigt man immer zwei Gleichungen. Diese erhalten wir aus den *Randbedingungen*. Es gibt geometrische Bedingungen (Position und Neigung/Steigung, abhängig von den geometrischen Gegebenheiten) und dynamische Bedingungen (Krümmung, Krümmungsänderung). Letztere hängen von den Belastungen ab und sind in Aufgaben manchmal in Nebensätzen versteckt (!). In Tab. 2.3 sind hierzu einige Beispiele aufgeführt.

Alles klar? Diese eingetragen Zahlen sollte man sich ruhig einmal vor Augen führen. Zum Beispiel die feste Einspannung: Wenn der Maurer unseren Träger richtig eingemauert hat, dann sollte er – unabhängig von seiner Last – horizontal aus der Wand kommen ($w' = 0$). Die Wand unter ihm sollte auch nicht nachgeben ($w = 0$). Gehalten wird der Träger von der durch die Wand aufgebrachten Querkraft ($Q \sim w''' \neq 0$) und das Biegemoment ($M \sim w'' \neq 0$).

Das ganze Vorgehen wollen wir jetzt ausprobieren, um zu kontrollieren, ob die alten Hasen die Biegelinien aus der Tab. 2.2 korrekt angegeben haben.

Tab. 2.3 Wichtige geometrische Randbedingungen

Art der Randbedingung	Geometrische Randbedingung		Dynamische Randbedingung	
	w	w'	$w' \sim M$	$w''' \sim Q$
Festlager und Loslager	0	$\neq 0$	0	$\neq 0$
Feste Einspannung	0	0	$\neq 0$	$\neq 0$
Freies Balkenende	$\neq 0$	$\neq 0$	0	0
Verschiebliche Einspannung	$\neq 0$	0	$\neq 0$	0

Die in Abb. 2.23 skizzierte Planke (Kragträger mit Länge L, Biegesteifigkeit EI) wird am freien Ende durch die Kraft F (durch Gewicht eines in sehr kurzen Ruhestand versetzten Kapitäns) belastet. Man bestimme die Biegelinie des Trägers, ohne in Tab. 2.2 zu gucken! Gegeben: F, L, EI.

Zunächst zu den Schnittgrößen: Es ergibt sich

$$M_B(x) = F(x - L).$$

Die Gleichung für die Biegelinie liefert

Abb. 2.23 Kragträger

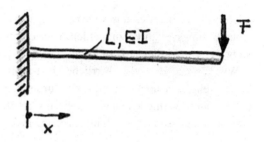

$$w'(x) = \int \frac{F(L - x)}{EI} dx + C_1$$

$$= \frac{1}{EI} F (Lx - x^2/2) + C_1.$$

Aus Tab. 2.3 entnehmen wir

$$w'(0) = 0,$$

also $C_1 = 0$. Die nächste Integration führt auf

$$w(x) = \int w'(x) \, dx + C_2$$

$$= \frac{1}{EI} F(Lx^2/2 - x^3/6) + C_2.$$

Mit Hilfe der Tab. 2.3 folgen $w(0) = 0$, dann $C_2 = 0$ und wir können die Biegelinie für den Belastungsfall 1 angeben:

$$w(x) = \frac{1}{EI} F(Lx^2/2 - x^3/6), \quad w(L) = \frac{FL^3}{3EI}.$$

Wir haben also das Ergebnis aus Tab. 2.2 bestätigt. Das durchgeführte Verfahren kann nun für alle möglichen Momentenverläufe und Randbedingungen durchgeführt werden. Die Terme werden dadurch manchmal länger als bei dem Beispiel, die Integration muss unter Umständen bereichsweise durchgeführt werden (wenn irgendwo Beanspruchungen eingeleitet werden), oder die Integrationskonstanten fallen nicht zufällig weg (s. Beispielaufgaben im Abschn. 4.2). Das Vorgehen ist aber immer dasselbe wie bei dem Beispiel des Kragträgers.

Der Vollständigkeit halber sei hier noch angemerkt, dass man natürlich auch die Integration für eine Querkraft Q bzw. die Streckenlast q(x) durchführen kann:

$$w'''(x) = -Q(x)/(EI),$$

$$w''''(x) = q(x)/(EI).$$

Allerdings erscheint es uns sinnvoll, bei bekannten Schnittgrößenverläufen ein einheitliches Lösungsverfahren zu wählen. Hier empfehlen wir, alle Aufgaben mit einem Start bei $w''(x) = -M_B(x)/(EI)$ zu lösen.

Wir können jetzt also herrliche, kunstvoll anmutende Biegelinien berechnen. An dieser Stelle aber nochmal zurück zu unseren Spannungen. Nicht nur infolge von Zugkräften oder Wärmedehnungen (Abschn. 2.1 ff.) kann es zu Spannungen in den Bauteilen kommen, sondern auch im Zusammenhang mit der Biegung.

2.5.4 Die Spannung infolge der Biegung

Hier kehren wir mal wieder zu unserem einfachen Modell eines kleinen Balkenstückes zurück. Oberhalb der ungedehnten neutralen Faser werden die Federn zusammengedrückt (Druckspannung), unterhalb dieser werden die Federn auseinandergezogen (Zugspannung) (Abb. 2.24).

Da die Spannung für die hier betrachteten Beispiele linear von der Koordinate z abhängt, können wir den Verlauf auch mit der Geradengleichung

$$\sigma(x) = \frac{MB(x)}{I} z.$$

im Biegebalken beschreiben.

Wird der Biegespannung nun gleichzeitig eine äußere Normalkraft überlagert, dann addieren wir die Spannungen einfach (Abb. 2.25).

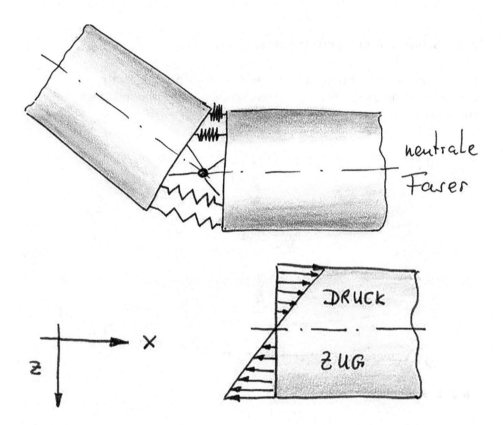

Abb. 2.24 Spannungsverteilung

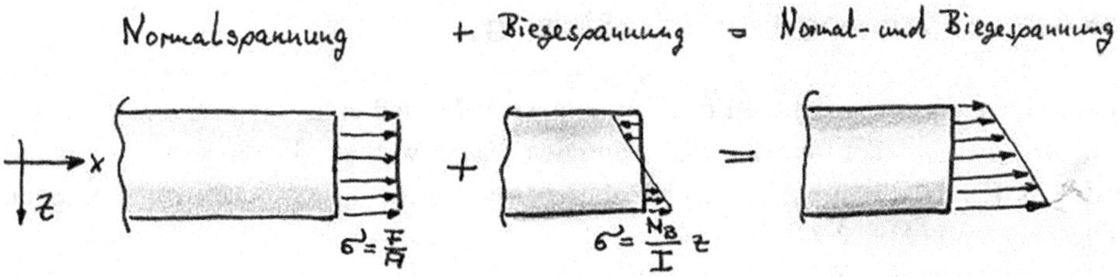

Normalspannung   + Biegespannung = Nomal- und Biegespannung

Abb. 2.25 Überlagerung einer Normalkraftbelastung mit einer Biegebelastung

Die zugehörige Formel lautet also:

$$\sigma = \frac{F}{A} + \frac{M_B(x)}{I} z.$$

„Noch Fragen?" „Ja, wann sind wir mit diesem Thema denn endlich durch?"

2.5.5 Schubspannung infolge einer Querkraft

Es ist unglaublich, was bei der Biegung noch so alles passiert. Den nächsten Effekt wollen wir uns für zwei geringfügig unterschiedliche Trägerkonstruktionen überlegen (Abb. 2.26).

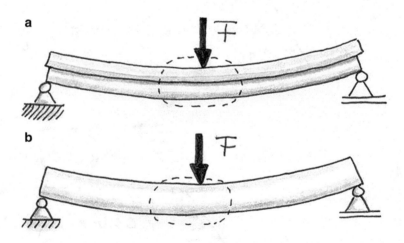

Abb. 2.26 Schubspannung infolge einer Querkraft

In Fall 1 (Abb. 2.26a) werden die zwei Flachprofile übereinandergelegt und durch die Kraft F belastet. Natürlich werden infolge der Durchbiegung die Stirnseiten der Flachprofile über den Lagen nicht mehr bündig übereinanderliegen. Anders sieht das Ganze in Fall 2 (Abb. 2.26b) aus, in dem die beiden Flachprofile miteinander verklebt sind. Infolge der Verklebung der Profile schließen nun trotz der Verformung die Stirnseiten bündig ab. Denselben Effekt könnte man durch Erhöhung der Reibung zwischen den beiden Körpern erzielen. Wir wollen nun eine kleine Peepshow (Abb. 2.27) auf den reibenden Kontakt der beiden biegsamen, geschmeidigen Körper veranstalten: Uuuuuuuiiiiiihhhhh!

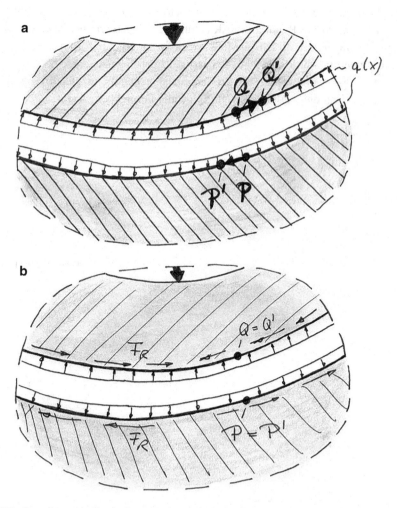

Abb. 2.27 Peepshow der elastischen, geschmeidigen Körper

Im Kontaktbereich wirkt in Fall 1 (Abb. 2.27a) nur eine mehr oder weniger konstante Streckenlast q(x). Zwei Kontaktpunkte P und Q des unverformten Trägers werden sich bei der Verformung voneinander entfernen. Die Unterseite des oberen Trägers wird ja infolge der Biegespannung verlängert (Q==>Q'), die Oberseite des anderen Trägers wird infolge der Biegespannung verkürzt (P==>P'). Durch den Kleber bzw. die Reibung werden aber in Fall 2 (Abb. 2.27b) die beiden Punkte P und Q auch bei der Verformung zusammengehalten. Dies geschieht durch die Kraft des Klebers. (Wir haben als überaus leistungsfähigen Kleber bei unseren Experimenten UHU verwendet – wir wissen nicht, ob auch andere Kleber geeignet sind).

Da die Kraft des Klebers wie eine große Reibkraft wirkt, haben wir sie mit FR bezeichnet. Diese Kleberkraft wirkt also der von der Biegung angestrebten Verformung entgegen. In der Kontaktfläche müssen wir dieses Resultat der Biegung dann eine Schubspannung nennen, da die Reibkräfte in Richtung der Fläche wirken. Aber was passiert nun in einem Träger, der dieselben Maße hat wie der Träger in Abb. 2.27b, aber aus einem Stück gefertigt wurde? Na lego, da passiert natürlich genau dasselbe.

Wir halten also fest: Bei der Biegebeanspruchung kommt es gleichzeitig zu einer Schubspannung. Und diese können wir mit folgender Formel berechnen:

$$\tau(x,z) = \frac{Q(x)\ S(z)}{I\ b(z)}.$$

Diese Formel müsst ihr uns mal wieder einfach glauben, wenn ihr mit der Zeit gehen wollt (denn wer nicht mit der Zeit geht, muss mit der Zeit gehen)!

Die Schubspannung ist also von der Querkraft $Q(x)$ (und damit von der Ableitung des Biegemoments $M_B(x)$) abhängig. Da an der Stelle der Krafteinleitung die Querkraft das Vorzeichen ändert, ändert sich an dieser Stelle auch die Richtung der in Abb. 2.27b markierten Reibkräfte FR. Weiterhin hängt die Schubspannung von den ominösen Parametern $S(z)$ und $b(z)$ ab, die wiederum vom Abstand z von der neutralen Faser abhängen. Die Größe $b(z)$ ist dabei ganz einfach zu bestimmen: Sie bezeichnet die Breite des Trägers in Abhängigkeit von der Koordinate z. Allerdings greifen wir bei $S(z)$ noch einmal ganz tief in die Trickkiste: $S(z)$ bezeichnet das statische Moment. Na suuuuuuuuuuuper! Und was ist das?

Hierzu lenken wir das Interesse auf das Profil in Abb. 2.28: Wir wollen $S(z_0)$ für den Querschnitt an der Stelle z_0 bestimmen. Wir brauchen nun die Fläche Arest des unterhalb von z_0 liegenden Querschnitts und die Schwerpunktskoordinate $z_{S,rest}$ dieser Fläche. Sodann ergibt sich

$$S(z_0) = z_{S,rest}\, A_{rest}.$$

Für das Rechteckprofil oben „Breite mal Höhe" (B*H) ergibt sich mit

$$z_{S,rest} = z_0 + (H/2 - z_0)/2$$

und

$$A_{rest} = B(H/2 - z_0),$$

also

$$S(z_0) = B\left[z_0(H/2 - z_0) + (z_0^2 - H\,z_0 + H^2/4)/2\right].$$

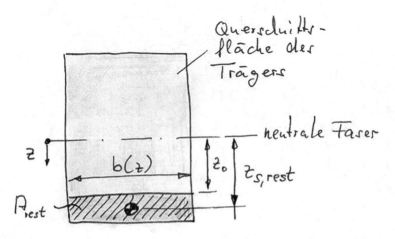

Abb. 2.28 Größen zur Bestimmung des statischen Moments $S(z)$

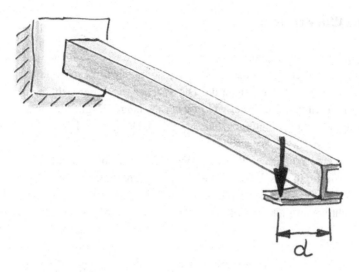

Abb. 2.29   Schiefe Biegung in nicht schiefer Ausführung

Anmerkung: Wie an dem Beispiel der zwei verklebten Träger klar zu sehen ist, wirkt die berechnete Schubspannung in Balkenlängsrichtung der Klebefläche. Infolge des Satzes der zugeordneten Schubspannungen wirkt dieselbe Schubspannung auch in z-Richtung im Balkenquerschnitt.

Und jetzt für alle Heißdüsen: Beispielsweise bei dem skizzierten offenen U-Profil (Abb. 2.29) wirkt im Querschnitt die skizzierte Schubspannung. Diese bewirkt aber ein Torsionsmoment um den Schwerpunkt der Querschnittsfläche und die Balkenlängsachse, die leider eine Verdrehung der Querschnitte und ein seitliches Auswandern des Profils zur Folge hat. Dieser Effekt kann mit einer Verschiebung der Wirkungslinie der Kraft F um d ausgeglichen werden (Abb. 2.29). Für alle Interessenten an einer Berechnung derartiger Phänomene möchten wir – um die sicher zahlreichen Nichtinteressenten nicht unnötig nervös zu machen – auf die schönen Bücher im Literaturverzeichnis verweisen. Man suche unter „Schubspannungen in Biegebalken infolge von Querkräften" und „Schubmittelpunkt" z. B. in [22], [17], [9], [15], [26], [4711: schneller, höher, weiter]. We wish you a nice and pleasant day, have a nice scientific trip!

Hier geht's weiter:

☺

2.6   Die Wurstformel

Endlich ist der Moment gekommen, an dem ihr die alte Bockwurst aus dem Kühli holen könnt, wo ihr sie hoffentlich abgelegt habt. Wir schmeißen das rosarote Ding in kochendes Wasser, bis es platzt. Und siehe da: Die Wurst ist in Längsrichtung aufgeplatzt (in allen anderen Fällen war die Wurst wohl dicker als lang – iiiigittigitt, aber auch dann ist die Spannung in Umfangsrichtung größer als axial). Dafür brauchen wir jetzt das richtige Formelwerkzeug.

Man nehme eine Wurst: Die Pelle der Wurst platzt zischend und fettspritzenderweise durch die Ausdehnung des Inhalts. Die Kesselwissenschaft spricht hier von der Pelle mit Innendruck. Die Erfahrung zeigt, dass die Wurst in Längsrichtung aufplatzt – wenn Mutti/Vati nicht vorsorglich die Sollplatzstelle mit der Gabel vorgepiekst hat.

Nun zu technisch anspruchsvolleren Objekten: Der Bierbauch von Herrn Dr. Romberg kann als Kessel (Wandstärke s, Radius R, s<<R) vereinfacht werden.[10] Infolge einer Bier-Druckbetankung wird der Bauch, also der Kessel (Abb. 2.30 und 2.31), mit dem Innendruck p_i beaufschlagt. Was jeder Hobbygriller weiß, benennt der Mechaniker hier wie folgt:

---

[10]Allerdings ist die Voraussetzung irgendeiner „Längsrichtung" wie für einen Kessel für so eine Plauze eine recht kühne Annahme! Eigentlich sind die folgenden Formeln für Kugeln nicht gültig!

Abb. 2.30 Modell eines
Kessels

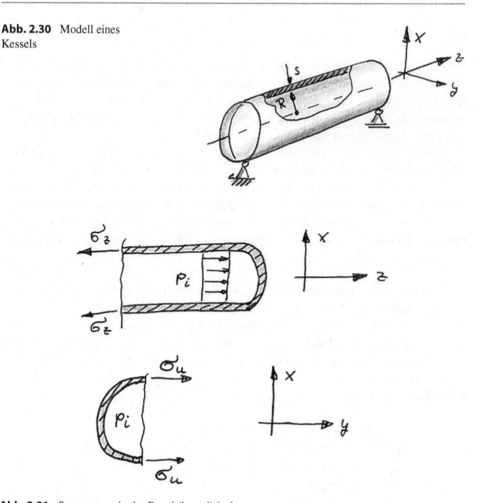

Abb. 2.31 Spannungen in der Bauch(kessel)decke

Merken Die Wandspannung in Längsrichtung z, die, nebenbei gesagt

$$\sigma_z = \frac{R(p_i - p_a)}{2s}$$

beträgt, ist halb so groß wie die Spannung in Umfangsrichtung: $\sigma_u = 2\,\sigma_z$.

Das Ende infolge der ständigen Druckbetankungen wird also irgendwann entweder durch ein Versagen der Leber oder einen Längsriss der Bauchdecke durch den Innendruck eingeläutet. That's all, folks! Die nichtprüfungsrelevante Herleitung dieses auch als „Kesselformel" bekannten Zusammenhangs kann man in der oben angegebenen Literatur oder auch bei Wikipedia finden.

2.7   Torsion

Nun müssen wir uns noch einer völlig neuartigen Beanspruchungsart zuwenden: der Torsion. Als Beispiel hierfür schneiden wir uns aus einer Pappe einen ca. 2 cm breiten Streifen heraus. Wenn wir dann die Enden des Streifens um den Winkel $\Delta\varphi$ gegeneinander verdrehen, ja, dann haben wir den Streifen tordiert (Abb. 2.32). Auch dafür gibt es Formelwerkzeuge, die der Mechaniker häufig braucht.

Ähnlich wie bei dem Biegebalken wollen wir uns ein kleines Element des Pappstreifens basteln, an dem wir die Vorgänge bei der Torsion studieren können.

Man sieht „sehr schön" in Abb. 2.33, dass in den Querschnitten die Federn seitlich ausgelenkt werden müssen. Die Auswirkung der Torsion ist also eine Schubspannung in den Querschnitten. Diese nimmt von der neutralen Faser ($\tau = 0$) nach außen zu. Die durch ein Torsionsmoment bewirkte Verdrehung der Querschnitte hängt von den folgenden Größen ab (analog zur Biegung):

- der Steifigkeit der Federn des Modells, also einer Größe analog dem Elastizitätsmodul E, nur eben für Schub (Schubmodul G)
- dem Abstand der Federn, also vom Abstand der Querschnittsflächen, von der neutralen Faser (analog zum Flächenträgheitsmoment bei der Biegung können wir hier auch ein Torsionsflächenträgheitsmoment I_t definieren, was auch *polares Flächenträgheitsmoment* genannt wird)
- der Länge des Trägers

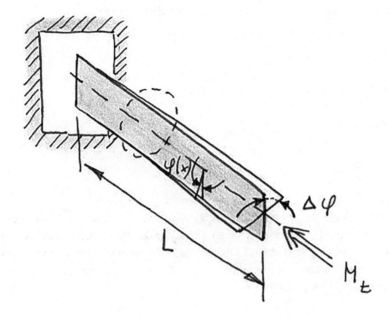

Abb. 2.32 Torsion

Abb. 2.33 Elementmodell für
Träger unter Torsionsbelastung

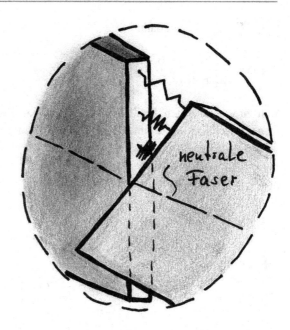

Man kann ja bekanntlich jede Aufgabe lösen, wenn man die richtige Formel hat und der
Benutzer richtig mit dieser umgehen kann.

In Tab. 2.4 finden wir alles, was das Herz (bezüglich Torsion) begehrt. Da das wohl
nicht so ganz selbsterklärend ist, hierzu jeweils ein Beispiel.

Ein fest eingespannter Träger mit kreisförmigem Querschnitt (Länge L, Schubmodul
G, Radius r) wird durch ein Torsionsmoment M_t in anderer Richtung als bei der Planke
in Abb. 2.34 belastet (Abb. 2.35). Man bestimme die Verdrehung $\Delta \varphi$ des Balkenendes.

Zunächst müssen wir das Torsionsflächenträgheitsmoment I_t bestimmen (Tab. 2.4):

$$I_t = \pi \, r^4 / 2.$$

Die Verdrehung ergibt sich dann gemäß

$$\Delta \varphi = \frac{M_t L}{G I_t} = \frac{2 M_t L}{G \pi r^4}.$$

Nun dasselbe nochmal für den skizzierten dünnwandigen Kastenträger mit rechteckigem
Querschnitt (Breite B, Höhe H, Wandstärke t_B, t_H) (Abb. 2.36).

Hier benutzen wir das „zweite Brett" aus unserer Tab. 2.4! Für das Torsionsflächenträgheitsmoment ergibt sich

$$I_t = 4 A_m^2 / \sum_{i=1}^{4} \frac{s_i}{b_i} = \frac{4 \, (BH)^2}{2 \left(\dfrac{B}{t_B} \right) + 2 \left(\dfrac{H}{t_H} \right)}.$$

Die Verdrehung ergibt dann

$$\Delta\varphi = \frac{M_t L}{2B^2 H^2 G}\left[\left(\frac{B}{t_B}\right) + \left(\frac{H}{t_H}\right)\right].$$

Nun zu einem dritten Profil: Ein dünnwandiges Kreisprofil (Abb. 2.37), welches einmal ungeschlitzt und einmal geschlitzt ist. Nun die Preisfrage: Welches Profil wird infolge des Torsionsmoments mehr verdreht? Die Praktiker unter euch werden wohl vermuten, dass das geschlitzte Profil ein „weicheres Verhalten" zeigt. Mal sehen: Für das geschlossene dünnwandige Rohr mit kreisförmigen Querschnitt ergibt sich aus Tab. 2.4

$$I_{t,a} = \frac{4(\pi R_M^2)^2}{\frac{2\pi R_M}{t}} = 2\pi t R_M^3.$$

Tab. 2.4 Wichtige Formeln zur Torsion aus [4]

	Kreisprofil (exakte Lösung)	Geschlossenes dünnwandiges Profil (Näherungslösung)	Offenes dünnwandiges Profil (Näherungslösung)
Beispiel mit zugehöriger Spannungsverteilung		(n stückweise konstante Wandstärken)	(n stückweise konstante Wandstärken)
Maximale Schubspannung	$\tau_{max} = \frac{M_t}{W_t}$		
bei	$r = R_a$	$b(s) ==> min$	bei $b(s) ==> max$
Verdrillung ϑ	$\vartheta = \frac{d\varphi}{dx} = \frac{M_t}{GI_t}$		
Verdrehung $\Delta\varphi$	$\Delta\varphi = \int\limits_0^L \vartheta(x)dx$		
Querschnitte, M_t, $G = $const.	$\Delta\varphi = \frac{M_t L}{GI_t}$		
Flächenträgheitsmoment I_t	$I_t = \frac{\pi}{2}(R_a^4 - R_i^4)$	$I_t = \frac{4A_m^2}{\sum\limits_{i=1}^n \frac{s_i}{b_i}}$ (2. Bredtsche Formel)	$I_t = \frac{1}{3}\sum\limits_{i=1}^n b_i^3 s_i$
Wider-standsmoment W_t	$W_t = \frac{I_t}{R_a} = \frac{\pi}{2R_a}(R_a^4 - R_i^4)$	$W_t = 2\,A_m\,b_{min}$ (1. Bredtsche Formel)	$W_t = I_t/b\,\max$ $= \frac{1}{3b_{max}}\sum\limits_{i=1}^n b_i^3 s_i$

$A_m = $ von der Wandmittellinie eingeschlossene Fläche

Abb. 2.34 Planke wird durch Torsion belastet

Abb. 2.35 Torsion eines Trägers. Gegeben: L, G, M$_t$, r

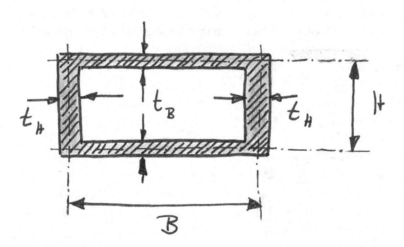

Abb. 2.36 Rechteckhohlprofil

Abb. 2.37 Geschlitztes
Kreisprofil

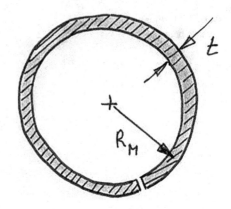

Das geschlitzte Rohr führt auf

$$I_{t,b} = \frac{1}{3}t^3\, 2\pi\, R_M.$$

Die Verdrehungen ergeben sich also zu

$$\Delta\varphi_a = \frac{M_t L}{2\pi G t R_M^3} \text{ bzw. } \Delta\varphi_b = \frac{3 M_t L}{2\pi G t^3 R_M}.$$

„Interessant" ist dann das Ergebnis für das Verhältnis der Verdrehungen:
$\frac{\Delta\varphi_a}{\Delta\varphi_b} = \frac{t^2}{3 R_M^2} << 1$, da dünnwandiges Profil, $t << R_{M'}$.
Unsere Berechnungen bestätigen also die oben angeführte Erfahrung der Praktiker. Das
soll's dann aber auch gewesen sein bezüglich der Torsion …

Nach diesem erschöpfenden Aufstieg über das schroffe Gelände zu den Höhen der
Festigkeitslehre möchten wir nun ein wenig verweilen – wobei Herr Dr. Hinrichs die
Zeit nicht ungenutzt verstreichen lassen möchte, sondern den Blick noch einmal über das
Erreichte schweifen lässt. Dabei bietet sich ihm das folgende überwältigende Panorama:

Dehnung: $\Delta L = \int \dfrac{N(x)}{EA(x)} dx,$

Torsion: $\Delta\varphi = \int \dfrac{M_T(x)}{GI_T(x)} dx,$

Biegung: $w' = - \int \dfrac{M_B(x)}{EI(x)} dx,$

$$w = - \iint \dfrac{M_B(x)}{EI(x)} dx.$$

In der so übergeordneten Stellung fällt Herrn Dr. Hinrichs auf, dass im Zähler immer die
Beanspruchungsgröße ($N(x)$, $M_T(x)$ oder $M_B(x)$) zu finden ist. Im Nenner taucht zuerst

eine Materialkonstante (E, G) auf, dicht gefolgt von einer Kenngröße (A, I, I_T), die etwas mit der Geometrie des Querschnittes des malträtierten Seiles, Stabes oder Balkens zu tun hat.

Damit wollen wir es aber zuerst mal bewenden lassen und uns nun einem Stabilitätsproblem zuwenden:

2.8 Kannste knicken

Man nehme unser elastisches Lineal, stelle es mit der kürzesten Seite auf den Tisch und belaste die gegenüberliegende Seite mit dem Finger.

Wenn das Lineal hundertprozentig genau gefertigt wurde, der Tisch ideal glatt und eben ist und wir die Kraft hundertfünfprozentig genau in Richtung der Linealachse einleiten, dann können wir das Lineal drücken, bis wir es unangespitzt in den Tisch pressen. Die Erfahrung zeigt aber in der Regel, dass zuvor das Lineal nach außen „ausknickt". Ist das Lineal bei kleiner Last noch gerade, können wir mit dem Schnippen des Fingers in der Mitte des Lineals ohne Veränderung der Last das Lineal in die ausgeknickte Lage bringen. Aus der ausgeknickten Lage gelingt es uns in der Regel nicht, durch leichtes Schnippen die gerade Ursprungslage des Lineals wiederherzustellen. Der alte Mechanikfuchs spricht hier auch von einem Stabilitätsproblem. Wir haben drei mögliche Positionen des Lineals unter Last:

- das gerade Lineal unter Druckbelastung (dieser Zustand ist instabil, wie wir durch leichtes Schnippen mit dem Finger feststellen können)
- das seitlich (nach rechts oder links) durchgebogene Lineal (Abb. 2.38)

Abb. 2.38 Knickung

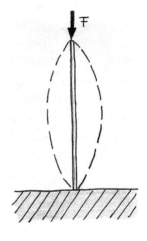

Diese Zustände bezeichnet man auch als stabil, da sich auch nach einer Störung des Zustands (leichtes Schnippen mit dem Finger) dieser Zustand erneut einstellt. Bei der Dimensionierung eines derart beanspruchten Trägers will man in der Regel den etwas unschönen ausgeknickten Zustand vermeiden. Mit der Berechnung dieses Phänomens haben sich schon vor geraumer Zeit die Mechaniker beschäftigt. Tab. 2.5 ist das Ergebnis ihrer schlaflosen Nächte und alles, was man zum Knicken braucht. Die Schwierigkeit

Tab. 2.5 Die vier Euler-Knickfälle

	Belastungsfall	Knicklast F_{krit}
1		$\dfrac{EI\pi^2}{4L^2}$
2		$\dfrac{EI\pi^2}{L^2}$
3		$2{,}0457\,\dfrac{EI\pi^2}{L^2}$
4		$4\,\dfrac{EI\pi^2}{L^2}$

beim Lösen der Aufgaben bzgl. Knickung ist allerdings, den richtigen Lastfall herauszupicken. Kleine Kontrolle: Welcher Lastfall liegt denn bei dem Stuhlbein des Stuhles vor,
auf dem ihr sitzt? Tja, da geht's schon los. Wir haben uns zunächst einmal für den Fall
3 entschieden. Zur Vereinfachung stellen wir uns ein sehr weiches Stuhlbein aus Gummi
vor. Der Aufstandspunkt des Stuhlbeines auf dem Boden ist das Loslager, solange das
Stuhlbein beim Ausknicken an der ursprünglichen Position haften bleibt!

Die Verschieblichkeit des Loslagers deutet an, dass bei der Verformung der Abstand
zwischen Sitzfläche und Boden kleiner wird. Rutscht das Stuhlbein bei fehlender Reibung mit dem z. B. frisch gebohnerten Boden seitlich weg oder verschiebt sich die Sitzfläche horizontal bei festem Berührpunkt des Stuhlbeines mit dem Boden, liegt Fall 1
vor. Das Stuhlbein ist an der Sitzfläche fest eingespannt, d. h., das Stuhlbein kommt auch
beim Ausknicken des Beines senkrecht aus der Unterseite der Sitzfläche heraus. Wir hoffen aber, dass bei euch momentan nirgendwo ein Knickfall vorliegt und dass die Beine
eures Stuhles, Sofas oder Bettes noch mindestens so lange halten, bis ihr auch das letzte
Kapitel vor den Aufgaben gelesen habt. Im Folgenden wird es dynamisch! Die Dinge
fangen an, sich zu bewegen, sich zu drehen, zu gleiten und zu rollen, ohne zu rutschen,
bis auch sie sich in langweiligen Gleichungen verlieren, ohne dass die Autoren etwas
dafür können … oder doch? Wir werden sehen …

Alles in Bewegung: Kinematik und Kinetik

„Je mehr man weiß, desto mehr weiß man auch, was man nicht weiß!" (frei nach Konfuzius).

Der schon ziemlich schlaue Leser der Kap. 1 und 2 kann nun schon so dolle Dinge wie die Kräfte und Momente in starren Körpern berechnen, die in Ruhe sind oder sich mit konstanter Geschwindigkeit bewegen. Und den Verformungszustand, der sich irgendwann nach dem Aufbringen einer Last einstellen sollte – natürlich nur im linearen, elastischen Bereich.

Um unser gigantisches Weltverständnis weiter aufzublasen, wollen wir uns im Folgenden nun auch noch den *Bewegungsvorgängen* zuwenden. Um die Allgemeingültigkeit nicht zu übertreiben: Wir betrachten nur die gleichförmigen, beschleunigten oder verzögerten Bewegungen starrer Körper.

Als Beispiel picken wir uns die Fahrt mit einer Achterbahn heraus (kennt jede(r) des Nachts nach ausgiebigem Alkoholgenuss in den „eigenen" vier Wänden) (Abb. 3.1).

Die rasende Fahrt beginnt (1) mit der Anfangssteigung, auf der die Bahn mitsamt ihren Insassen auf die maximale Höhe hinaufgezogen wird. Dann kommt das Spannendste der ganzen Fahrt: Es geht rapide bergab, der Puls steigt, Herr Dr. Hinrichs vor uns beginnt zu kreischen … fast freier Fall (2)! Dann geht es direkt in den Looping (3). Zuletzt schließen wir die Augen und warten, bis die Bahn auf der Schlussgeraden langsam ausrollt (4). Jetzt kommt der Clou: Wir werden jetzt nicht sagen „Huiii …, super.., gleich nochmal, Schatz?" Nein, nein, nein – wir werden uns derartige Gefühlsausbrüche ersparen und stattdessen versuchen, die Fahrt mit unseren wundervollen Formeln auszuwerten. „Oh yeah! That's pretty cool! Kehä Kehähä" [Butthead 1998].

© Springer Fachmedien Wiesbaden GmbH, ein Teil von Springer Nature 2020
O. Romberg und N. Hinrichs, *Keine Panik vor Mechanik!*,
https://doi.org/10.1007/978-3-8348-2413-4_3

Abb. 3.1 Fahrt mit der Achterbahn

3.1   Kinematik

(Das Wort kommt von Kino: **K**aum **i**ntelligente **N**ormalverbraucher **o**nline **o**der so ähnlich ...).

Zunächst müssen wir die jeweilige Position auf der Achterbahn festlegen. Der Volksmund benutzt dabei unterschiedliche Beschreibungen von „kreiiiiiiiisch" über „huuaaaaaah" bis „gähn" oder „nochmal Papa!".

Hier wird der geneigte Wissenschaftler erstmal ganz sachlich die Höhe H über dem Kassiererhäuschen als Koordinate wählen. Eine weitere Positionsbestimmung könnte etwa so lauten: „Ich könnte bereits kotzen, aber wir haben erst die Hälfte geschafft ...".

Dazu wählen wir die Bahnkoordinate s, also die zurückgelegte Strecke. Oder meint der Leidende die Hälfte der Fahrtzeit? Egal – auch diese können wir zur Beschreibung nutzen. Wir nennen sie t wie tiet („Zeit" auf Plattdeutsch).

In der Kurve oder im Looping können wir dann – ganz umständlich – den Winkel φ zum Mittelpunkt der Kreisbahn als Koordinate wählen. Die unterschiedlichen Beschreibungsformen und die verwendeten Variablen sind ineinander überführbar: Der zurückgelegte Kreisbogen s lässt sich beispielsweise über $s = \varphi$ mal R berechnen (mit R als Radius des Bogens). Hat sich also z. B. ein Fahrradreifen dreimal gedreht (3 mal $360° = 3$ mal 2π), dann haben wir (ohne zu rutschen!) eine Strecke von 3 mal 2π mal R zurückgelegt! Zur weiteren Verkomplizierung wird dann oft noch wie wild gemixt zwischen den einzelnen Koordinaten a, H, φ, s, t und den Zeitableitungen, z. B. die Geschwindigkeit $v = \dot{s}$ und die Beschleunigung $a = \ddot{s}$. (Die Pünktchen über den Variablen bedeuten die Ableitung nach der Zeit.) Dieses naheliegende Vorgehen, nämlich die Position mithilfe einer beliebigen Koordinate zu bezeichnen, wird geheimnisvoll auch als *Kinematik* bezeichnet. Offiziellere Definitionen lauten dann etwa so:

Die Kinematik ist die Lehre vom geometrischen und zeitlichen Bewegungsablauf

Wichtig hierbei ist, dass für alle Überlegungen zur Kinematik *keine Kenntnisse über die Kräfte* nötig sind. Also, hier können alle Statik- und Festigkeitslehre-Aussteiger ein rauschendes Comeback versuchen!!!

Ganz gewiefte Mechaniker steigen in waghalsigen Manövern noch auf Polar- oder Zylinderkoordinaten um – angeblich vereinfacht das die Sache ungemein.

Aber zunächst wollen wir die unterschiedlichen Beschreibungsgrößen festlegen.

3.1.1 Das „Huh is Huh" der Kinematik: Variablen zur Beschreibung

Keine Probleme bereitet uns die Höhe H – damit weiß eigentlich jedermann gut umzugehen. Ähnlich verwenden wir die Strecke x, die wir zur Beschreibung der zurückgelegten Entfernung einer geradlinigen Bewegung verwenden wollen. Also sozusagen „Luftlinie". Eine derartige Bewegung nennen wir dann auch *translatorisch*.

Nun brauchen wir noch das Gegenstück zur translatorischen Bewegung: eine Rotation. Wir sprechen dann auch von einer *rotatorischen* Bewegung – ist eigentlich ganz logisch, oder? Zur Beschreibung verwenden wir einen Drehwinkel φ.[1]

Zur Beschreibung einer allgemeinen Bewegung brauchen wir also Koordinaten für die Translation (x, y, H, s …) sowie zur Beschreibung der Rotation (Punkt/Mittelachse, um den/die gedreht wird, Drehwinkel φ und Radius R).

Reicht das, um die Bewegung eindeutig zu beschreiben? Hier möchten wir uns einmal kurz in ein Gespräch von zwei muskelbepackten, sonnengebräunten Typen an der Theke einklinken: „Mein Schlitten ist in 17,5 min 5,83 km gefahren!" „Dann warst du also das Verkehrshindernis … Ich habe in 2 h und 11 min 3,66 km zurückgelegt." Da fragt Mann sich doch sofort: Wer war denn eigentlich schneller? Und richtig, das Gespräch läuft normalerweise auch anders:

„Meine Kiste fährt 20 km pro Stunde" „Ach, meine auch. Dann hast du also auch den neuen E-Tesla?" (Produktplatzierungen sind mit dem Verlag abgesprochen).

Man verwendet also eine bezogene Größe – die zurückgelegte Strecke pro Zeit -, die Geschwindigkeit v, Einheit m/s. Den Buchstaben v müsst ihr mal ungefähr 10 s lang gedehnt aussprechen, dann wisst ihr, warum er für die Geschwindigkeit verwendet wird. (Für Herrn Dr. Hinrichs hört sich das eher nach einem verzweifelten motorisierten Versuch einer Geschwindigkeitsänderung von $v = 0$ nach $v > 0$ an: „vauhvauhvauhvauhvauhvauh…").

Und dann kann Mann noch damit prahlen, was MännIn kürzlich an der Ampel doch für einen heißen Reifen gefahren ist: „In 5 s war ich auf 80 Sachen", hört man beispielsweise. Wenn Mann nun selber etwas nachrüsten möchte, liest man in den Autokatalogen leider nur die Zeiten für die Beschleunigung von 0 auf 100 km pro Stunde. (Wofür eigentlich? An der Ampel? Auf der Autobahn nach Auflösung des Staus?) Die wissenschaftliche Lösung in diesem Dilemma liefert hier die *Beschleunigung* a, die als bezogene Größe die *Geschwindigkeitsänderung pro Zeit* darstellt, Einheit $v/t = m/s^2$. (Der Buchstabe a („ahh") beschreibt die bewundernden Aussprüche der beobachtenden Fußgänger bei einem der beschriebenen Anfahrvorgänge).

Ähnliches gilt natürlich auch für den Drehwinkel φ. Hier gibt es analog die Winkelgeschwindigkeit $\dot{\varphi} = \omega$ oder Ω (beides ein griechisches w; das letzte Zeichen wird ja in

---

[1]Herr Dr. Hinrichs besteht an dieser Stelle darauf, den Hinweis zu geben, dass man jede geradlinige Bewegung als Rotation um einen Punkt auffassen kann, der in unendlicher Entfernung im (allerdings entgegen der Auffassung von Herrn Dr. Hinrichs raumzeitlich gekrümmten) Weltall liegt – wir danken ihm ausdrücklich für diesen wichtigen Hinweis!

der Antike auch für das tragische Ende gewählt, welches viele Studenten in der Mechanik finden) und die Winkelbeschleunigung $\ddot{\varphi}$.

3.1.2 Einige Beispiele für die Kinematik

Das Herstellen der Beziehungen zwischen den einzelnen Koordinaten (und ihren Ableitungen) können wir am besten an einigen ganz verzwickten Beispielen üben:

3.1.2.1 Beispiel 1: Zylinder, der auf einer ortsfesten Unterlage rollt, ohne zu rutschen

Als Koordinaten wählen wir hier die Bewegung x des Schwerpunktes und den Drehwinkel φ des Zylinders (Abb. 3.2).

Hier stecken schon einige hinterhältige Überlegungen drin. Der Zylinder berührt ja die feste Unterlage auf der Linie mit Punkt A. Wenn der Zylinder an der Unterlage haftet, d. h. rollt, ohne zu rutschen, dann muss der Zylinder im Berührpunkt die Geschwindigkeit $v = 0$ besitzen. Tricky, oder?

Wenn wir also zu einem beliebigen Zeitpunkt einen Schnappschuss des rollenden, nicht rutschenden Zylinders angucken, bewegt sich (rotiert sogar!) der Zylinder um diesen Punkt A! Der Schwerpunkt bewegt sich dann für den betrachteten Zeitpunkt auf einer Kreisbahn um den Punkt A! Wer das nicht glauben möchte, der sollte einfach den folgenden Satz auswendig lernen:

Wenn ein Körper rollt, ohne zu rutschen, dann ist der Berührpunkt des Körpers mit der (unbewegten) Unterlage in Ruhe, und der Mittelpunkt des Körpers bewegt sich (für diesen Moment) auf einer Kreisbahn um den Berührpunkt!

Das gilt natürlich *nur genau für den Moment* unserer Betrachtung. Ganz allgemein gilt aber, dass der Abrollweg und damit die zurückgelegte Strecke des Zylinders $x = R\,\varphi$ ist.

Abb. 3.2 Rollender Zylinder

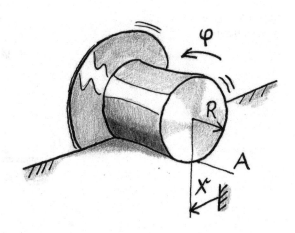

Und dann ist $x = R\,\varphi$ auch der Kreisbogen durch den Berührpunkt. Natürlich gilt auch entsprechend $\dot{x} = R\dot{\varphi}$. Nochmal für die ~~ganz Doofen für die Noobs:~~ Neulinge: Der Punkt über einer Koordinate bedeutet die *zeitliche Ableitung*. Also nochmal:

Abrollweg $(=x)$ = Abrollwinkel $(=\varphi)$ × Abrollradius $(=R)$.

3.1.2.2 Beispiel 2: Rollender Zylinder auf dem Band

Hier wählen wir als Koordinaten die Bewegung x des Schwerpunktes, den Drehwinkel φ des Zylinders sowie die Bewegung y des Bandes (Abb. 3.3).

Bei den antreibenden Rädern haben wir die Rotation ja durch ein ω für die Winkelgeschwindigkeit angedeutet. Fangen wir aber zunächst mit dem Drehwinkel Ψ an. Drehen wir das Antriebsrad um den Winkel Ψ, wird sich das Band um $y = \Psi R$ verschieben. Bilden wir dann die Zeitableitung dieser Beziehung, ergibt sich $\dot{y} = R\dot{\Psi}$. Die Ableitung des Drehwinkels ergibt aber gerade die Winkelgeschwindigkeit, $\dot{\Psi} = \Omega$, sodass $\dot{y} = R\Omega$ folgt. Um jetzt noch den rollenden Zylinder ins Spiel zu bringen, benutzt man am besten einen Trick: Wir betrachten zuerst zwei Sonderfälle, in denen wir die ja offensichtlichen unterschiedlichen Bewegungen trennen:

a) Der Zylinder soll, ohne sich zu drehen, mit dem Band mitfahren, also $\varphi = \dot{\varphi} = 0$. Für diesen Sonderfall sieht man sofort, dass für die Geschwindigkeiten $\dot{x} = \dot{y} = R\Omega$ gelten muss.

b) Das Band steht still, aber der Zylinder rollt ($\dot{y} = R\Omega = 0$, $\dot{\varphi} \neq 0$). Das ist aber der Fall, den wir schon aus Beispiel 1 kennen. Es ergibt sich $\dot{x} = 3R\dot{\varphi}$. Die *Superposition* (cooles Wort!) beider Fälle ergibt dann … $\dot{x} = \dot{y} + 3R\dot{\varphi} = R(\Omega + 3\dot{\varphi})$.

3.1.2.3 Beispiel 3: Seilzug

An der Seilrolle (Abb. 3.4) hängt ein Klotz, Masse m. Die Seilenden werden um x und y verschoben. Bestimmt nun φ und z!

Abb. 3.3 Rollender Zylinder auf dem Band

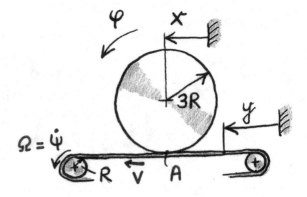

Abb. 3.4 Seilzug

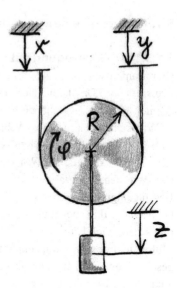

Vielleicht seht ihr ja sofort die kinematische Beziehung: $z = (x + y)/2$. Wenn nicht, nicht schlimm! Wir gehen hier wieder den formalen Weg und teilen die Bewegung abermals in zwei Sonderfälle auf:

a) $x = 0$: Nun haben wir aber eigentlich wieder den Fall eines rollenden Rades. Die Rolle rollt, ohne zu rutschen, auf dem Faden x ab. Es gilt somit $z = R\varphi$, $y = 2R\varphi$, also $z = y/2$.

b) $y = 0$: Nun das Ganze umgekehrt: $z = -R\varphi$, $x = -2R\varphi$, also $z = x/2$.

Die Überlagerung der beiden Bewegungsformen zeigt dann $z = (x + y)/2$ und $\varphi = (y - x)/2R$. So hinterhältig (und einfach!) kann die Kinematik sein!

3.1.3   Spezielle Bewegungen

3.1.3.1 Kreisbewegung mit konstanter Geschwindigkeit

Hier wählen wir als Beispiel nicht den Lernvorgang, bei dem man sich ja oft auch im Kreise dreht. (Das kennt Herr Dr. Romberg zur Genüge – Herr Dr. Hinrichs ist nach eigener Aussage ein Anhänger des translatorischen Lernens).

Wir kehren zu unserer Achterbahn zurück und betrachten mal den Looping in Abb. 3.5. Und dann machen wir wieder etwas (in eurem zukünftigen Ingenieurleben) ganz Alltägliches: Wir treffen eine Annahme, die mit der Realität nichts zu tun hat. Wir nehmen mal an, mit konstanter Geschwindigkeit v = const. zu fahren! Im Beschleunigungsrausch einer Luxusachterbahn mit mehreren Loopings werdet ihr beobachten, dass bei gleicher Geschwindigkeit v das Durchfahren des größeren Loopings sehr viel länger dauert als das des kleineren. In beiden Fällen muss um den Mittelpunkt des Loopings ein Winkel von 360° umfahren werden. Ergo ist die Winkelgeschwindigkeit ω für den größeren Looping kleiner, klar soweit? Diesen Zusammenhang fassen wir mittels folgender Formel zusammen:

$$v = \omega R.$$

Wenn wir – ohne selbst Insassen des Wagens zu sein – mal ein Schienenstück des Loopings entfernen, dann wird natürlich die nächste Fuhre eine leicht geänderte Fahrtroute durchlaufen: Ohne das Schienenstück wird der Wagen nicht dem Looping folgen, sondern tangential aus der Kurve herausgeschossen.

Umgekehrt kann man natürlich aus dieser rein akademischen (!) Überlegung heraus schließen, dass beim Vorhandensein einer Schiene die Bahn des Wagens durch die Schiene in Richtung der Kreisbahn „umgebogen" werden muss. Anders gesagt hat die Bahngeschwindigkeit des Wagens in jedem Punkt des Loopings eine andere Richtung. Die Richtung des Geschwindigkeitsvektors, der immer tangential an die Kreisbewegung

Abb. 3.5 Beschleunigung bei Kreisfahrt

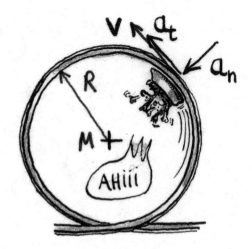

ausgerichtet ist, wird also dauernd geändert. Und dieses „Umbiegen" führt zu jedem Zeit-punkt zu einer *radialen Geschwindigkeitsänderung* a_n, die auch Zentripetalbeschleunigung genannt wird. *Zu jedem Zeitpunkt ändert sich die radiale Geschwindigkeitskomponente des Wagens in Richtung des Kreismittelpunktes* mit der Geschwindigkeitsänderung (Beschleunigung) a_n. Diese Zentripetalbeschleunigung (Abb. 3.5) beträgt

$$a_n = \frac{v^2}{R} = R\omega^2.$$

Sie ist also quadratisch von der Geschwindigkeit abhängig, mit der der Looping durch-fahren wird.

Da drängt sich einem aber gleich die Frage nach der Zentrifugalbeschleunigung bzw. Zentrifugalkraft auf. Damit bezeichnet der Volksmund die Kraft, welche uns im Loo-ping auf den Sitz presst. Streng genommen werden wir nicht auf den Sitz gepresst, son-dern der Sitz wird unter unserem „Gesäß" unverschämterweise in eine andere Richtung gelenkt. Unsere Masse möchte aber lieber ruhen bzw. hier eine gleichförmige Bewegung ausführen. *Sie ist träge.* Das Umlenken erfordert eine Kraft, die wir spüren. Wenn der Wagen aus dem Looping geschleudert wird, also geradeaus fliegt, dann verschwindet diese Kraft ganz plötzlich. Ursache dieser Kraft ist somit die Trägheit unseres Kadavers. Dieses Phänomen bezeichnet Herr Dr. Hinrichs gerne als Jahrmarkt-Paradoxon. (Nähe-res zu derartigen Trägheitskräften steht in Abschn. 3.3).

Das ist dann auch schon alles zur gleichförmigen (speziellen) Kreisbewegung ..., aber ihr werdet jetzt natürlich sofort meckern, dass der Wagen im Looping ja nicht angetrieben wird und aus bis zu dieser Seite unerklärlichen Gründen ja wohl mit zunehmender Höhe im Looping langsamer wird. Richtig, richtig! Wir kommen also zur allgemeinen Kreisbewegung.

3.1.3.2 Kreisbewegung mit veränderlicher Geschwindigkeit

Im Fall der Kreisbewegung mit veränderlicher Geschwindigkeit muss natürlich der Wagen immer noch in Richtung des Kreismittelpunktes beschleunigt werden, damit er nicht aus der Bahn ausbricht. Es gilt also immer noch:

$$v = \omega R, \qquad an = \frac{v^2}{R} = R\omega^2.$$

Wenn sich die Geschwindigkeit des Wagens ändert, hat dies aber auch eine Änderung der Winkelgeschwindigkeit ω zur Folge. Tangential zur Kreisbahn wird der Wagen also zusätzlich noch beschleunigt oder gebremst. Die Tangentialbeschleunigung a_t (Abb. 3.5) beträgt

$$a_t = \dot{v} = R\ddot{\varphi} = R\dot{\omega}.$$

Diese beiden Beschleunigungskomponenten können genau wie die Kraft vektoriell addiert werden und geben damit eine resultierende Beschleunigung a (Abb. 3.6).

Abb. 3.6 Beschleunigung bei
Kreisfahrt

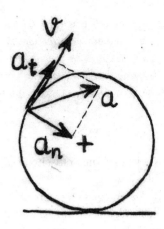

3.1.4 Der Momentanpol

Für unser Fahrvergnügen ist es ziemlich egal, ob wir uns im Wagen durch den Looping bewegen oder ob wir den Wagen an einem Riesenrad mit dem Radius des Loopings anschweißen und das Riesenrad mit der berechneten Winkelgeschwindigkeit ω
antreiben. Man kann also die Bewegung im Looping als eine Rotation um die Achse des
Riesenrades oder den Mittelpunkt des Loopings betrachten. Dies lässt sich auf beliebige
Bewegungen verallgemeinern:

> Jede Bewegung lässt sich als Rotation um einen Punkt auffassen.

Natürlich ist bei der skizzierten allgemeinen Bewegung der Mittelpunkt nicht raumfest
wie beim Riesenrad, sondern wandert entlang einer Kurve. Auch der passende Radius
$R(t)$ ist eine Funktion der Zeit. Wie zuvor beschrieben, ergibt sich zu dem betrachteten
Zeitpunkt dieselbe Bewegung, wenn wir den bewegten Körper am Rand einer Kreisscheibe mit dem Radius R und dem Mittelpunkt M verschweißen. Die Geschwindigkeit
eines Kreiselements nimmt aber wie in Abb. 3.7 skizziert in Richtung des Kreismittelpunktes linear ab.

Abb. 3.7 Bahnkurve mit
Momentanpol

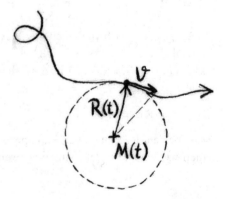

Im Mittelpunkt der Kreisscheibe ist die Geschwindigkeit null. Diesen Punkt nennen wir im Folgenden den *Momentanpol* der Bewegung!

Ein Momentanpol einer Bewegung ist der Punkt eines Körpers, der für den Zeitpunkt unserer Betrachtung in Ruhe ist und um den der Körper zu diesem Zeitpunkt rotiert

Wie in unserem Beispiel mit der Achterbahn muss dieser Momentanpol nicht ein Punkt innerhalb des bewegten Körpers sein. Betrachten wir einmal einen beliebigen Körper, der um seinen Momentanpol Q rotiert (Abb. 3.8).

Von der Kreisbewegung wissen wir, dass sich die Geschwindigkeiten der Körperpunkte A und B wie folgt ergeben:

$$v_A = R_A \, \omega, \qquad v_B = R_B \, \omega.$$

Auffällig ist außerdem, dass alle Geschwindigkeiten des Körpers senkrecht auf der Verbindungsgeraden AQ bzw. BQ stehen. Das muss auch so sein, da sich – wenn dies nicht so wäre – der Abstand von A (oder B) und Q ändern würde. Das würde aber wiederum bedeuten, dass der Körper auseinanderreißt.

Oftmals ist die Aufgabenstellung allerdings umgekehrt: Für eine vorgegebene Bahn, also z. B. unsere Achterbahn, ist der Momentanpol Q(t) gesucht.

Wir basteln uns aus den bisherigen Überlegungen einige Kochrezepte zusammen:

1. Konstruktion des Momentanpols aus zwei gegebenen Körperpunkten A und B mit den Geschwindigkeitsrichtungen (Abb. 3.9). Der Momentanpol ergibt sich als Schnittpunkt der Geraden senkrecht zu den Geschwindigkeiten in den Punkten A und B (Abb. 3.10).
   Hierbei gibt es einen Sonderfall: Die Geraden sind parallel, d. h., die Geraden schneiden sich im Unendlichen. Das bedeutet aber, dass für diesen Grenzfall keine Rotation, sondern eben eine Translation vorliegt (Abb. 3.11).

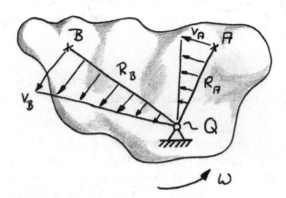

Abb. 3.8 Geschwindigkeitsprofil eines rotierenden starren Körpers

Abb. 3.9 Bestimmung des
Momentanpols aus zwei
bekannten Geschwindigkeiten

Abb. 3.10 Bestimmung
des Momentanpols aus zwei
bekannten Geschwindigkeiten

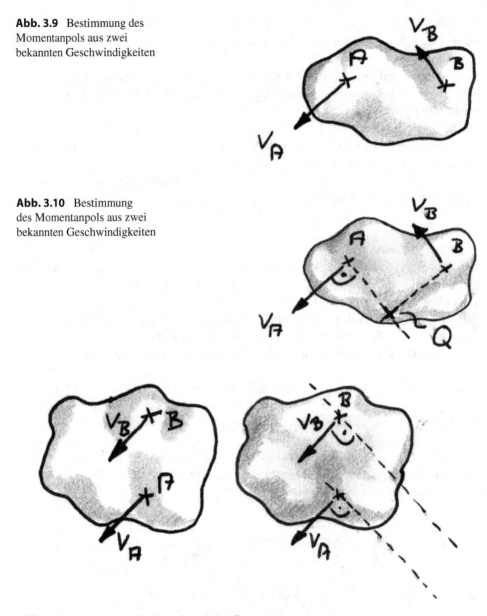

Abb. 3.11 Momentanpol bei translatorischer Bewegung

2. Konstruktion des Momentanpols aus den Beträgen von zwei Geschwindigkeiten v_A und v_B, wenn diese beide senkrecht auf der Verbindungslinie der zugehörigen Punkte A und B stehen (Abb. 3.12). Der Momentanpol ergibt sich als Schnittpunkt der Verbindungsgeraden der Punkte A und B und der Spitzen der Geschwindigkeitspfeile (Abb. 3.13).

Abb. 3.12 Bestimmung
des Momentanpols
aus zwei bekannten
Geschwindigkeitsbeträgen

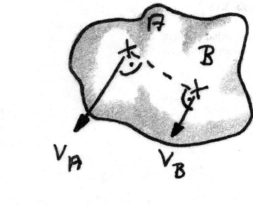

Abb. 3.13 Bestimmung
des Momentanpols
aus zwei bekannten
Geschwindigkeitsbeträgen

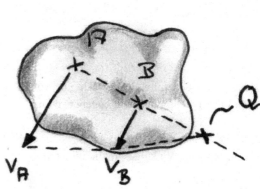

3. Konstruktion des Momentanpols aus der gegebenen Geschwindigkeit v_A und der Winkelgeschwindigkeit ω im Körperpunkt A (Abb. 3.14). Der Momentanpol liegt auf der Senkrechten zum Geschwindigkeitsvektor durch den Punkt A; der Abstand R ergibt sich über $R = v/\omega$ (Abb. 3.15).

Abb. 3.14 Bestimmung
des Momentanpols aus einer
Geschwindigkeit und der
Winkelgeschwindigkeit

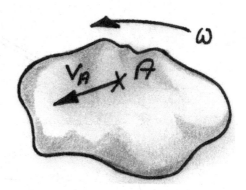

Abb. 3.15 Bestimmung
des Momentanpols aus einer
Geschwindigkeit und der
Winkelgeschwindigkeit

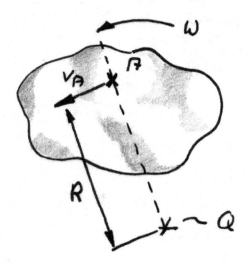

Hinweis Die Richtung, in der wir uns von A auf der Senkrechten bewegen müssen, ergibt sich eindeutig aus dem gegebenen ω!

Dazu gleich ein Beispiel Die Antriebskurbel 1 (Abb. 3.16) dreht sich in der skizzierten Stellung mit der Winkelgeschwindigkeit Ω.

a) Bestimmen Sie die Momentanpole der Stäbe 1 bis 3! (Das ist ein Befehl!)
b) Können Sie die Winkelgeschwindigkeiten der Stäbe 2 und 3 in der skizzierten Stellung bestimmen? (Nein! – und damit habe ich die Frage *völlig korrekt* beantwortet …)

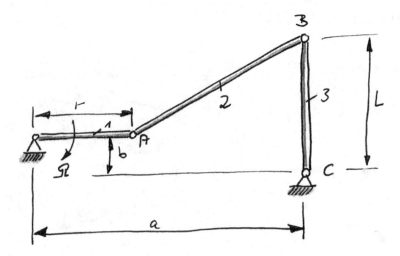

Abb. 3.16 Modell einer Antriebskurbel

c) Für welche Stellung sind die Winkelgeschwindigkeiten der Stäbe 2 und 3 gleich groß? (Wozu muss ich das rechnen? Antwort: Es ist leicht vorstellbar, dass solche Fragestellungen im modernen High-Mech-Zeitalter „wichtig" sind!)

Gegeben: Ω, beliebige Länge c, L = 4c, a = 10c, b = 2c, r = 3c.

a) Aus den Kochrezepten oben folgen die Momentanpole Q1, Q2 und Q3 (Abb. 3.17).

b) Für die Geschwindigkeit v_A und Stab 1 gilt: $v_A = \Omega\, r$. Dasselbe muss natürlich auch für Stab 2 gelten, wenn das Gelenk nicht auseinanderfliegen soll:

$$v_A = \omega_2(a - r)$$

$$\Rightarrow \omega_2 = r\,\Omega/(a - r) = 3\,\Omega/7.$$

Macht man dasselbe für Stab 3, so ergibt sich:

$$v_B = L\,\omega_3 = (L - B)\,\omega_2 \Rightarrow \omega_3 = 3\Omega/14$$

Der Clou bei der Sache ist also oft, dass man die Geschwindigkeiten zweier Bauteile an den Verbindungsgelenken gleichsetzt und auf zwei Wegen mittels zweier Winkelgeschwindigkeiten diese Geschwindigkeiten berechnet!

c) Tja, ein bisschen rumprobieren … und schwups: Da ist die Lösung … (Herr Dr. Hinrichs postuliert, dass es auch ohne „rumprobieren" zu gehen hat.)

Was wir bis hier jedoch komplett vernachlässigt haben, ist die Abhängigkeit der Variablen x, v, a, H, φ, $\dot\varphi$, $\ddot\varphi$ … von der Zeit.

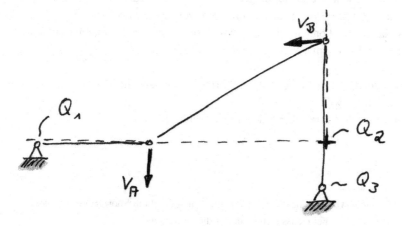

Abb. 3.17 Momentanpole für die Antriebskurbel aus Abb. 3.16

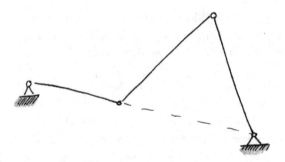

Um das noch etwas klarer zu sagen: Alle Überlegungen des dicken Stapels von Seiten, die ihr schon durchgearbeitet habt, beziehen sich nur auf einen Zeitpunkt – eine Momentanaufnahme. Nun geht es aber richtig los: Wir wollen uns der Bewegung innerhalb eines längeren Zeitraumes zuwenden – und als Fernziel auch die Kräfte berücksichtigen, die zu den Bewegungen führen bzw. diese beeinflussen. Und damit kommen wir zur

kin e t i k!

3.2   Kinetik

3.2.1   Der Energiesatz

Der Energiesatz ist eigentlich auch nur eine Volksweisheit in wissenschaftlicher Verpackung: Alles, was irgendwie reingeht, kommt auch wieder raus. Das kennt jede(r) vom ~~Portmonä Portmoney Portemonnee Portmonai~~ von seiner Geldbörse …

Dieselbe Bilanz können wir auch mit unserer Nahrungsaufnahme aufstellen: Alles, was wir so im Laufe einer Woche zu uns nehmen, wird

a) in Energie, d. h. Sport oder einfach Wärme, umgewandelt[2],
b) unsere Taille erweitern[3] oder
c) in flüssiger oder fester Form wieder ausgeschieden[4].

---

[2]Herr Dr. Hinrichs wirft ein, dass es sich hier nicht unbedingt um Sport handeln müsse.
[3]Herr Dr. Hinrichs wirft ein, dass sich nicht nur die Taille erweitert.
[4]Herr Dr. Romberg wirft ein, dass einige Absonderungen auch gasförmig sein können.

Wenn wir also die Energie der aufgenommenen Nahrung wie bei einer Diät mit den Kilojoules zusammenzählen und einmal die aufgenommene und wieder ausgeschiedene Masse wiegen ... oder abschätzen, dann könnten wir eigentlich ausrechnen, wie viel Arbeit wir geleistet haben (Enegiebilanz)!

Mit einer derartigen Bilanz können wir also für längere Zeiten ... na ja, *bilanzieren!* Und es ist ja jedem bekannt, dass man, um abzunehmen, entweder weniger essen muss, mehr Sport treiben sollte oder sich einfach das Fett absaugen lässt (Maßnahme der gelifteten Damen, mit denen Herr Dr. Hinrichs ab und zu in El Arenal gesehen wird).

Nun zu den Bewegungsvorgängen: Alles, was in unsere bewegten Körper reingeht, muss auch irgendwo bleiben oder wieder rauskommen. Ein Beispiel: Werfen wir einen Ball in einen Sandsack, dann wird die Wurfenergie voll in die Verformung des Sandsackes umgewandelt.

Wenn der Ball aber beim Sportfest nach 20 m über den Rasen kullert, dann wird die Wurfenergie erst mal einen kleinen Krater verursachen. Die Restenergie wird dann durch die Reibung und die Verformung der Grashalme beim Rollen über den Rasen verbraucht. Die Summe aus der Verformungsenergie (Krater, Grashalme) und der verbrauchten Energie bei den Reibvorgängen beim Rollen ergibt die anfängliche Wurfenergie. (Herr Dr. Hinrichs weist noch auf den Luftwiderstand hin).

Also, die Gesamtenergie bleibt während des gesamten Bewegungsvorgangs konstant. Dem Krater ist es allerdings völlig egal, ob er durch den Fall des Balles von einem Turm der Höhe H (also infolge einer sogenannten potenziellen Energie im Schwerefeld der Erde), durch den Abschuss des Balles mit einer Zwille (potenzielle Energie einer Feder) oder durch die Anfangsgeschwindigkeit des Wurfes (kinetische Energie) entstanden ist.

Um mit einer derartigen Bilanz überhaupt rumrechnen zu können, muss man somit zunächst eine Tabelle mit den Energien in den verschiedensten Formen erstellen (ähnlich wie die Diättabelle, in der für jedes Nahrungsmittel die Zahl der Joules angegeben ist, die der Diätirrende von sich gibt). Voilà, hier ist sie (Tab. 3.1).

Der Energie(erhaltungs)satz für den Zustand 1 und einen späteren Zustand 2 lautet dann:

$$E_{pot,1} + E_{kin,1} + [E_{diss} + E_{zu}] = E_{pot,2} + E_{kin,2}.$$

In der eckigen Klammer stehen die Energieänderungen infolge wirkender Kräfte während der Bewegung von 1 nach 2. Die Energien zu den Zeitpunkten 1 und 2 setzen sich in der Regel aus der potenziellen und der kinetischen Energie zusammen.

Diese Höllenformel liest sich dann etwa so: Die Energie zum Zeitpunkt 2 (Index 2) entspricht der Energie zum Zeitpunkt 1 vergrößert um die während der Bewegung von 1 nach 2 zugeführte Energie. Man bemerke, dass durch die Reibung immer Energie entzogen wird, d. h. $E_{diss} \leq 0$. Viele Aufgabenstellungen gehen davon aus, dass während einer Bewegung keine Energie verbraucht und zugeführt wird – eine Annahme, die dafür sprechen würde, dass es ein Perpetuum mobile gibt!

Tab. 3.1 Energietabelle

Klasse	Ursache	Symbol	Berechnung
	Allgemein		$E = W = \int F dx$
	Schwerefeld hier: geeignetes Bezugsniveau ($E_{pot} = 0$) wählen!		$E_{pot} = U = mgH$
Potenzielle Energie: $E_{pot} = U$	Sonderfälle	Feder, elastische Verformungen		$E_{pot} = U = \frac{1}{2} c\, x^2$, Drehfeder: $E_{pot} = U = \frac{1}{2} c_\varphi\, \varphi^2$
		Gravitation		$E_{pot} = U = \Gamma \dfrac{Mm}{r}$ mit $\Gamma = 6{,}672 \cdot 10^{-11}$ $[m^3/(kg\ s^2)]$
		Reine Translation (geradlinige Bewegung)		$E_{kin} = T = \frac{1}{2} m\, \dot{x}^2$
Kinetische Energie: $E_{kin} = T$		Reine Rotation		$E_{kin} = T = \frac{1}{2} J^Q\, \dot{\varphi}^2$

(Fortsetzung)

Tab. 3.1 (Fortsetzung)

	Translation und Rotation		$E_{kin} = T = \dfrac{1}{2} J^Q \dot{\varphi}^2$ **oder** $E_{kin} = \dfrac{1}{2} J^C \dot{\varphi}^2 + \dfrac{1}{2} m \dot{x}^2$
Ver-brauchte (dis-sipierte) Energie:	Kräfte entgegen-gesetzt zur Bewegungs-richtung	$F = $ const., z. B. Coulombsche Reibung mit $F = \mu\, F_N$	$E_{diss} = F\, s$
$E_{diss} < 0$		Plastische Verformung, $F = f(x)$	$E_{diss} = \int F dx$
Zugeführte Energie: $E_{zu} > 0$	Kräfte in Bewegungsrichtung		$E_{zu} = \int F dx$

Wer nachdenkt, der weiß, dass es so etwas nicht gibt. Derartige Systeme nennt man dann auch konservativ (lat.: „nicht nachdenken"). In solchen Fällen kann man die folgende Vereinfachung des Energiesatzes verwenden:

$$E_{pot,1} + E_{kin,1} = E_{pot,2} + E_{kin,2} = E_{ges} = \text{const.}$$

Man schreibt dann auch oft einfach

$$T_1 + U_1 = T_2 + U_2,$$

wobei die T eben die kinetischen und die U die potenziellen Energien darstellen. Die Indizes beziehen sich auch hier auf vorher (Zeitpunkt 1) und nachher (Zeitpunkt 2). *Bei der potenziellen Energie ist es gaaaaanz wichtig, ein geeignetes Nullniveau zu wählen.* Hier ist es meistens sinnvoll, einen der beiden potenziellen Energieausdrücke (U) „auf null zu setzen".

Obwohl wir fast alle wissen (bis auf Herrn Dr. Romberg, der die Forschungen noch nicht abgeschlossen hat), dass es kein Perpetuum mobile gibt, liegt nach Auffassung führender Mechaniker ein solches vor, wenn der kleine Zusatz „reibungsfrei" oder „ungedämpft" in der Aufgabenstellung zu finden ist. Für diesen Sonderfall ist die Gesamtenergie des Systems Eges konstant.

Wenden wir uns nun einem typischen Anwendungsfall zu.

3.2.1.1 Nominativ, Genitiv, Dativ, Akkusativ ... und der freie Fall

Stellen wir uns das Raumschiff Enterprise vor (das können aber nur noch alte echte Trekkies aus den Six-Seventies des 20. Jahrhunderts), wie es mit Warp 3 durch die Galaxis fliegt. Es benötigt infolge der Schwerelosigkeit und des Vakuums keinen Antrieb mehr, wenn die „Reisegeschwindigkeit" einmal erreicht ist und Captain James Tiberius Kirk keinen bremsenden Meteoritenhagel (Herr Dr. Romberg weist darauf hin, dass hier auch die Gefahr eines Wurmloches besteht) ins Logbuch eintragen muss. Die Fahrt würde bis ans Ende aller Zeiten mehr oder weniger geradeaus ins Nirwana führen. (Weitere Anmerkung von Herrn Dr. Romberg: Nach seiner Auffassung – von der sich Herr Dr. Hinrichs an dieser Stelle bis zum Beweis des Gegenteils ausdrücklich distanzieren möchte – ist der Raum zeitlich gekrümmt[5]).

Anders sieht es aus, wenn man in irdischen Gefilden einen Körper mit einer Anfangsgeschwindigkeit v_1 aus der Höhe $y = y_1$ in Richtung Boden oder Himmel wirft (Zustand 1). Bekanntlich detonieren in der Regel diese Flugkörper nach endlicher Zeit mit einer Geschwindigkeit v_2 wieder auf dem Erdboden (Höhe $y_2 = 0$; Zustand 2). Eine derartige Flugbewegung wollen wir einmal näher unter die Lupe nehmen: Sehr schnell können wir unserer Energietabelle (Tab. 3.1) die für diese Bewegung auftretenden Energien entnehmen: Beim Abwurf (Zustand 1) liegen kinetische Energie infolge der Anfangsgeschwindigkeit und potenzielle Energie durch das Schwerefeld der Erde vor. Aus dem Energieerhaltungssatz folgt:

$$E_{ges} = E_{pot,1} + E_{kin,1} = m\,g\,y_1 + \frac{1}{2}m\,v_1^2 = E_{kin,2}$$
$$= m\,g\,y_2 + \frac{1}{2}m\,v_2^2 = \frac{1}{2}m\,v_2^2.$$

Diese Formel gilt unabhängig davon, ob der Flugkörper nach oben oder unten geworfen wird! Warum eigentlich? Weil – wenn nach oben geworfen – der Flugkörper irgendwann auch wieder nach unten kommen muss ... und wegen der Energieerhaltung kommt er dann an der Abwurfstelle mit derselben Geschwindigkeit vorbei, mit der er abgeworfen wurde.

Wir können also zu jeder Abwurfhöhe y_1 über dem Boden die zugehörige Geschwindigkeit oder die maximale Flughöhe ausrechnen: Am höchsten Punkt der Flugbahn ist die Geschwindigkeit null – sonst würde der Körper ja noch weiterfliegen. Wir verlegen also einfach den Zustand 2 auf den höchsten Punkt der Flugbahn, sodass

---

[5]Hier scheinen die Autoren einen wunden Punkt in der Vergangenheit des Lektors erwischt zu haben: O-Ton: „Der Beweis wird heute schon von jedem, der GPS benutzt, angewendet. Bei den Satelliten muss die Zeitdilatation aufgrund der Erdmasse und der Geschwindigkeitsverhältnisse berücksichtigt werden, sonst wird der Ort am Erdboden falsch berechnet."

$\dot{y}_2 = 0$ gilt. Aus der obigen Formel folgt daher für den Sonderfall $y_1 = 0$ (d. h., wir lassen die y-Koordinate an der Stelle des Abwurfes loszählen):

$$y_2 = y_{max} = H = \frac{v_1^2}{2g}.$$

Und bei der Silvesterrakete wird jeder kleine Bubi die schlaue Mami oder den schlauen Papi mit der Frage nerven, wie lange denn die Rakete braucht, bis sie am höchsten Punkt angekommen ist. Um das zu beantworten, müssen wir uns kurz zurückziehen (Hustenkrampf oder Toilette vortäuschen) und ein paar kleine Rechnungen machen. (Hier eine kleine Warnung: Das ist nicht so ganz ohne, also lieber den kleinen Bubi draußen lassen!)

Fragt ein kleines Mädchen den Papa, einen Dr.-Ing. (Maschinenbau):
„Du Papa, warum hat Beethoven seine letzte Sinfonie nicht zu Ende geschrieben?"
„Äh ... weiß ich nicht, Du ..."
„Du Papa, was machen eigentlich Soziologen?"
„Äh ... mal überlegen ... Du, das weiß ich nicht, ich kenne keinen."
„Du Papa, warum gibt es in Afrika manchmal so schrecklich viele Heuschrecken und manchmal nicht?"
„Ähm ... äh ... davon hab ich gehört ... weiß nicht, aber ich muss schon sagen: Du stellst sehr gute Fragen. Frag ruhig weiter, denn aus Fragen kann man lernen!"

Wir wissen ja, dass die Gesamtenergie während des Fluges konstant bleibt:

$$E_{ges} = m\,g\,y + \frac{1}{2}m\,\dot{y}^2.$$

Wenn wir diese Gleichung aber nach der Zeit ableiten (holla!), dann folgt:

$$\frac{d}{dt}E_{ges} = 0 = m\,g\,\dot{y} + \frac{1}{2}2\,m\,\dot{y}\,\ddot{y}\,(\text{Kettenregel!}).$$

Dies teilen wir noch durch $\dot{y}$ und stellen um:

$$\ddot{y} = -g.$$

Is' ja Wahnsinn! Wir haben rausgefunden, dass auf den Körper im freien Fall (hier besser: im „freien Steigen") nur die Erdbeschleunigung g wirkt. (In der Regel reicht g = 10 m/s², für Herrn Dr. Hinrichs g = 9,81 m/s² – abhängig vom Ort auf der Erde und vom Abstand zum Erdmittelpunkt). Na klasse. Bevor wir nun den schreienden und an

der Tür kratzenden Youngster wieder ins Zimmer lassen können, müssen wir aus der
Beschleunigung $\ddot{y}$ noch die Geschwindigkeit $\dot{y}$ und die Höhenkoordinate y in Abhängigkeit von der Zeit berechnen:

$$\dot{y}(t) = \int\limits_0^t \ddot{y}(t)\ dt = -g\ t + v_0$$

mit v_0:=Anfangsgeschwindigkcit für t=0
   und

$$y(t) = \int\limits_0^t \dot{y}(t)dt = -\frac{1}{2}g\ t^2 + v_0\ t + y_0$$

mit y_0:=Abwurfhöhe für t=0.
Oder wie es die antiken Helden der Mechanik treffend formulieren [8]:

> Wird ein Körper aufwärts geworfen, so flösst ihm die gleichförmige
> Schwere Kräfte ein, und nimmt ihm den Zeiten proportionale
> Geschwindigkeiten. Die Zeit des Aufsteigens zur größten Höhe verhält sich wie
> die fortzunehmenden Geschwindigkeiten und jene Höhen, wie die
> Geschwindigkeiten und Zeiten zusammen, oder sie stehen im doppelten
> Verhältniss der Geschwindigkeiten. Die Bewegung eines längs einer geraden
> Linie geworfenen Körpers, welche aus dem Wurfe hervorgehen muss, wird
> mit der Bewegung zusammengesetzt, die aus der Schwere entspringt.

Alles klar?
Für die Berechnung der Flugzeit t_{max} bis zur Höhe y_{max} ergibt sich mit $\dot{y}(t_{max}) = 0$

$$t_{max} = \frac{v_0}{g}.$$

Also denn, lasst den jungen Burschen mal rein … (Wenn er dann natürlich nach der
Anfangsgeschwindigkeit der Rakete fragt, herzliches Beileid. Und überhaupt, die Rakete
wird ja am Anfang immer schneller, es wirkt also eine beschleunigende Kraft. Blödes
Beispiel!) An dieser Stelle zeigt Herr Dr. Romberg gern seine Narben und plaudert aus
seiner Kindheit, in der er eine Stufenrakete aus zwei zusammengeschraubten und über
eine Lunte miteinander verbundenen Silvesterraketen entwickelt hatte – leider hat die
zweite Stufe erst *nach* dem oberen Umkehrpunkt gezündet.

Nun noch ein Beispiel In einem Schacht der Höhe H fällt ein Stein senkrecht nach unten. Nach der Zeit T hört man am Schachteingang einen kurzen erstickten Schrei (Schallgeschwindigkeit c).

a) Bestimmen Sie die Höhe H!
b) Wie groß ist der relative Fehler $\Delta H/H$, wenn man die Zeit T als reine Fallzeit deutet?

Gegeben: $T = 15$ s, $g = 9,81$ m/s^2, $c = 330$ m/s.

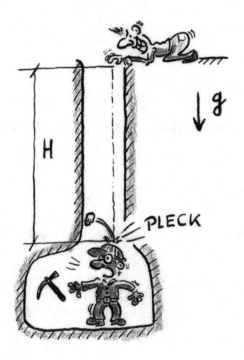

a) Die Formel für die Wurfbewegung ergibt

$$x(t_{Fall}) = H = \frac{1}{2} g t^2 + v_0 t + x_0$$

mit $v_0 = 0$ und $x_0 = 0$

$$\Longrightarrow t_{Fall} = \sqrt{\frac{2H}{g}}.$$

Der Schall breitet sich mit $x(t) = -c\,t$ von der Auftrefffläche aus, also

$$t_{Schall} = \frac{H}{c}.$$

Die Gesamtzeit T ergibt sich aus der Summe der beiden Zeiten:

$$T = t_{Fall} + t_{Schall}.$$

$$\Longrightarrow 15 = \sqrt{\frac{2H}{g}} + \frac{H}{c}$$

$$\Longrightarrow H + c\sqrt{\frac{2}{g}}\,\sqrt{H} - 15\,c = 0.$$

Mit der p-q-Formel (Herr Dr. Hinrichs benutzt hier lieber den Satz von Vieta) ergibt sich

$$\sqrt{H}_{1,2} = -c\sqrt{\frac{1}{2g}} \pm \sqrt{\frac{1}{2g}c^2 + 15\,c}.$$

Die einzige sinnvolle Lösung ist mit den gegebenen Zahlenwerten:

$$H = 782{,}3\,\text{m}.$$

b) Die Vernachlässigung der vom Schall benötigten Zeit führt auf

$$t_{Fall} = T = \sqrt{\frac{2H}{g}},$$

also $H^* = T^2 g/2 = 1103{,}6\,\text{m}$,

$$\Delta H = H^* - H = 321{,}3\,\text{m}$$

$$\Longrightarrow \text{relativer Fehler}: \Delta H/H = 321{,}3/782{,}3 = 0{,}41.$$

(Jede(r), die/der einen anderen relativen Fehler ausgerechnet hat, muss in seiner Lösung nach einem absoluten Fehler suchen.)

FEHLERSUCHE

Als Grundannahme für alles Vorhergehende haben wir euch untergejubelt, dass der Wurf bzw. der freie Fall unseres Flugkörpers immer schön in Richtung der Erdbeschleunigung erfolgt. Das ist natürlich für alle möglichen Wurfbewegungen eine so unzulässige Einschränkung, wie wenn man den Zoo nur für Ameisenbären öffnen würde. Daher nun den allgemeineren Fall, den sogenannten schiefen Wurf.

3.2.1.2 Schiefer Wurf

Mit der Problematik einer weiteren Sonderform einer Wurfbewegung, einem horizontalen Abwurf, haben sich schon berühmte Köpfe auseinandergesetzt [8]:

> Könnte der Körper A, vermöge der Wurfbewegung allein, in einer gegebenen Zeit die gerade Linie AB beschrieben und vermöge der Fallbewegung allein, in derselben Zeit die Höhe AC zurücklegen, so wird er sich, wenn man das Parallelogramm ABDC vollendet, bei zusammengesetzter Bewegung, am Ende jener Zeit im Punkte D befinden. Die Kurve ACD, welche er beschreibt, ist eine Parabel.

Obwohl hier der Sachverhalt auf den Punkt gebracht ist, einige zusätzliche Erläuterungen: Bei einem waagerechten Wurf von Punkt A (Abb. 3.18) wird im luftreibungsfreien Fall der geworfene Gegenstand genauso schnell in Punkt D auf dem Boden gelangen, wie wenn er von Punkt A fallen gelassen wird und in Punkt C aufschlägt. Die allgemeine Wurfparabel ist daher eine Überlagerung der Bewegungen:

- Horizontale Bewegung mit gonsdander ($\leftarrow$ Gemnitz) Geschwindigkeit v_x:

$$a_x = 0, v_x = \text{const.}, x = v_x t.$$

Abb. 3.18 Experiment zum „waagerechten Wurf"

- Vertikale Bewegung mit Beschleunigung infolge der Erdbeschleunigung:

$$a_y = -g, \ v_y = -g\,t, \ y = -\frac{1}{2}\,g\,t^2$$

Easy, oder? Der horizontale Wurf wird also durch die gleichen Gleichungen gleich beschrieben wie der vertikale Wurf – nur durch Hinzunahme der Bewegung in horizontaler Richtung. Das Ganze kann man sich also ungefähr so vorstellen wie in Zeichentrickfilmen, in denen eine Figur mit einem wütenden Verfolger im Nacken über die Klippe hinaus geradeaus läuft, in der Luft zum Stehen kommt, einen Blick nach unten wagt und dann – mit Entsetzen in den Augen – senkrecht nach unten fällt: Die Realität ist zwar anders, das Resultat aber dasselbe. (Herr Dr. Romberg fände hier das klassische Paar „Kojote und Roadrunner (beep! beep!)" passend).

Un nu zum schiefen Wurf[6]:

---

[6]O-Ton Herr Dr. Romberg: „Die abgebildeten Tierstudien sehen doch aus wie von Dürer, oder?".

DER SCHIEFE WURF

Im Folgenden wenden wir uns ganz praktisch einer beliebten Freizeitbeschäftigung der Mechaniker zu: Kirschkerntennis. Angenommen, man wolle spuckenderweise einen Kirschkern aus der Höhe H in ein Ziel in der Entfernung L in der Höhe h befördern: wie tun, wie viel Speed und welche Rotzneigung α?

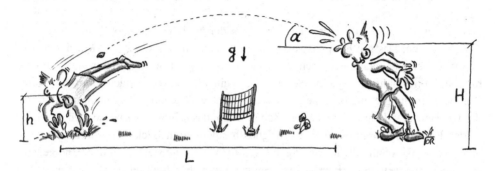

Auch hier können wir die zwei Bewegungen zunächst einmal zerlegen:
Die Anfangsgeschwindigkeit beträgt:

$$v_x = v_0 \cos\alpha,$$

$$v_y = v_0 \sin\alpha.$$

Mit diesen Geschwindigkeitskomponenten können wir aber in bekannter Manier für die x- und y-Richtungen getrennt weiterrechnen:

$$x(t) = v_x t = v_0 \cos\alpha\, t,$$

$$y(t) = v_y t - 0{,}5\, g\, t^2 + H = v_0 \sin\alpha\, t - 0{,}5\, g\, t^2 + H.$$

Zum Zeitpunkt t* soll der Kirschkern im Ziel auftreffen. Es gilt:

$$x(t^*) = L = v_0 \cos\alpha\, t^*,$$

$$y(t^*) = h = v_0 \sin\alpha\, t^* - 0{,}5\, g\, t^{*2} + H.$$

Ein Praktiker wird für eine Woche mit einer Dose Fisch in einer Höhle eingesperrt – nach der Woche ist die gesamte Wand durch die Würfe des Handwerkers demoliert – Dose auf, Praktiker lebt!

Danach wird ein Ingenieur derselben Prozedur ausgesetzt- nach der Woche ist die ganze Wand mit Gleichungen vollgeschrieben (Wurfparabel!), eine Stelle der Wandung beschädigt, Dose an berechneter Stelle geöffnet, Ingenieur lebt.

Und dann der Mathematiker: Nach der Woche ist die ganze Höhle vollgeschrieben, Mathematiker tot mit einem zufriedenen Lächeln auf den Lippen – an der Decke steht: „Annahmen: Die Dose sei offen, oder ich habe keinen Hunger."

Damit stehen uns aber zwei Gleichungen mit den Unbekannten α und v_0 zur Verfügung. Die Auflösung dieses eher mathematischen Problems überlassen wir den Freiwilligen unter euch, die Herrn Dr. Hinrichs nacheifern wollen. Und an die Heißdüsen mit den ersten an uns eingesendeten richtigen Lösungen verlosen wir einen Asbestanzug für die Angehörigen. Für alle anderen: Wichtig ist hier das Prinzip der Überlagerung – hat man das verstanden, ist der Rest ein Klacks!

Und nun noch ein wichtiger Trick: Die Wahl der Nulllage der Koordinaten ist jedem frei überlassen. Das gilt beispielsweise für die Nulllagen von x, y und t. Mit der richtigen Wahl derselben kann man sich aber eine Menge Arbeit in Form seitenweiser algebraischer Umformungen ersparen. So macht es keinen Sinn, die Zeitachse mit Herrn Dr. Rombergs Entjungferung beginnen zu lassen – wer weiß schon, wann das war (oder mit der von Herrn Dr. Hinrichs – wer weiß schon, wann das sein wird). Ebenso wenig erfreut es den Fragenden, wenn wir bei der Wegbeschreibung zum Bäcker am Nordpol beginnen, obwohl wir damit alle notwendigen Infos zur Verfügung stellen würden. ~~Und genau sowenig erscheinen einige Leerbücher geeignet, einen direkten Zugang zur Mechanik zu finden. Man kann zwar theoretisch mit diesen Werken zum Ziel kommen, aber~~ ....Also unbedingt beachten:

Immer an den Start – oder Zielzustand den Nullpunkt der Koordinaten legen!
Für das letzte Beispiel heißt dies beispielsweise: Die Zeit zählt mit $t = 0$ los, wenn der Kirschkern den Mund verlässt. Die Koordinaten $x(t = 0) = 0$ und $y(t = 0) = H - h$ beschreiben die Abrotzposition. Eine derartige Wahl der Nulllage der y-Koordinate hat den Vorteil, dass sich am Ziel $y(t^*) = 0$ ergibt!!!

By the way – in den Gleichungen taucht keine Masse auf. Das berechnete Ergebnis ist also unabhängig davon, aus welchem Material der gerotzte Gegenstand besteht. Wenn also gerade kein Kirschkern zur Hand ist …

3.2.1.3 Energiesatz bei Rotation

Nun noch ein paar Takte zur Rotation: Bisher hatten wir ja nur die kinetische Energie für die translatorische (zur Erinnerung: drehfreie) Bewegung mit $E_{kin} = 0,5\ m\dot{x}^2$ berechnet. (Wer nicht weiß, woher die 0,5 kommt: andere Schreibweise für $\frac{1}{2}$ (oder auch ein Zweitel)).

Leider kann es aber auch vorkommen, dass ein Körper rollt. Hierbei rotiert der Körper nicht nur – dann würde er ja an demselben Ort bleiben. Das Rollen, beispielsweise eines Zylinders, bedeutet vielmehr eine translatorische Bewegung des Schwerpunktes und zusätzliche Rotation. Beginnen wir zunächst mit der reinen Rotation.

Beispiel Herr Dr. Romberg (Masse m_R: 1,45 Zentner + 0,05 Zentner Notfallspirituosen) sitzt im Abstand r von der Drehachse auf einem Kinderkarussell. Nach mühsamer Antriebsarbeit von Herrn Dr. Hinrichs (Herr Dr. Romberg betätigt sich nur in Ausnahmefällen sportlich) bringt dieser das Karussell auf eine Winkelgeschwindigkeit $\omega_{R,1}$.

Herr Dr. Romberg lehnt sich genüsslich zurück, um mit einer Flasche Bier im Abstand r (Karussellradius) vom Drehpunkt allein zu sein. Seine kinetische Energie (Index R) beträgt

$$E_R = \tfrac{1}{2} m_R\, v_R^2 = \tfrac{1}{2} m_R\, \omega_{R,1}^2\, r^2.$$

Herr Dr. Hinrichs kann's wieder mal nicht lassen und fummelt ein wenig an dieser Gleichung herum:

$$E_R = \tfrac{1}{2}\, m_R\, \omega_{R,1}{}^2\, r^2 = \tfrac{1}{2}\, m_R\, r^2\, \omega_{R,1}{}^2 = \tfrac{1}{2}\, J_R\, \omega_{R,1}{}^2.$$

Hierdurch stößt er auf eine neue Größe, nämlich J_R, die auch *Massenträgheitsmoment* genannt wird. Eine gewisse Analogie mit der Masse bei der Translation ist nicht zu verkennen. So wie die Masse eine Art Widerstand gegen Bewegung darstellt, so stellt das Massenträgheitsmoment eine Art Widerstand gegen Drehung dar. Das Ergebnis der Fummelarbeit von Herrn Dr. Hinrichs, nämlich

$$J_R = m_R\, r^2$$

zeigt in voller Schönheit, worauf es beim Massenträgheitsmoment ankommt, nämlich erstens auf die Masse selbst (sonst gäbe es ja keine Trägheit) und zweitens auf den Abstand der Masse von der Drehachse. Letzteres zeigt aber noch etwas anderes: Das Massenträgheitsmoment ist offensichtlich vom Bezugspunkt abhängig!

Die Energie E_R berechnet man nun gemäß

$$E_R = \tfrac{1}{2}\, J_R\, \omega_{R,1}{}^2,$$

wenn man einmal die Masse des Karussells vernachlässigt!!! Diese Formel ist eigentlich ähnlich aufgebaut wie die für die translatorische Bewegung:

1. Der Masse m für die translatorische Bewegung entspricht also bei der Rotation das J, welches auch das Massenträgheitsmoment genannt wird. Herr Dr. Hinrichs wird nun sagen, dass in dem Beispiel des Herrn Dr. Romberg die Trägheit unendlich groß sein wird[7].

Für die Energiebetrachtung ist es von entscheidender Bedeutung, wo der Genießer Platz genommen hat: Sitzt er auf der Drehachse, so ist er sehr leicht in Rotation zu versetzen ($\Rightarrow$ Trägheit(smoment) J klein, Energie klein). Hängt er aber im Sessel im Abstand r = 1 km von der Drehachse, dann ist das Karussell nur mit großem Energieaufwand zu beschleunigen ($\Rightarrow$ Trägheitsmoment J groß, Energie groß). Das Massenträgheitsmoment hängt natürlich dann auch vom Ort des Drehpunktes ab. *Die gleiche Masse kann also verschiedene Trägheitsmomente verursachen.* Das Massenträgheitsmoment J_R hängt – entsprechend dem Flächenträgheitsmoment – quadratisch vom Radius r ab:

$$J_R = (m_R + m_{Spirituosen})\, r^2.$$

---

[7]Herr Dr. Hinrichs behauptet andererseits auch, Herr Dr. Romberg sei das einzige Objekt im Universum, das ein bisschen Masse, aber keine Energie besitzt.

2. Der Geschwindigkeit v für die translatorische Bewegung entspricht für die Rotation die Winkelgeschwindigkeit $\dot{\varphi} = \omega$. Diese geht – entsprechend der Geschwindigkeit bei der translatorischen Energie – quadratisch in die Berechnung der Energie ein. Mit der Formel kann Herr Dr. Hinrichs nebenbei also die Energie berechnen, die er Herrn Dr. Romberg zugeführt hat.

Nach dieser Rechenzeit von ungefähr 15 s steigt Herr Dr. Hinrichs (Masse $M = 1{,}95$ Zentner $+ 0{,}05$ Zentner wissenschaftliche Literatur) aus der Ruhe ebenfalls auf das Karussell im Abstand r, weil er sich – selbstverständlich aus wissenschaftlichen Gründen – dem Lebensgefühl eines zentripetal beschleunigten Körpers aussetzen möchte. Was passiert dabei?

Klar – das Karussell wird langsamer. Der Grund hierfür ist, dass die Energie des Herrn Dr. Romberg nun von beiden Personen genutzt wird (Man könnte auch sagen: Herr Dr. Hinrichs schmarotzt). Die Energie E_1 teilt sich also auf in E_R (Romberg) und E_H (Hinrichs):

$$E_1 = E_2 = E_R + E_H = \frac{1}{2} J_R (\omega_{R,2})^2 + \frac{1}{2} J_H (\omega_{H,2})^2.$$

Als Zwangsbedingung dafür, dass beide auf demselben Karussell sitzen, gilt weiterhin

$$\omega_{R,2} = \omega_{H,2} = \omega_2.$$

Und nun eine kleine Alternative: Man kann natürlich als *Theoretiker* auch davon ausgehen, dass die beiden akademischen Körper auch zu einem Körper – natürlich nur theoretisch – miteinander verschmelzen. Man tut also nur so, als ob die Körper miteinander eins werden; die Realität ist natürlich anders. In diesem Fall können wir die Energie E_2 etwas einfacher schreiben:

$$E_2 = \frac{1}{2} J_G \omega_2^{\,2}.$$

Für das Gesamtmassenträgheitsmoment der verschmolzenen Körper gilt dabei:

$$J_G = (m_R + m_H + m_S + m_L)\, r^2.$$

Noch eine kleine, wichtige Anmerkung: Für die Energiebetrachtung ist es völlig unerheblich, ob

a) die Doctorissimi Romberg und Hinrichs auf einem Sitz des Karussells oder auf gegenüberliegenden Sitzen hocken,
b) Dr. Hinrichs aufrecht im Abstand r von der Drehachse sitzt oder in einem Kreisbogen mit Radius r im Abstand von der Drehachse liegt.

Im Folgenden ereignet sich für einen der beiden Mitfahrer eine persönliche Tragödie: Infolge seines zunehmend fahrigeren Handlings verliert er eine volle Bierflasche in radialer Richtung. Während er den Tränen nahe ist und sich mit der letzten verbliebenen Bierflasche tröstet, geht Herr Dr. Hinrichs der „Mechanik der Tragödie" auf den Grund. Besonders interessiert ihn hierbei, was mit der Winkelgeschwindigkeit des Karussells *kurz* nach dem „Wegfall" der Flasche passiert. Wird die Winkelgeschwindigkeit des Karussells kleiner, weil ja Energie mit der wegfliegenden Flasche weggenommen wird?

Von der Kreisbewegung wissen wir ja schon, dass die Umfangsgeschwindigkeit $v = \omega$ R beträgt. Mit dieser Geschwindigkeit v wird der Körper also tangential aus der Kreisbahn geschossen. Vor dem inneren Auge des Dr. Hinrichs laufen nun die Gleichungen für die Energiebilanz ab:

$E_2 = E_3$, also

$$\frac{1}{2} J_G \, \omega_2^2 = \frac{1}{2} (J_G - m_{Bierflasche} \, R^2) \, \omega_3^2 + \frac{1}{2} m_{Bierflasche} v^2.$$

Und wenn Herr Dr. Hinrichs dann die Gleichungen noch durchkoffert, dann stellt sich komischerweise heraus, dass $\omega_2 = \omega_3$ ist. Aber das ist ja auch von der Anschauung klar:

Für den vorliegenden Bewegungszustand ist es egal, ob die Bierflasche im Zustand 2, also vor der Tragödie, in Verbindung mit Herrn Dr. Romberg steht – oder ohne Verbindung mit dem Karussell an einer unsichtbaren Stange (im Radius R mit der Winkelgeschwindigkeit ω_2) um die Drehachse vor der roten Nase von Herrn Dr. Romberg schwebt. Dann muss sich aber auch die Bewegung des Karussells nicht ändern, wenn sich irgendwann die Flasche von der Stange löst und auf dem Erdboden zerschellt.

Oder andersrum: Herr Dr. Hinrichs ist *aus der Ruhe* auf das Karussell aufgestiegen, musste also durch das Karussell mit Energie versehen werden, während die Bierflasche den Bewegungszustand und damit die Energie nicht ändert.

Dies ist also wieder einmal ein Beispiel für die unterschiedliche Wahl der (Bezugs-) Systeme: Zunächst hatten wir Herrn Dr. Romberg und Herrn Dr. Hinrichs als separate Systeme betrachtet, dann die Verschmelzung der beiden und zuletzt die Verschmelzung ohne Bierflasche als ein System und die Bierflasche als zweites System.

Nun aber noch einmal zurück zum Massenträgheitsmoment. Der Abstand der Masse von der Drehachse muss für die Rotationsenergie eine entscheidende Rolle spielen. Diese Abhängigkeit (und der gewählte Buchstabe J) erinnern aber stark an das Flächenträgheitsmoment in Kap. 2.

Im Folgenden bezeichnen wir mit J^Q das Massenträgheitsmoment des Körpers bezüglich eines (ortsfesten) Drehpunktes Q. Der Drehpunkt steht im Folgenden also stets oben beim J rechts in der Ecke, und die Indizes rechts unten bezeichnen die Drehachse. Die Einheit des Massenträgheitsmomentes ist [kg m^2].

Auch das Massenträgheitsmoment ist natürlich für einige Standardkörper als Tabelle gegeben (Tab. 3.2) – das Karussell mit Bierflasche sucht man hier allerdings vergeblich.

Tab. 3.2 Die wichtigsten Massenträgheitsmomente

Zylinder und Kreisscheibe: (kurzer Vollzylinder, h = 0, r = 0) Kreisring: (kurzer Hohlzylinder, h = 0, r = R)		$J_{xx} = J_{zz} = \dfrac{m}{4}\left(R^2 + r^2 + \dfrac{h^2}{3}\right)$ $J_{YY} = \dfrac{1}{2}mR^2$ Sonderfall: rollender Zylinder auf ruhender Unterlage: $J_{yy}^Q = \frac{3}{2}\,mR^2$, Q: Auflage„punkt"
Dünner Stab		$J_{xx}^C = J_{zz}^C = \frac{1}{12}\,mh^2$ $J_{yy} = 0$ $J_{xx}^A = J_{zz}^A = \frac{1}{3}\,mh^2$
Quader		$J_{xx}^C = \frac{1}{12}\,m(h^2 + l^2)$ (J_{yy}^C und J_{zz}^C berechnen sich analog)

Und wenn ein Körper komisch durch die Gegend eiert, also beispielsweise rollt, können wir immer den Momentanpol des Körpers ermitteln und dann die kinetische Energie für *reine Rotation* um den Momentanpol bestimmen:

$$E_{kin} = \frac{1}{2}\,J^Q \omega^2.$$

Aber oh weh! Wie rechnen wir aus den gegebenen Massenträgheitsmomenten die Massenträgheitsmomente um einen um den Abstand d verschobenen Punkt aus (beispielsweise das Massenträgheitsmoment eines rollenden Zylinders bezüglich seines Auflagepunktes, also seines Momentanpols)? Wie beim Flächenträgheitsmoment hilft uns da der Satz von Steiner:

$$J_{xx}^Q = J_{xx}^C + m\,d^2.$$

Für den rollenden Zylinder ergibt sich dann

$$J_{yy}^Q = J_{yy}^C + m\,R^2 = \frac{3}{2}\,m\,R^2.$$

(Zur Übung verifiziere man das Ergebnis in Tab. 3.2 für den rollenden Zylinder und den um A und C kippenden Stab!)

Zur Übung *sollt auch ihr* das Ergebnis in der Tabelle für den rollenden Zylinder und den um A und C rotierenden Stab *verifizieren!!!*

Puh, that was hard stuff! Aus pädagogisch-didaktischen Gründen erachtet es Herr Dr. Hinrichs als sehr wertvoll, an dieser Stelle gleich mit einem schönen Beispiel aufzuwarten. O-Ton: „Das rundet die Sache unglaublich ab!"

Die Aufgabe stammt aus der Vergangenheit des Herrn Dr. Romberg. (Keine Angst, mit den ganz finsteren Kapiteln wollen wir uns auch an dieser Stelle nicht beschäftigen). Gegenstand der Untersuchung wird das Friesenabitur, bei dem Herr Dr. Romberg größere Erfolge erringen konnte als bei anderen Abituranläufen. Disziplin: Teebeutelweitwurf (Abb. 3.19).

Gesucht ist die Wurfweite x_{max} bei gegebenem $R = 1$ m, $\omega = 1/s$, Abwurfhöhe $H = 1{,}5\,R$, Abwurfwinkel $\alpha = 45°$, $g = 10\,\left[\mathrm{m/s^2}\right]$.

Zunächst stellen wir den Energieerhaltungssatz für die Zeitpunkte direkt vor und nach dem Abwurf des Teebeutels auf, um die Abwurfgeschwindigkeit rauszukriegen:

$$E_{ges} = \frac{1}{2}\,J\,\dot{\varphi}^2 + mgH = \frac{1}{2}\,mR^2\,\omega^2 + mgH\ (\text{vorher}) = \frac{1}{2}\,mv^2 + mgH\ (\text{nachher}).$$

Abb. 3.19 Teebeutelweitwurf

Nach umfangreichen Umformungen erhalten wir $v = R\omega = 1$ m/s. Na klasse! Das wuss-
ten wir auch schon von der Kreisbewegung. Also viel Rauch um nichts.

Nun noch schnell die Wurfgleichungen abgeschrieben (Nullpunkt der y-Koordinate:
Ziel Boden, Nullpunkt x-Koordinate: Abwurfstelle, Nullpunkt Zeitachse: Abwurf,
Ankunft Boden t*):

$$x\left(t^*\right) = v_x t^* = v \cos\alpha\, t^* = x_{max}.$$

$$y\left(t^*\right) = v_y t^* - 0{,}5\,g\,t^{*^2} + H = v \sin\alpha\, t^* - 0{,}5g\,t^{*^2} + H = 0.$$

Auflösen ergibt dann … $t^* = 0{,}623$ s und $x_{max} = 0{,}4405$ m.[8]

Als Nächstes wollen wir uns nun doch etwas mehr den Kräften zuwenden. Und damit
kommen wir zu den Gesetzmäßigkeiten des erlauchten Sir Isaac Newton.

3.3   Gesetze der Bewegung

In der Statik waren wir ja davon ausgegangen, dass ein Körper „statisch" ist, also in
Ruhe ist oder sich mit konstanter Geschwindigkeit bewegt, wenn die Summe der auf ihn
wirkenden Kräfte identisch null ist. Klar ist wohl auch, dass bei einem Ungleichgewicht

---

[8]Kommentar Herr Dr. Romberg: „Ich hab damals bei meinem Abi weiter geworfen. Wahrscheinlich hatte mein Teebeutel eine kleinere Masse." *Au weia!* Bitte an die Leser, diese unqualifizierte
Bemerkung nicht abzuspeichern: Die Masse spielt doch keine Rolle, Herr Dr. Romberg!!!!!! ($\leftarrow$
ja, ja, reicht) Herr Dr. Romberg insistiert: „Lieber Herr Dr. Hinrichs! Es ist doch wohl ganz klar,
dass man eine Kaffeetasse weiter werfen kann als einen Tresor!" Replik Herr Dr. Hinrichs: „Aber,
aber Herr Dr. Romberg! Wir wollen mal nicht die Grundannahme eines in beiden Fällen als gleich
anzunehmenden v_0 vergessen!"

der Kräfte, also einem „Kräfteüberschuss", eine Bewegungsänderung eintritt. Wie diese Bewegungsänderung quantifiziert werden kann, hat schon der alte Newton erkannt:

> 𝕯𝖎𝖊 Änderung 𝖉𝖊𝖗 𝕭𝖊𝖜𝖊𝖌𝖚𝖓𝖌 𝖎𝖘𝖙 𝖉𝖊𝖗 𝕰𝖎𝖓𝖜𝖎𝖗𝖐𝖚𝖓𝖌 𝖉𝖊𝖗 𝖇𝖊𝖜𝖊𝖌𝖊𝖓𝖉𝖊𝖓 𝕶𝖗𝖆𝖋𝖙 𝖕𝖗𝖔𝖕𝖔𝖗𝖙𝖎𝖔𝖓𝖆𝖑 𝖚𝖓𝖉 𝖌𝖊𝖘𝖈𝖍𝖎𝖊𝖍𝖙 𝖓𝖆𝖈𝖍 𝖉𝖊𝖗 𝕽𝖎𝖈𝖍𝖙𝖚𝖓𝖌 𝖉𝖊𝖗𝖏𝖊𝖓𝖎𝖌𝖊𝖓 𝖌𝖊𝖗𝖆𝖉𝖊𝖓 𝕷𝖎𝖓𝖎𝖊, 𝖆𝖓 𝖜𝖊𝖑𝖈𝖍𝖊𝖗 𝖏𝖊𝖓𝖊 𝕶𝖗𝖆𝖋𝖙 𝖜𝖎𝖗𝖐𝖙.

Bitte auswendig lernen und nie wieder vergessen:

$\sum F = m\,a = m\ddot{x}$ **oder** $m\ddot{y}$. (Newtonsches Axiom)[9]

Und noch ein wichtiger Tipp des Praktikers:

Obacht bei den Vorzeichen! Immer erst die Koordinaten x, y mit Richtungen festlegen, dann die Kräfte in diese Richtung mit positivem Vorzeichen und die gegen diese Richtungen mit negativem Vorzeichen einsammeln und aufsummieren. Erhält man als Ergebnis eine positive Summe, erfolgt eine Beschleunigung in positive Koordinatenrichtung und umgekehrt!

Das Newtonsche Axiom gibt als Sonderfall die Statik wieder: Da hier die Beschleunigung $a = 0$ ist, folgt $\sum F = 0$. Oder wir lesen die Gleichung umgekehrt: Ist die Summe der Kräfte gleich null, ist die Beschleunigung auch null! Ist hingegen die Summe der Kräfte ungleich null, können wir auf der rechten Seite der Gleichung die Beschleunigung berechnen.

Streng genommen haben wir die durch eine wirkende Kraft verursachte Bewegungsänderung ja schon erfolgreich untersucht: Beim freien Fall wirkt auf einen Körper ja einzig die Gewichtskraft $G = mg$. Bei den Gleichungen zur Beschreibung der Bewegung im freien Fall erhielten wir als Ergebnis der Beschleunigung $a(t) = \ddot{y}\,(t) = -g$. Dies hatten wir aber etwas umständlich aus dem Energiesatz hergeleitet.

Als Beispiel nochmal unser Kirschkern im freien Fall (Abb. 3.20).

Wenn ihr nicht mittlerweile die gesamten Statikkenntnisse wieder mit gängigen C_2H_5OH-Programmen gelöscht habt, könnt ihr nun mithilfe der neuen Gleichung sofort die Beschleunigung des Kirschkerns bestimmen, wobei die y-Koordinate hier wie üblich nach oben zeigen möge. Also, *alle* Kräfte in Koordinatenrichtung (hier y) aufsummieren:

$$\Sigma F = -G = -mg = ma = m\,\ddot{y} \implies \ddot{y} = -g.$$

Auch wenn Herr Dr. Hinrichs es abstreitet: So geht es um einiges einfacher als in Abschn. 3.2.1.1! Das Vorgehen bei derart beschleunigten oder verzögerten Bewegungen besteht also zunächst aus der Anwendung der Freischneidekünste wie in der Statik. Es kommt ein sehr grundlegendes Vorgehen der Mechanik zum Einsatz: die

---

[9]Einige behaupten, ja: „Newton und Leibniz haben mit den Naturwissenschaften die Religionen überholt" – mit diesem Buch sind nach Auffassung von Herrn Dr. Romberg auch die Naturwissenschaften überholt!

Abb. 3.20 Freikörperbild des
Kirschkerns

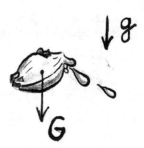

Freischneidemethode. Wir müssen also den Kirschkern frei-schneiden. Über das Frei-schneiden erhalten wir ein Freikörperbild. Ohne Freischneiden geht es an dieser Stelle nicht weiter, sodass dem Freischneiden auch hier eine besondere Bedeutung zukommt:

Die „Beschleunigungskraft" (m ÿ) wird *n i c h t* in das Freikörperbild eingetragen!

Wir schneiden als Nächstes also frei. Andere nennen ein derartiges Vorgehen auch das Erstellen eines Freikörperbildes. Anschließend wenden wir das sogenannte Newtonsche Axiom an.

Dazu gleich noch ein Beispiel: Aus irgendwelchen Gründen ist die Hose in Abb. 3.21 plötzlich schwerer geworden.[10,11] Fraglich ist nun, wann die rutschende Hose unten angekommen ist. Kleiner Tipp: Länge der Beine: 1 m, Masse der Hose: $m = 1$ kg, Normalkraft zwischen Hose und Beinen durch Gummizug: $F_N = 10$ N, gemittelter Reib-koeffizient zwischen Hose und Gebein: $\mu = 0{,}25$ (zusätzlich auftretende Gleiteffekte werden vernachlässigt). Also: Es gilt wieder ein Freikörperbild zu erstellen und das Newtonsche Axiom nach folgendem **Kochrezept** anzuwenden (so sollte man immer vor-gehen, um die Vorzeichenprobleme zu vermeiden):

Erst wird der „Beschleunigungsterm" (hier mÿ) auf die *linke* Seite des Gleichheits-zeichens geschrieben. Auf der *rechten* Seite werden dann die Kräfte aufsummiert, wobei diejenigen, die in Koordinatenrichtung zeigen, *positiv* gezählt werden!

Also (y zeigt nach oben):

$$m\ddot{y} = \Sigma\, F = -m\,g + \mu\, F_N = (-1 \cdot 10 + 0{,}25 \cdot 10)\ \text{kg m/s}^2$$

$$\Longrightarrow \ddot{y} = -7{,}5\ \text{m/s}^2$$

$$\Longrightarrow y = -0{.}5 \cdot 7{,}5\ \text{m/s}^2 \cdot t^2 + 1\ \text{m} \qquad \text{mit } y(t^*) = 0$$

$$\Longrightarrow t^* = 0{,}516\ \text{s}.$$

---

[10]Ähnlichkeiten der dargestellten Person mit Herrn Dr. Romberg wurden von diesem beim Zeich-nen absichtlich retuschiert.

[11]Über den „Humor" von Herrn Dr. Hinrichs muss auch an dieser Stelle großzügig hinweggesehen werden.

Abb. 3.21 mit
Geschwindigkeit v rutschende
Hose

Man kann also manchmal schneller dumm dastehen, als man denkt![12]

---

[12]So auch die Autoren, als ein Herr cand. mach. Markus Rittner doch tatsächlich in der 7. (!) Auflage des Buches noch einen Rechenfehler in der Hosengleichung fand, den Zehntausende Leser
(und Rechner) vor ihm übersehen hatten! Dieser Bug wurde in der nächsten Auflage gekittet und
wie einst der Ritter-Schnitt zieht nun der Rittner-Kitt in die Annalen der Mechanik ein (zumindest
bei Herrn Dr. Hinrichs).

Leider gilt die Turboformel „Newtonsches Axiom", mit der wir schon eine Menge erschlagen können, nur für translatorische Bewegungen. Was aber tun, wenn wir eine rotatorische Bewegung beschreiben wollen?

Auch in diesem Fall gilt in der Kinetik eine Erweiterung der Gleichungen der Statik – von der Statik ist uns ja noch bekannt, dass die Summe der Momente gleich null sein muss. Ist dies nicht der Fall, verlassen wir die Statik, und es setzt eine Bewegung ein: in diesem Fall eine Rotation. Während für die Translation die Summe der Kräfte proportional der Beschleunigung war (und immer noch ist – mit dem Proportionalitätsfaktor Masse m), ist die Summe der Momente proportional zur Winkelbeschleunigung $\ddot{\varphi}$. Proportionalitätsfaktor ist in diesem Fall das Massenträgheitsmoment J, das wir ja schon aus der Energiebetrachtung kennen (und im Falle des Herrn Dr. Hinrichs auch lieben) und den Tabellen entnehmen können.

Der sogenannte *Drallsatz* lautet somit – bitte auswendig lernen und nie wieder vergessen:

$$J^P \, \ddot{\varphi} = \Sigma \, M^P \qquad \textbf{(Drallsatz)}.$$

Hierzu wichtige Tipps des Praktikers:

1. Es muss für beide Seiten der Gleichung derselbe Bezugspunkt P gelten!!! Obacht bei den Vorzeichen! Immer erst die Koordinaten x, y, φ mit Richtungen festlegen, dann den J$\ddot{\varphi}$-Term links hinmalen (analog Translation), anschließend auf die rechte Seite die Momente in diese (Dreh-)Richtung mit positivem Vorzeichen und die gegen diese Richtung mit negativem Vorzeichen aufsummieren. Erhält man als Ergebnis eine positive Summe, erfolgt eine Drehbeschleunigung in positive Koordinatenrichtung und umgekehrt!
2. Diese Formel ist mit *großer Vorsicht* zu genießen, da sie nur unter bestimmten Voraussetzungen anwendbar ist. Entscheidende Bedeutung kommt bei der Anwendung der Wahl des Bezugspunktes für den Drallsatz zu (hiervon hängen das J ab und die Summe der Momente). Nichts falsch kann man auch ohne höhere Erkenntnisse machen, wenn man als Bezugspunkt
   ☺)   den Schwerpunkt des Körpers wählt,
   ☺☺)   einen Punkt wählt, für den die Verbindungsgerade zum Schwerpunkt senkrecht zur Beschleunigung des Schwerpunktes ist.

Die Auswahl zwischen ☺ und ☺☺ trifft man dann danach, an welchem Punkt weniger unbekannte Kräfte angreifen. *Als mögliche Punkte sind zuerst immer der Momentanpol und der Schwerpunkt zu prüfen!*

Nun empfehlen wir, die vorhergehenden Zeilen noch mindestens zehnmal zu lesen, denn das ist die halbe Miete – der Rest ist das korrekte allseits beliebte Freischneiden.

Zum besseren Verständnis gleich ein Beispiel: das in den Keller von Herrn Dr. Romberg rollende Nachschub-Bierfass:

Noch eine Angabe: Das Bierfass kann als rollender, homogener Zylinder aufgefasst werden (Abb. 3.22). Erste Klippe ist hier das Freikörperbild (Abb. 3.23), welche wir wohl sicher umschiffen können.

Nun aber zur Wahl des Bezugspunktes für unseren Drallsatz: Nach Regel ☺ ist immer der Schwerpunkt, also der Walzenmittelpunkt geeignet – nach Regel ☺☺ könnte ebenfalls der Aufstandspunkt des Bierfasses auf der schiefen Ebene gewählt werden. (Der Schwerpunkt wird wohl in Richtung der schiefen Ebene beschleunigt, die mit a_S *ausnahmsweise* in das Freikörperbild eingetragen ist. Die Verbindungsgerade vom Bezugspunkt nach ☺☺ zum Schwerpunkt ist also senkrecht zur Beschleunigung a_S.) Wir beginnen entgegen unserer Regel, also wider besseres Wissen, mit dem Schwerpunkt als Bezugspunkt:

$$J^S \, \ddot{\varphi} = \Sigma \, M^S = F_R \, R$$

mit $J^S = 0{,}5 \, m \, R^2$ (aus Tabelle abgelesen).

Abb. 3.22   Rollendes Bierfass

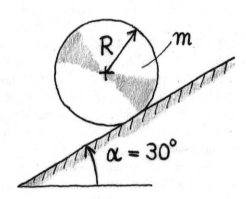

Abb. 3.23   Freikörperbild des rollenden Bierfasses

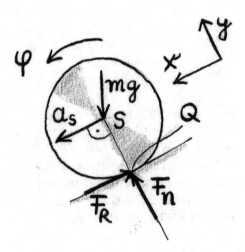

Leider ist F_R noch unbekannt, zur Bestimmung der Unbekannten hilft uns wieder Newton:

$$m\,\ddot{x} = \Sigma\,F_x = -F_R + m\,g\,\sin 30°.$$

Leider ist $\ddot{x}$ noch unbekannt, also Kinematik (nur Rollen, kein Rutschen!):

$$\ddot{x} = R\ddot{\varphi}.$$

Jetzt müssen wir die drei Gleichungen mit den drei Unbekannten F_R, $\ddot{x}$ und $\ddot{\varphi}$ zusammenbraten … Es ergibt sich folgendes Ergebnis:

$$\ddot{\varphi} = \frac{g}{3R}.$$

Wird aber entsprechend unserer Empfehlungen die Wahl des Bezugspunktes danach getroffen, wo mehr unbekannte Kräfte angreifen, fällt die Wahl auf den Aufstandspunkt des Bierfasses auf der Ebene, da an diesem zwei unbekannte Kräfte, F_N und F_R, angreifen. Der Aufstandspunkt ist gleichzeitig Momentanpol des Bierfasses – daher mit Q bezeichnet.

Nun geht die Rechnerei los: Der Drallsatz lautet in diesem Fall:

$$J^Q\,\ddot{\varphi} = \Sigma\,M^Q = m\,g\,R\,\sin 30°$$

$$\text{mit } J^Q = 0{,}5\,m\,R^2 \qquad + \qquad m\,R^2$$

$$\text{(aus Tabelle abgelesen} \qquad + \qquad \text{Steineranteil)}$$

$$==> \ddot{\varphi} = \frac{g}{3R}.$$

Das war's. Bei der Wahl des richtigen Bezugspunkts kann man sich also eine Menge Arbeit ersparen. Wer das begriffen hat, kann die Horrorthemen Impulssatz (auch Newtonsches Axiom genannt) und Drallsatz ad acta legen. Einzig ein paar verzwickte Geometrien und Freikörperbilder (siehe hierzu die Aufgaben in Abschn. 4.3) können uns jetzt noch schocken. (Herr Dr. Hinrichs möchte betonen, dass ihn dies in keiner Art und Weise irgendwie im geringsten schocken würde!).

Auch hier wollen wir nach diesem beschwerlichen Aufstieg durch knüppelhartes Gelände ein wenig verweilen und das Panorama, welches sich darbietet, bestaunen. Der folgende überwältigende Anblick einer wundervollen Analogie bietet sich uns dar (Tab. 3.3):

Nachdem der Loser wieder ein wenig zu sich gefunden hat, geht ihm der Ausspruch „So simpel ist das …" spontan über die Lippen. But last but not least kommen wir nun zu einem weiteren Thema: der Stoß!

Tab. 3.3 Vergleich zwischen Translation und Rotation

Translation	Rotation
Weg x (oder manchmal s)	Winkel φ
Geschwindigkeit $\dot{x} = v$	Winkelgeschwindigkeit $\dot{\varphi} = \omega$
Beschleunigung $\ddot{x} = a$	Winkelbeschleunigung $\ddot{\varphi} = \dot{\omega}$
Masse m	Massenträgheitsmoment J
Kraft F	Moment M
Impulssatz $m\,\ddot{x} = \Sigma\,F_x$	Drallsatz $J^P\,\ddot{\varphi} = \Sigma\,M^P$
Kinetische Energie $E_{trans} = {}^{1}\!/_{2}\,m\,\dot{x}^2$	Kinetische Energie $E_{rot} = {}^{1}\!/_{2}\,J\,\dot{\varphi}^2$

3.4   Der Stoß

Als Stoß bezeichnet man das kurzzeitige Aufeinanderprallen zweier Körper. Während der sehr kurzen Stoßdauer Δt wirken sehr große Kräfte – andere Kräfte (z. B. Gewichtskräfte) sind dagegen vernachlässigbar – und die Lage der am Stoß beteiligten Körper ändert sich nicht [4].

Die wissenschaftliche Erörterung des im Bild dargestellten Sachverhalts führt zu folgendem Ergebnis: Die Faust wird in Richtung des Gesichts bewegt und übt bei dem zustande kommenden Kontakt Kräfte auf dieses aus. Infolge der Kontaktkräfte wird (ganze) Arbeit an Teilen der Visage geleistet: Es kommt zu Verformungen, Umstülpprozesse, einem Herausbrechen der Zähne … Ist das Antlitz einem vollschlanken Herrn zugeordnet, wird dieser dennoch wohl weiterhin stehen bleiben. Ein halber Hahn hingegen wird mehr oder weniger verschoben. Unter Umständen findet sogar ein Salto rückwärts statt. Dazu gleich noch ein paar Fachausdrücke, mit denen ihr in der Box-arena glänzen könnt: Der Salto rückwärts findet deswegen statt, weil der Schlag nicht in Richtung des Schwerpunktes ausgeführt wird. In diesem Fall spricht man auch von einem *exzentrischen Stoß*[13]. Dringt hingegen der Schlag tief in die Magengegend ein, wo ungefähr der Schwerpunkt liegen dürfte, spricht der Fachmann von einem ~~STRIKE~~ *zent-ralen Stoß*. (Herr Dr. Hinrichs wirft ein: „Mein Schwerpunkt liegt woanders.").

Den Mechaniker wird sicher interessieren, wie viel des Schlages vom Kopf auf-genommen wird und mit welcher Geschwindigkeit der getroffene Körper dann (nach hinten) zu Boden geht. Hierfür bieten die Stoßgesetze geeignete Gleichungen:

Zunächst einmal müssen wir hierzu einmal das Newtonsche Axiom ummuddeln, indem wir dieses integrieren (wir sind nicht die Ersten, die dies getan haben, sondern schreiben dieses mal wieder ab!):

$$\int_0^{t^*} F\, dt = \int_0^{t^*} m\ddot{x}\, dt,$$

$$\int_0^{t^*} F\, dt = m\dot{x}\left(t = t^*\right) - m\dot{x}(t = 0),$$

$$\int_0^{t^*} F\, dt = m\, v_2 - m\, v_1.$$

Das Ganze kann man folgendermaßen interpretieren: Mit dieser neuen Formel (dem sogenannten Impulssatz in integraler Form) können wir die Änderung einer Bewegungs-größe durch eine Krafteinwirkung in einem Zeitintervall von $t = 0$ bis $t = t^*$ bestimmen. Allerdings liegt diese Bewegungsgröße in bisher ungewohnter Form vor: $m\, v$. Diese Bewegungsgröße bezeichnet man auch als *Impuls*. Mit dem dargelegten Impulssatz kön-nen wir also die *Änderung des Impulses* infolge einer Kraftausübung auf einen Körper bestimmen. Weiterhin lehrt die Gleichung, dass *ohne Krafteinwirkung* (oder für Kräfte, die im zeitlichen Mittel null sind!) der Impuls des Körpers erhalten bleiben muss:[14]

$$m\, v_2 = m\, v_1.$$

Diese neuen Erkenntnisse können wir sogleich auf die mit dem Boxhieb demolierte Visage verwenden. Wir schneiden einen der beteiligten Körper – wahlweise die Hand oder die Visage – frei. Der Kraftverlauf auf dieses Körperteil hat dann den folgenden zeitlichen Verlauf (Abb. 3.24):

---

[13]Übrigens: Auch Herr Dr. Romberg hat einen leichten exzentrischen Stoß!

[14]O-Ton Herr Dr. Romberg: „Wir müssen diesen Teil noch etwas entlehrbuchen!" Anmerkung Herr Dr. Hinrichs: „Ich entlehrbuche – du entlehrbuchtest – er, sie, es wird entlehrbucht haben."

Abb. 3.24 Zeitlicher Verlauf
der Kraft beim Impuls

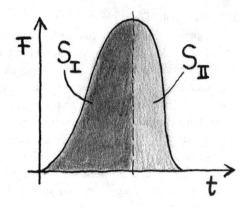

Für elastische Visagen und Fäuste hat die Kraft in der Kontaktfläche einen symmetrischen Verlauf. Die Faust federt in die Visage ein und wieder aus dieser heraus. Auf dem Rückweg der Faust nimmt die Kontaktkraft wieder ab. Im *elastischen* Fall gilt für die Impulsänderung (dem Integral F nach der Zeit t, also der schraffierten Fläche unter der Kurve) $S_I = S_{II}$. Ist das Gesicht *vollplastisch,* so als bestünde es aus Knetgummi, ist $S_{II} = 0$, und nach dem Stoß bleibt die Kontur der Faust im Gesicht erhalten. Für den *teilplastischen* Fall gilt $S_I > S_{II}$. Zur Erfassung der „Plastizität des Stoßes" wird nun die *Stoßziffer* oder *Stoßzahl* e eingeführt:

$$S_{II} = e \, S_I.$$

Tja, und das bedeutet:

Elastischer Stoß: $e = 1$,
Teilplastischer Stoß: $0 < e < 1$,
Vollplastischer Stoß: $e = 0$.

Und wozu das Ganze? Man kann nun mit der Stoßzahl nicht nur den Impulssatz in integraler Form auf *einen* Körper anwenden, sondern hiermit den Stoßvorgang zwischen zwei Körpern abbilden. In den gängigen Lehrbüchern sind herrliche VHerleitungen dargestellt, die für den Fall des zentralen Stoßes von zwei Körpern auf die in Abb. 3.25 dargestellten Gleichungen führen.

Das Folgende betrifft also zwei Körper mit den Massen m_1 und m_2, die die Geschwindigkeiten v_1 und v_2 *vor* und die Geschwindigkeiten V_1 und V_2 *nach* dem Stoß haben. Es gilt nun – bitte einfach glauben (Herr Dr. Hinrichs raunt: „Glauben heißt nicht wissen", Hilfstheologe Herr Dr. Romberg beruhigt: „Glauben heißt vertrauen") Folgendes: Die Stoßzahl e kann man aus den Geschwindigkeitsdifferenzen bestimmen:

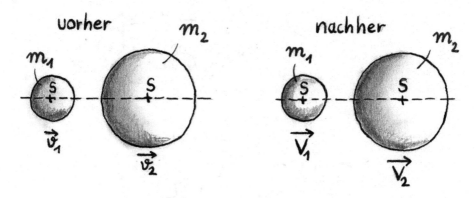

Abb. 3.25 Stoß zweier Körper

$$e = -\frac{V_1 - V_2}{v_1 - v_2}.$$

Für die Geschwindigkeiten nach dem Stoß gilt:

$$V_1 = \frac{1}{m_1 + m_2}[(m_1 - e\,m_2)\,v_1 + (1 + e)\,m_2\,v_2],$$

$$V_2 = \frac{1}{m_1 + m_2}[(1 + e)\,m_1\,v_1 + (m_2 - e\,m_1)\,v_2].$$

Energieverlust während des Stusses:

$$\Delta T = \frac{1 - e^2}{2}\,\frac{m_1\,m_2}{m_1 + m_2}(v_1 - v_2)^2.$$

Retten können einen außerdem die vereinfachten Gleichungen für den Aufprall eines Körpers 1 gegen eine starre Wand 2 (Grenzfall $m_2 = \infty$, $v_2 = 0$):

$$V_1 = -e\,v_1, \quad \Delta T = \frac{1 - e^2}{2}m_1 v_1^2.$$

That was hard stuff! Andererseits ist die Anwendung dieser Gleichungen verhältnismäßig easy, da dies eigentlich nach Schema F erfolgt!

Daher schnell zwei Beispiele Zur Bestimmung der Stoßzahl e wird eine Kugel aus der Höhe H auf eine Ebene fallen gelassen. Nach dem Aufprall auf der Ebene erreicht die Kugel die maximale Flughöhe h. Wie groß ist die Stoßzahl e?

Hierzu brauchen wir ja bekanntlich die Geschwindigkeiten unmittelbar vor und nach dem Stoß. Diese sind:

$$mgH = \frac{1}{2} m\, v_1^2 \ \text{(Energiesatz)}$$

$$\implies v_1 = \sqrt{2gH}.$$

Genauso gilt:

$$V_1 = \sqrt{2gh}.$$

Aus $V_1 = -\,e\,v_1$ folgt $e = \sqrt{\dfrac{h}{H}}$.

Und gleich die nächste Aufgabe In der Herrendusche liegt auf dem schlüpfrigen Boden ($\mu = 0$) eine Seife (Masse m, $v_m = 0$) im Abstand L von der Wand. Beim Seifenfußball wird eine zweite Seife (Masse $M = 4\,m$) mit der Geschwindigkeit v_M gegen die erste Seife geschossen. An welcher Stelle stoßen die Seifen zum *zweiten* Mal zusammen, wenn die Stöße zwischen den Seifen elastisch (e = 1: harte Kernseife – denn harrrrt muss sie sein) sind?

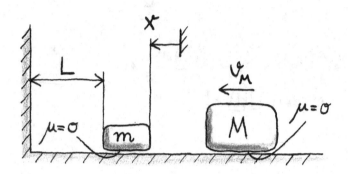

Zu den Seifengleichungen: Nach dem ersten Stoß:

$$V_M = \frac{1}{M+m}[(M - e\,m)\,v_M + (1 + 1)\,m\,0] = \frac{1}{5m}[3m\,v_M] = \frac{3}{5}\,v_M,$$

$$V_m = \frac{1}{M+m}[(1 + 1)\,M\,v_M + (m - e\,M)\,0] = \frac{1}{5m}[8m\,v_M] = \frac{8}{5}\,v_M.$$

Bedingung für den zweiten Stoß: Zurückgelegte Strecken von M bis zum nächsten Stoß bei $x_{stoß}$ = zurückgelegte Strecke von m bis zur Wand und zurück bis zu $x_{stoß}$:

$$x_M(t_{stoß}) = x_{stoß},$$
$$x_m(t_{stoß}) = L + L - x_{stoß} = 2L - x_M,$$
$$V_m\,t_{stoß} = 2L - V_M\,t_{stoß},$$
$$\frac{8}{5}\,v_M\ \ t_{stoß} = 2L - \frac{3}{5}v_M\,t_{stoß} ==> t_{stoß} = \frac{10\,L}{11\,v_M}$$
$$==> x_{stoß} = 6/11\,L.$$

Unfassbar ... das war's mit der Terrorie.

Da wir wissen, dass die Halbwertszeit des Mechanikwissen unter Umständen sehr kurz sein kann, bitte die Schweißbänder anlegen: Es geht gleich an die Aufgaben!

Übung macht den Loser zum Winner

4

Schlaue Lernpsychologen haben herausgefunden, dass der Durchschnittsloser durchschnittlich

- 10 % durch Lesen,
- 20 % durch Hören,
- 30 % durch Sehen,
- 50 % durch Hören und Sehen und
- 90 % durch „Auf-die-Schnauze-Fallen"

behält. Jetzt könnt ihr also euren Wirkungsgrad phänomenal steigern, indem ihr das Gelesene auf die folgenden Aufgaben anwendet. Hier ist allerdings der Ärger auf eurer Seite schon vorprogrammiert.

> „Es gibt wohl kaum ein Grundlagenfach der Ingenieurwissenschaften, bei dem man durch das Gefühl, die Theorie verstanden zu haben, so ge- und enttäuscht wird wie in der Mechanik, wenn es daran geht, praktische Aufgaben zu lösen" [23] (siehe auch die Kommentare aller Loser bei der Verkündung der Prüfungsergebnisse).

Aber bevor ihr dieses Buch nach den ersten beiden nicht gelösten Aufgaben spontan verbrennt: Der Lernerfolg setzt ja gerade dann ein, wenn ihr bei einer Aufgabe nicht weiterkommt (denn hättet ihr die Aufgabe problemlos lösen können, hättet ihr sie nicht rechnen müssen – ihr hattet diese Aufgabe ja vorher schon drauf). Also könnt ihr euch immer dann riesig freuen, wenn ihr an einer Aufgabe schier verzweifelt. Kostet also den Punkt der schieren Verzweiflung voll aus, probiert mehrere Lösungswege, die unter Umständen alle ins Dickicht und auf unterschiedliche Lösungen führen, und lasst dann durch Lektüre und Auseinandersetzung mit der Musterlösung den Groschen fallen – das nennt man dann Lernerfolg.[1]

Ihr findet bei jeder Aufgabe einerseits eine Abschnittsnummer. Diese besagt, bis zu welchem Abschnitt (einschließlich) ihr das Buch gelesen haben solltet, damit es überhaupt Sinn macht, sich mit der Aufgabe zu beschäftigen.

Andererseits findet ihr vor jeder Aufgabe ein Symbol, welches den Schwierigkeitsgrad der Aufgabe charakterisiert, und zwar:

✿   Die derart markierten Aufgaben sind ein absolutes Muss! Ihr solltet nach der Lektüre der jeweiligen Abschnitte diese Aufgaben eigenständig zumindest ansatzweise lösen können – nach dem Studium der Lösung sollten die Fehler der eigenen Lösung einleuchtend sein.

💣*   Diese Aufgaben haben es in sich – sie schlagen daher wie eine Bombe ein, teilweise mit vernichtender Wirkung.

☠   Diese Aufgaben sind ein inneres Freudenfest für Herrn Dr. Hinrichs, zugleich aber auch stark moralgefährdend, sodass vor deren Inangriffnahme gewarnt werden muss. Nach einem sicherlich fehlschlagenden, aber dennoch wichtigen eigenen Lösungsversuch sollte die Lösungsskizze nachvollzogen werden, da diese interessante mechanische Kniffe beinhaltet.

✝   Derart sind Aufgaben gekennzeichnet, die den Loser auch nach der Lektüre des Buches derart schocken, dass sie ihn umbringen können.[2]

📖   Wir haben der Vollständigkeit halber Aufgaben hinzugefügt, die Grundlagen der Mechanik beinhalten, die nicht in Kap. 1 bis 3 dargestellt sind. Hier ist daher ein eigener Lösungsversuch sinnlos, aber das Studium der Lösung erscheint uns als erster Einstieg sinnvoller als das Studium der Sekundärliteratur, wenn Mann/Frau einfach nur mitreden können will.

Bei den unter Garantie auftretenden Problemen beim Lösen der Aufgaben solltet ihr unterscheiden zwischen Problemen beim Aufstellen der Gleichungen (also Problemen mit der Mechanik) und Problemen beim Lösen der mühsam gewonnenen Gleichungen (dies sind Probleme mit der Mathematik). Erstere Probleme sind gewünscht und müssen, wie bereits zuvor erwähnt, überwunden werden. Letztere Probleme sind eigentlich unbedeutend. Naja, eigentlich auch nicht. Aber diese Probleme kriegt man auch nicht in den Griff, wenn man dieses oder andere Mechanikbücher mehrmals liest. Also, wenn ihr auf ein etwas abenteuerliches Integral oder vier Gleichungen mit vier Unbekannten stoßt, ist die Mechanik der Aufgabe erschlagen, und ihr könnt zufrieden sein!

---

[1]Sicherlich werdet ihr euch über die zu schweren Aufgaben beschweren. Herr Dr. Hinrichs hat sich bei der Auswahl der Aufgaben von seinem Sadismus hinreißen lassen. Herr Dr. Romberg meint, dass er selber keinen Bock auf schwere Aufgaben hat, dass ihr aber am meisten an schweren, schier unlösbaren Aufgaben lernen könnt.

[2]By the way: Es gibt keine derartige Aufgabe!

Und dann noch ein paar kleine Tricks mit großer Erfolgswirkung, mit denen man sich das Mechanikerleben etwas vereinfachen kann:

- Wenn man nicht weiß, wie man anfangen soll, ist die erste Frage immer: *Kann ich irgendwas zu 0 setzen?* (z. B. eine Kräftesumme) oder *Kann ich irgendwas gleich-setzen?* (z. B. eine kinematische Beziehung zwischen Winkel und Weg).
- In der Statik sind oftmals die Geometrie und die angreifenden Kraftgrößen unter einem Winkel φ angetragen (z. B. ein Kotz auf einer um den Winkel φ geneigten Ebene). Die Erfahrung zeigt hier, dass in der Lösung oft aus dem Sinus (Sollergebnis) ein Cosinus (Istergebnis) geworden ist. Dies lässt sich vermeiden, indem in der selbstgemalten Skizze des Freikörperbildes *kein Winkel φ in der Nähe von 45° gewählt wird.*
- Bei der Kontrolle des erzielten Ergebnisses sollte man eine *Plausibilitätsprüfung* durchführen. Am Beispiel der schiefen Ebene: Hier ist es immer gut, einmal die Triviallösung mit den Extremwerten ($\varphi = 0$, $\varphi = 90°$) einzusetzen!
- Viel Ärger am Ergebnisbrett der Grundlagenklausur Tschechische Mechanik kann man sich ersparen, wenn man am Ende einer Aufgabe für das errungene Ergebnis eine *Einheitenkontrolle* durchführt – und dann im Notfall noch etwas „nachbessert".
- Im richtigen Ergebnis *sollten alle im Aufgabentext gegebenen Größen enthalten sein.* Eine innovative Lösung mit neuen Größen wird in der Regel mit Sonderabzug belohnt.

Und nun auf in den Kampf!

4.1 Aufgaben zur Statik

Aufgabe 1	Abschn. 1.4	Schwierigkeitsgrad: ✿

Herr Dr. Romberg hat eine Erfindung gemacht, eine „After-five-Invention" (s. Vorwort): Anstelle eines Motors hängt er vor sein Auto einen Magneten, welcher an dem Wagen zieht, sodass sich das Fahrzeug nach vorn bewegen müsste.

Funktioniert so etwas?

Lösung

Natürlich nicht! Der gesunde Menschenverstand (bei dem einen mehr, bei dem anderen weniger ausgeprägt) sagt hier eigentlich schon, dass etwas faul sein muss. Versuchen wir es einmal etwas formaler: Wir könnten ja mal den Wagen der ursprünglichen Fragestellung vom Magneten freischneiden (freischneiden – das Allerwichtigste!).

Tatsächlich wirkt eine Zugkraft vom Magneten auf das Fahrzeug. Aber schmerzlich für den Erfinder ist, dass sich natürlich der Magnet über den Balken am Wagen abstützen muss.

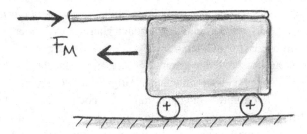

Und leider wirkt hier eine der Magnetkraft entgegengesetzte Kraft. Und die Summe der horizontalen Kräfte ist gleich null, sodass sich der Wagen nicht bewegt. (Sonst wäre diese Aufgabe auch nicht im Statikteil, und man hätte ein Perpetuum mobile.) Hilfreicher wäre eher, einen Esel vor den Wagen zu spannen und diesem eine Karotte unerreichbar vor die Nase zu halten. (Aber auch das ist kein Perpetuum mobile, denn man muss den Esel schließlich tränken und füttern!)

Um die Erfindung zu retten, könnte man einen weiteren Magneten verwenden.

Und aus konstruktiven Gründen setzen wir dann beide Magneten noch in den Wagen.

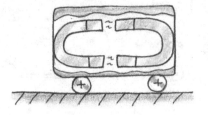

Nun stellt sich die Frage: Wenn die Erfindung funktionieren sollte: In welche Richtung fährt der Wagen überhaupt? (Herr Dr. Hinrichs wird schon ungeduldig und hat den Zeigefinger am oberen Anschlag! Herr Dr. Romberg erwidert die Geste mit dem Mittelfinger ...) [30]

Aufgabe 2	Abschn. 1.4	**Schwierigkeitsgrad:** ✿

Herr Dr. Romberg bietet als Tierfreund und Pflanzenfresser einigem Ungeziefer in einer ausgedienten Flasche ein Domizil.

In der geschlossenen Flasche liegen Insekten breit auf dem Boden, während andere einen Rundflug in der Flasche unternehmen. Zu pseudowissenschaftlichen Zwecken wird die Flasche auf eine Waage gestellt [30].

Ist das Gewicht der Flasche

a) größer, wenn alle Fliegen auf dem Boden sind?
b) größer, wenn alle Fliegen im Glas herumfliegen
c) in dem Moment größer, wenn alle Fliegen durch äußeren Lärm und Stöße aufgeschreckt vom Boden in die Luft fliegen?

Lösung

Das Gewicht ist unabhängig davon, ob die Fliegen auf dem Boden sitzen oder herumfliegen. Denn wenn die Fliegen in der Luft sind, können wir ein schönes Freikörperbild für eine der Fliegen machen:

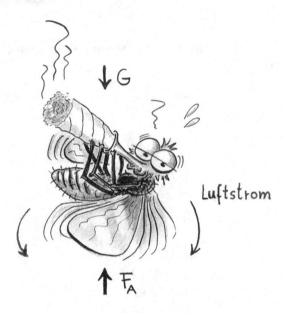

Damit die Fliege ihren Schwebezustand beibehält und nicht auf dem Boden aufschlägt, muss der Gewichtskraft der Fliege eine Kraft mit einem der Gewichtskraft entsprechendem Betrag entgegenwirken. Und wo kommt diese her? Sozusagen aus der Luft gegriffen! Die Luft übt auf die Fliege eine Kraft aus. (Hier kommen die Luftreibung an dem Fliegenkörper, die Strömungsmechanik, der Auftrieb etc. ins Spiel.) Wenn die Fliege mit ihren Flügeln flattert, dann setzt sie beispielsweise einen Luftstrom in Bewegung, welcher in Richtung des Bodens der Flasche orientiert ist und auf diesen prallt. Und am Ende muss auf den Boden oder die Flasche von der Luft genau die Gewichtskraft der Fliege ausgeübt werden. Wir können als Mechaniker in der Statik also Flaschen als Black Boxes betrachten.[3]

Voraussetzung für diese Überlegungen ist aber, dass sich die Flasche in einem stationären Zustand befindet, das heißt, alle Fliegen bleiben ungefähr in derselben Flughöhe, und die Luftbewegung ist auch einigermaßen gleichmäßig. Anders sieht es aus, wenn wir einen instationären Zustand betrachten (vgl. Frage c). Nun liegt also kein Problem der

---

[3]Demnach wäre auch Herr Dr. Hinrichs eine Black Box.

Statik mehr vor, aber hier hilft der gesunde Menschenverstand oder Kap. 3 weiter: Natürlich stoßen sich die Fliegen vom Boden ab – in diesem Moment wirkt eine größere Kraft auf die Waage. Oder anders: Es verschiebt sich geringfügig der Schwerpunkt der Flasche nach oben. Und eine Schwerpunktsänderung kann nur durch eine Kraft bewirkt werden. Diese Kraft muss von der Waage kommend auf die Flasche ausgeübt werden. Wichtig ist aber: Im zeitlichen Mittel ist die Gewichtskraft konstant, denn irgendwann prallen die Fliegen ja auf den Deckel oder bremsen vorher ab.

Um das Ganze noch besser zu verstehen, kann man sich auch einen drehenden Propeller vorstellen, der innen am Deckel eines geschlossenen Behälters angebracht ist. Der Propeller kann einen noch so großen Wirkungsgrad haben, der Behälter wird sich nie in die Lüfte bewegen, obwohl er eine Schubkraft nach oben auf den Deckel ausübt. Diese wird jedoch durch die nach unten geblasenen Luftmassen aufgehoben. Man müsste dann schon den Boden des Behälters entfernen und den Deckel (der Luftzufuhr wegen) perforieren … dann hat man so etwas wie ein einfaches Triebwerk, was bei entsprechender Auslegung tatsächlich fliegen kann (staun!).

Aufgabe 3	Abschn. 1.4	**Schwierigkeitsgrad:** ✿

Herr Dr. Romberg möchte ein Fass Apfelsaft[4] (Masse $M = 100$ kg) auf die Höhe von 1 m anheben. Um seinen Kreislauf nicht zu stark zu belasten, will er anstelle des Hebevorgangs das Fass über eine schiefe Ebene der Länge $L = 2$ m rollen.

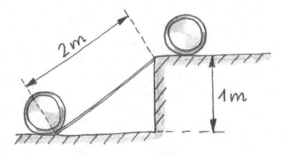

Mit welcher Kraft muss das Fass die Ebene „hinaufgeschafft" werden? Zusatzfrage für Kenner von Kap. 3: Man ermittle die notwendige Kraft mittels Energiesatz!

---

[4]Anmerkung Herr Dr. Hinrichs: „Das ist ja völlig absurd!"

Erst mal zu Fuß, d. h. ohne Energiesatz, aber mit Freischneiden des Fasses: Man muss mindestens die Hangabtriebskraft

$$F = M \, g \, \sin \varphi$$

mit $g \approx 10 \text{ m/s}^2$ und $\sin \varphi = 1/2$ aufbringen,
    also $F = 500 \text{ N}$.
    Alternativ folgt über den Energiesatz:

$$M \, g \, h = \int Fds = F \, 2m - F \, 0m \quad \ldots \quad \Rightarrow F = 500 \text{ N}.$$

Die Aufgabe ist also denkbar einfach, zeigt aber ein interessantes Grundprinzip: Mit einer Verlängerung der Strecke von 1 m (reines Anheben) auf 2 m (schiefe Ebene) haben wir eine Verkleinerung der notwendigen Kraft erzielt. Dieses Grundprinzip liegt auch dem Flaschenzug zugrunde.

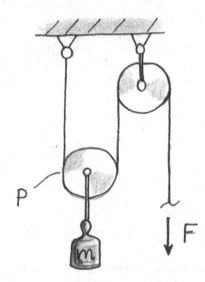

Auch bei dem Flaschenzug muss eine Halbierung der Kraft durch eine Verdoppelung der Strecke, die das Seil gezogen werden muss, erkauft werden, damit das Produkt aus Kraft und Weg (Arbeit oder Energie) konstant bleibt! Während die Statik mit dem Kräftegleichgewicht auf unterschiedliche Wirkprinzipien hinzudeuten scheint (schiefe Ebene:

Kräftegleichgewicht, Flaschenzug: Freikörperbild für die bewegte Rolle, Momenteng-leichgewicht um den Abrollpunkt P der bewegten Rolle – ausprobieren!), erklärt die oben angegebene Energiebilanz

$$E_{POT} = \int Fds$$

den Sachverhalt für beide Fälle:

Bei gleicher zu erzielender potenzieller Energie geht die Verdoppelung der Strecke mit einer Halbierung der Kraft einher!

Aufgabe 4	Abschn. 1.4	**Schwierigkeitsgrad:** 💣

Die homogene Walze W (Gewicht G) wird auf der schiefen Ebene (Neigungswinkel β) durch ein Gewicht G über ein gewichtsloses Seil in Ruhe gehalten.

Wie groß ist die Normalkraft zwischen Ebene und Walze?

Gegeben: G, β = 30°.

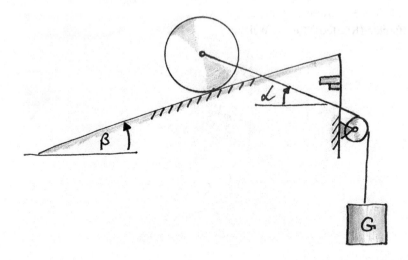

Lösung

Freikörperbild:

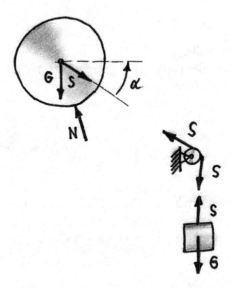

Gleichgewicht der Kräfte am Gewicht: $S = G$.
  Kräfteplan (Krafteck) für die Walze:

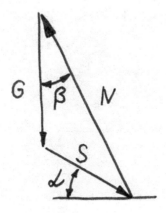

Der Rest ist reine Geometrie:

$$G \cos \alpha = N \sin \beta,$$
$$G \sin \alpha = N \cos \beta - G,$$
$$\cos \alpha = N \sin \beta / G = \frac{N}{2G},$$
$$\sin \alpha = N \cos \beta / G - 1 = \frac{N\sqrt{3}}{2G} - 1,$$
$$\sin^2 \alpha + \cos^2 \alpha = 1 = \frac{N^2}{4G^2} + \frac{3N^2}{4G^2} - \frac{N\sqrt{3}}{G} + 1,$$
$$\frac{N}{G}\left(\frac{N}{G} - \sqrt{3}\right) = 0.$$

Lösungen:

1. $N = 0$ (nicht sinnvoll).
2. $N = \sqrt{3}G$.

Aufgabe 5	Abschn. 1.4	**Schwierigkeitsgrad:** 💣※

Das skizzierte, reibungsfreie System wird durch die Kraft F belastet.

Man bestimme die Auflagerreaktionen!

Gegeben: a, F.

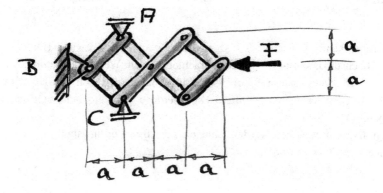

Lösung

Freikörperbilder:

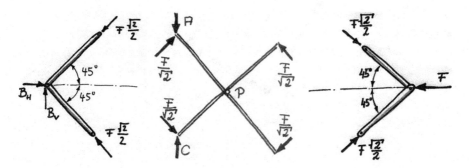

Anmerkung: Die Stäbe rechts und links sind Pendelstützen, können also an den Gelenken nur Kräfte in Längsrichtung aufnehmen (sonst würden sie sich um das jeweilige andere Gelenk drehen). Die Summe der horizontalen Kräfte für das Freikörperbild rechts und die Berücksichtigung der Symmetrie (oben = unten) ergeben eine Längskraft von $\sqrt{2}/2$ F.

Mittleres Freikörperbild:

Symmetrie oder ΣM^P: A = C,
ΣM^P für eine Pendelstütze: A = 2F,
Gesamtsystem: $\Sigma F_H = 0 ==> B_H = F$, $\Sigma F_V = 0 ==> B_V = 0$.

Aufgabe 6	Abschn. 1.4	**Schwierigkeitsgrad:** ●

Eine Bierdose kann als offener, kreiszylindrischer Stahlblechbehälter (Durchmesser D, Höhe H, Blechstärke s, s<<D, s<<H) betrachtet werden. Wenn die Bierdose mal wieder leer ist und der Nachschub auf sich warten lässt, kann man sich den Durst mit einem wissenschaftlichen Versuch vertreiben: Die Bierdose wird am unteren Rand einseitig angehoben.

Wie groß darf h_1 maximal werden, ohne dass der Behälter umkippt?
Gegeben: G, D, H, s, s<<D, s<<H.

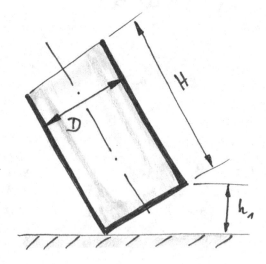

Lösung

Schwerpunkt im x-y-Koordinatensystem:

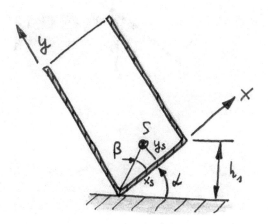

$$x_s \quad = D/2 \qquad \text{(Symmetrie)},$$

$$y_s \quad = \frac{\frac{s}{2}\frac{\pi}{4}(D-2s)^2 s + \frac{H}{2}\frac{\pi}{4}(D^2-(D-2s)^2)H}{\frac{\pi}{4}(D-2s)^2 s + \frac{\pi}{4}(D^2-(D-2s)^2)H}$$

$$\quad = \frac{H/2 \;\; \pi DHs + 0}{\pi D^2 s/4 + \pi DHs} = \frac{2H^2}{D+4H},$$

$$\tan\beta \;= y_s/x_s = \frac{4H^2}{D^2+4HD}.$$

Für labiles Gleichgewicht („gerade noch vor dem Umkippen" und/oder „Umkippen fängt gerade an") gilt: Der Schwerpunkt ist direkt, d. h. senkrecht, über dem Aufstandspunkt:

$$\alpha + \beta = 90°,$$
$$h_1 = D \sin\left(90° - \beta\right) = D \cos\beta = D\frac{1}{\sqrt{1+\tan^2\beta}}\frac{1}{\sqrt{1+\tan^2\beta}}.$$

Aufgabe 7 Abschn. 1.4 **Schwierigkeitsgrad:** 💣※

In einer Vertiefung (Breite a, Tiefe a) ruht wie skizziert ein homogener Balken konstanten Querschnitts vom Gewicht G. Das System ist reibungsfrei.

Welche Länge L darf der Balken maximal haben, wenn er nicht aus der Vertiefung herausrutschen soll?

Gegeben: a, G.

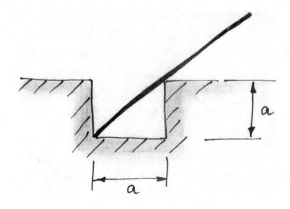

Lösung

Freikörperbild:

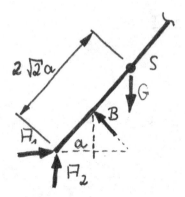

Und dann … mmhhh … ach ja: Kann man hier etwas 0 setzen? Jaaaa!

→ Rutschen beginnt, wenn $A_2 = 0$. Dann: zentrales Kräftesystem …

Vorgehen:

1) Konstruktion des Schnittpunktes $A_1 - B$
2) Zentrales Kräftesystem für Schwerpunkt senkrecht über dem Schnittpunkt (nur dann ist die Summe der Momente um diesen Schnittpunkt null!),

$$\Rightarrow L = 4 \sqrt{2} \; a.$$

Aufgabe 8	Abschn. 1.4	**Schwierigkeitsgrad:** ✿

Ein Traktor (Gewicht einschl. Fahrer G, Schwerpunkt S) fährt ohne Rutschen der hinteren Antriebsräder mit konstanter Geschwindigkeit den Hang (Steigungswinkel α) hinauf. Zusätzlich wirkt die Zugkraft F.

a) Bei welcher Kraft F kippt der Traktor um?
b) Wie groß muss der Reibwert zwischen den Antriebsrädern und der Ebene mindestens sein, damit der Traktor nicht rutscht, bevor er kippt?

Gegeben: a, G, α.

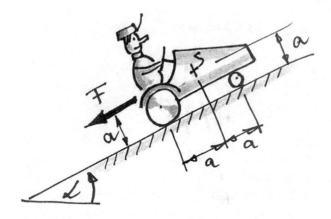

Lösung

Auch hier wieder: „Wird vielleicht was „0"? Joouu! Bedingung für Beginn des Kippens: Normalkraft zwischen Vorderrad und Ebene ist null!

a) Freikörperbild:

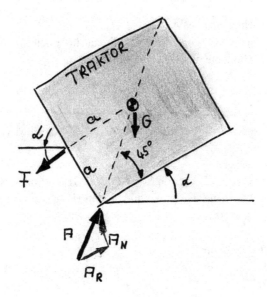

$$\Sigma\ M^A: \ -Fa + Ga\ (\cos\alpha - \sin\alpha) = 0,$$
$$\Rightarrow F = G\ (\cos\alpha - \sin\alpha).$$

Alternative Lösung: zentrales Kräftesystem:

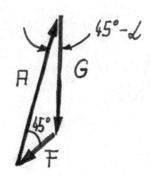

$$\Rightarrow F = G\frac{\sin\left(45^\circ - \alpha\right)}{\sin 45^\circ} = \sqrt{2}\ G\ \sin\left(45^\circ - \alpha\right)$$

(Das ist dasselbe wie die erste Lösung!!!).

b) $\mu_0 \geq \dfrac{A_R}{A_N} = \tan 45^\circ = 1$

($\mu_0 > 1$ macht physikalisch und politisch keinen Sinn!).

Der skizzierte Körper (dünnes homogenes dreieckiges Blech mit masselosem Stab) soll durch eine Kraft F in der skizzierten Lage festgehalten werden.

Man ermittle den Kraftangriffspunkt, die Richtung und den Betrag der Kraft F für den Fall der kleinstmöglichen Kraft.

Wie groß ist dann die resultierende Lagerreaktion im Lager A?

Gegeben: G, a.

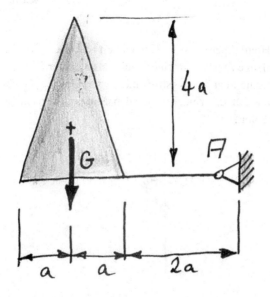

Lösung

Überlegungen:

- Zur Minimierung muss die Kraft senkrecht auf dem Hebelarm stehen.
- Hebelarm muss maximal sein.

Daraus folgt: F muss an der oberen Spitze des Dreiecks angreifen und senkrecht auf der Verbindungslinie der Spitze und des Lagers A stehen – in diesem Fall ist der Hebelarm der Kraft maximal!

Betrag der Kraft:

ΣM^A: $3\,G\,a - \sqrt{16a^2 + 9a^2}\,F = 0,$

$> F = \frac{3}{5}\,G$

Krafteck mit Kräften F, A und G:

$A = \frac{4}{5}\,G.$

Aufgabe 10	Abschn. 1.8	**Schwierigkeitsgrad: ☀**

Ein ~~Ingenieurkopf~~ Hohlkörper (hier der Einfachheit halber ein Würfel) konstanter Wandstärke (Innenkantenlänge a) hängt an einem Seil, das an einer Ecke des Würfels befestigt ist. In seinem Innenraum liegt reibungsfrei eine Kugel (Gewicht G, Durchmesser d < a).

Wie groß sind die auf die Kugel wirkenden Stützkräfte nach Betrag und Neigung gegenüber der Vertikalen?

Gegeben: a, d, G.

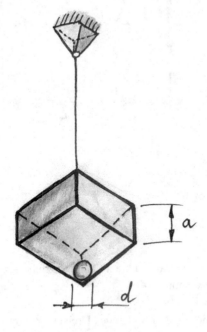

Lösung

1. Lösungsweg: Vektoriell: Koordinatensystem x, y, z in Richtung der Würfelkanten:

$$\begin{bmatrix} N \\ 0 \\ 0 \end{bmatrix} + \begin{bmatrix} 0 \\ N \\ 0 \end{bmatrix} + \begin{bmatrix} 0 \\ 0 \\ N \end{bmatrix} = G \frac{1}{\sqrt{3}} \begin{bmatrix} 1 \\ 1 \\ 1 \end{bmatrix}, \quad \Rightarrow N = \frac{G}{\sqrt{3}}.$$

2. Lösungsweg: Winkel φ zwischen der Würfeldiagonalen und der Kante:

$$\cos \varphi = \frac{a}{\sqrt{a^2 + a^2 + a^2}} = \frac{1}{\sqrt{3}}.$$

Jede Wand trägt 1/3 der Gewichtskraft:

$$N \cos \varphi = \frac{G}{3}, \Rightarrow N = \frac{G}{\sqrt{3}}.$$

Aufgabe 11   Abschn. 1.9   **Schwierigkeitsgrad:** ❦

Eine antike Dampfwalze (Gewicht G) besitzt eine vordere Walze (Radius r) und zwei hintere Antriebswalzen. Die Walzen sind reibungsfrei auf ihren Achsen gelagert. Das Fahrzeug soll aus der gezeichneten Lage über die Stufe rollen.

Wie groß muss der Haftreibungskoeffizient μ_0 zwischen der Fahrbahn und den Walzen mindestens sein?

Gegeben: L, r, G, α.

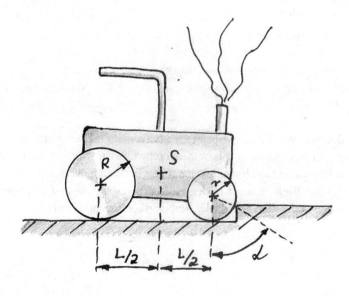

Lösung

Freikörperbild:

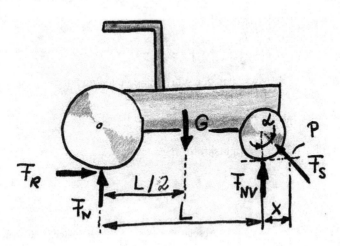

Beginn der Bewegung: $F_{NV}=0$.

Normalkraft: ΣM^P: $F_N(L+x)-G(L/2+x)=0$ mit $x=r\sin\alpha$,

$$F_N = G\,\frac{L/2+r\sin\alpha}{L+r\sin\alpha},$$

Reibkraft: ΣF_H, ΣF_V: $F_R=F_{SV}\tan\alpha=(G-F_N)\tan\alpha$

$$= G\tan\alpha\,\frac{L/2}{L+r\sin\alpha}.$$

Reibungskoeffizient: $\mu_0 \geq \frac{F_R}{F_N} = \frac{\tan\alpha}{1+2r\sin\alpha/L}$.

| **Aufgabe 12** | Abschn. 1.9 | **Schwierigkeitsgrad:** |

Ein Körper, der aus zwei Kreisscheiben (jeweils Gewicht G, Durchmesser D) und einer gewichtslosen Verbindungsstange zusammengeschweißt ist, wird mit zwei gleichen Seilwinden W mit konstanter Geschwindigkeit auf den Boden abgelassen.

Wie groß ist das Biegemoment in der Mitte der Verbindungsstange, wenn zwischen den Kreisscheiben und Seilen jeweils der Reibungskoeffizient μ wirkt?

Gegeben: G, D, μ.

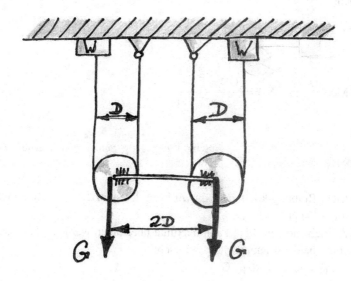

Lösung

Freikörperbild linke Scheibe:

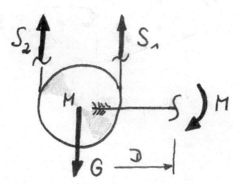

Aus dem Freikörperbild ergibt sich, dass im Verbindungsträger der beiden Kreisscheiben keine Normalkraft und keine Querkraft wirken.

Seilreibung: $\dfrac{S_1}{S_2} = e^{\mu\pi}$.

ΣF_V: $S_1 + S_2 = G$,

$$\Rightarrow S_2 = \frac{G}{1 + e^{\mu\pi}}, \; S_1 = G\frac{e^{\mu\pi}}{1 + e^{\mu\pi}},$$

ΣM^M: $M = \dfrac{D}{2}(S_1 - S_2) = \dfrac{GD}{2}\dfrac{e^{\mu\pi} - 1}{e^{\mu\pi} + 1}$.

Aufgabe 13   Abschn. 1.9   **Schwierigkeitsgrad:** 💣✳

Ein Riementrieb (Reibungskoeffizient μ) wird mit der skizzierten Vorrichtung durch ein Gewicht G vorgespannt.

Welches Abtriebsmoment M_{AB} kann maximal übertragen werden, ohne dass der Riemen auf einer der beiden Riemenscheiben rutscht?

Gegeben: d, D = 4d, L = 3d, μ, G.

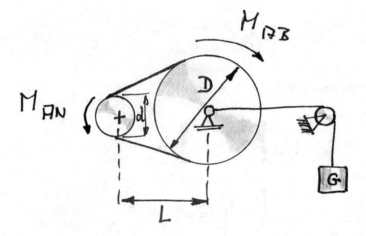

Lösung

Geometrie:

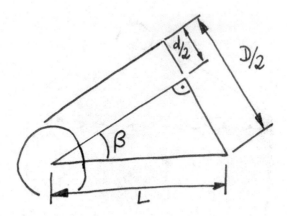

$\sin\beta = \frac{D-d}{2L} = 0{,}5,$

$\Rightarrow \beta = 30°$ (entspricht $\pi/6$).

Umschlingungswinkel: $\alpha = \pi - 2\arcsin\beta = \frac{2}{3}\pi.$

Freikörperbild Abtriebsscheibe:

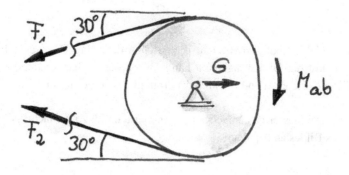

$F_1 + F_2 = \frac{G}{\cos 30°} = \frac{2}{\sqrt{3}}G,$

$F_1 - F_2 = \frac{2}{D}M_{ab},$

$F_{1max} = F_2\, e^{\mu\alpha} = F_2 e^{\frac{2}{3}\mu\pi},$

$\Rightarrow M_{AB} = \frac{GD}{\sqrt{3}}\frac{e^{\frac{2}{3}\mu\pi}-1}{e^{\frac{2}{3}\mu\pi}+1}.$

Ein Bilderrahmen (Gewicht G) hängt mittels eines Fadens wie skizziert an einem Nagel.

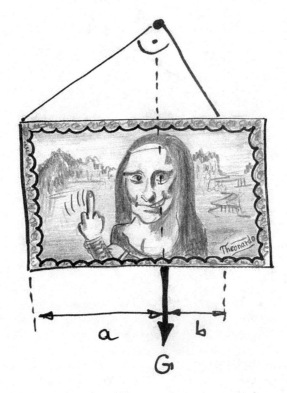

Wie groß muss der Reibungskoeffizient μ zwischen dem Nagel und dem Faden mindestens sein, damit das Bild waagerecht hängt, wenn die Aufhängepunkte am Rahmen unterschiedliche Abstände a und b vom Schwerpunkt des Bildes haben?

Hinweis Der Durchmesser des Nagels ist gegenüber a und b zu vernachlässigen, ebenso die Reibung des Bildes an der Wand!

Gegeben: a, b, a > b, G.

Lösung

Freikörperbild, Geometrie:

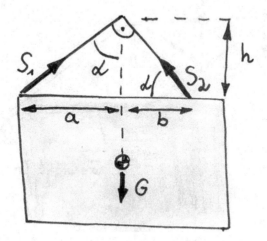

ΣF_H: $S_1 \sin \alpha = S_2 \cos \alpha$

$\Longrightarrow \tan \alpha = S_2/S_1.$ (I)

Geometrie: $\tan \alpha = a/h = h/b \Rightarrow \tan^2 \alpha = a/b.$ (II)

Aus I und II folgt: $\frac{S_2}{S_1} = \sqrt{\frac{a}{b}} > 1.$

Seilreibung: $\frac{S_2}{S_1} = e^{\mu \frac{\pi}{2}} = \sqrt{\frac{a}{b}},$

$\Rightarrow \mu = \frac{1}{\pi} \ln \frac{a}{b}.$

Aufgabe 15   Abschn. 1.10   **Schwierigkeitsgrad:** 💣

Das skizzierte Tragwerk besteht aus gewichtslosen Stäben und einer homogenen Dreiecksscheibe konstanter Dicke vom Gewicht G.

Wie groß sind die Kräfte in den Stäben 1 bis 3? Handelt es sich um Zug- oder Druckstäbe?

Gegeben: a, G, F = G.

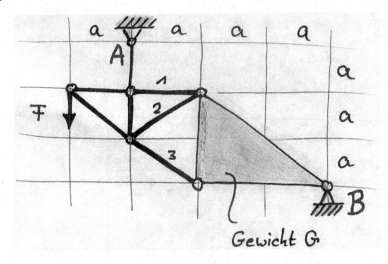

Lösung

Summe der Momente um das Lager B:

$$F\,4\,a - A\,3\,a + G\,\tfrac{2}{3}\,2\,a = 0,$$
$$\Longrightarrow A = \tfrac{16}{9}\,G.$$

Ritterschnitt:

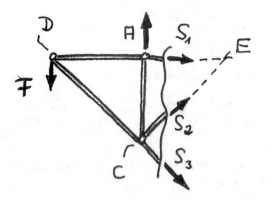

$$\Sigma M^C\colon\ S_1 = G \qquad\qquad\qquad \text{(Zugstab)},$$
$$\Sigma M^D\colon\ S_2 = -\tfrac{1}{2}\sqrt{2}A = -\tfrac{8}{9}\sqrt{2}\,G \quad \text{(Druckstab)},$$
$$\Sigma M^E\colon\ \sqrt{2}\,a\,S_3 - A\,a + F\,2a = 0,$$
$$\qquad\quad S_3 = -\tfrac{1}{9}\sqrt{2}\,G \qquad\qquad \text{(Druckstab)}.$$

In dem skizzierten Stabwerk haben alle Stäbe bis auf den vertikalen Stab 5 die Länge a.

Wie groß ist die Stabkraft in Stab 3 bei der eingezeichneten Belastung F? Handelt es sich um einen Zug- oder Druckstab?

Gegeben: a, F.

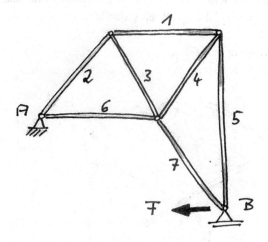

Lösung

Auflager: $A_H = F$, $\Sigma M^A = 0 = Fa\sqrt{3}/2 - B\,a\,3/2$

$\qquad B = F/\sqrt{3} = -A_V$

Ritterschnitt:

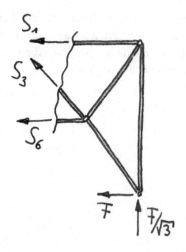

$$\Sigma F_V = S_3 \sqrt{3}/2 + F/\sqrt{3} = 0,$$
$$S_3 = -2F/3 \quad \text{(Druckstab!)}.$$

Aufgabe 17	Abschn. 1.10	**Schwierigkeitsgrad:** ☼

Die Stäbe 1 bis 4 des skizzierten Systems haben die Länge r und sind durch das Gelenk M miteinander verbunden. M ist gleichzeitig der Mittelpunkt des Kreisausschnitts, den die Stäbe 5 bis 8 bilden.

Wie groß ist die Kraft in Stab 9?

Gegeben: F, r, Winkel s. Skizze.

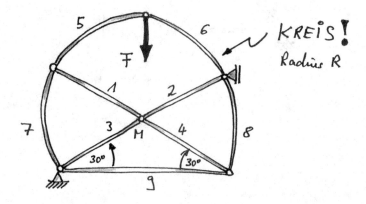

Lösung

Trick: Bei den gekrümmten Stäben handelt es sich um Pendelstützen. Zur Verdeutlichung der Kraftrichtungen dieser Pendelstützen werden diese durch gerade Stäbe ersetzt, da die Wirkungslinien der Kräfte jeweils durch die gedachte Verbindungslinie der Knoten geht. Das Ersatzsystem sieht also so aus:

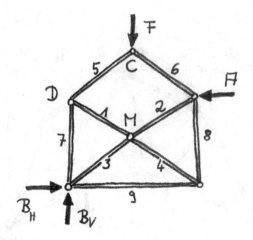

Auflager: ΣF_V: $B_V = F$,

$\qquad \Sigma M^B$: $A\,r - Fr\frac{\sqrt{3}}{2} = 0$,

$\qquad \Rightarrow A = B_H = \frac{\sqrt{3}}{2}F$.

Knotengleichgewicht: C: $S_5 = S_6 = -F$,

D: $S_5 = S_7 = -F$,

$\quad S_1 = -S_5 = F$,

M: $S_4 = S_1 = F$,

B: ΣF_V : $S_3 = 0$, $S_3 = S_2 \Rightarrow S_2 = 0$,

$\quad \Sigma F_H$: $S_9 = -\frac{\sqrt{3}}{2}F$ \qquad\qquad (Druckstab).

Aufgabe 18	Abschn. 1.10	Schwierigkeitsgrad: ♦※

Das skizzierte symmetrische Fachwerk wird durch zwei Einzelkräfte F belastet.

Wie groß sind die Stabkräfte der Stäbe 1, 2 und 3? Handelt es sich um Zug-, Druck- oder Nullstäbe?

Gegeben: a, F.

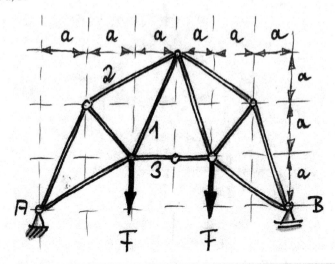

Lösung

Auflager: $A_V = B = F$

Ritterschnitt:

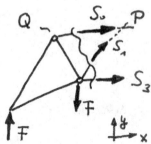

ΣM^P: $3a\,F - a\,F - 2a\,S_3 = 0$,

$S_3 = F$ (Zugstab).

EM^Q: $-S_3\,a - S_{1x}\,a - S_{1y}\,a + F\,a + F\,a = 0$,

$\qquad S_{1y} = 2\,S_{1x}$, $S_{1x} = F/3$, $S_1^2 = S_{1x}^2 + S_{1y}^2 = 5\,S_{1x}^2$,

$\qquad S_{1x} = \dfrac{S_1}{\sqrt{5}}$,

$\Rightarrow S_1 = \dfrac{\sqrt{5}F}{3}$ (Zugstab).

$\Sigma M^{\text{Kaftangriffspunkt}}$: $F\,2a + S_{2y}\,a + S_{2x}\,a = 0$

mit $S_{2y} = S_2/\sqrt{5}$ und $S_{2x} = 2S_2/\sqrt{5}$,

$\Rightarrow S_2 = -2\sqrt{5}F/3$ (Druckstab).

Das skizzierte ebene Fachwerk trägt eine Scheibe (Gewicht G).

Wie groß sind die Stabkräfte 1 bis 4? Handelt es sich um Zug- oder Druckstäbe?

Gegeben: a, G.

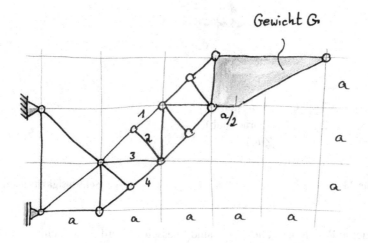

Lösung

Schwerpunkt der Scheibe:

$$x_s = \frac{\frac{a^2}{2}\frac{a}{4} + \frac{3a^2}{4}a}{\frac{a^2}{2} + \frac{3a^2}{4}} = 0{,}7\,a.$$

Nullstab $S_2 = 0$. (Linker Knoten von Stab 2 kann keine Kraft längs des Stabes 2 aufnehmen – denn wer oder was sollte sie ausgleichen?)

Ritterschnitt:

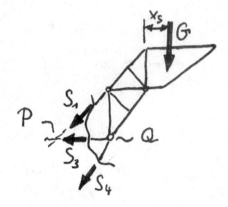

ΣM^Q: $S_1 = 1{,}7\sqrt{2}\,G$ (Zugstab).

ΣM^P: $S_4 = -2{,}7\sqrt{2}\,G$ (Druckstab),

ΣF_H: $S_3 = G$ (Zugstab).

Aufgabe 20	Abschn. 1.10	**Schwierigkeitsgrad:** 💣☀

Der skizzierte Wandkran (alle Teile sind masselos) wird durch ein Gewicht G in gezeichneter Weise belastet. Das Seil wird an der reibungsfreien sehr kleinen Seilrolle R umgelenkt und ist oberhalb des Punktes A an der Wand befestigt.

Wie groß sind die Kräfte in den Stäben 1 bis 4? Handelt es sich um Zug- oder Druckstäbe?

Gegeben: G, a.

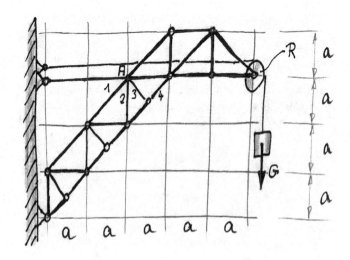

Lösung

Nullstab $S_3 = 0$. (Rechter Knoten von Stab 3 kann keine Kraft in Stabrichtung aufnehmen, denn wer oder was sollte sie ausgleichen?)

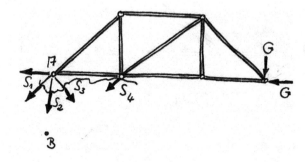

Lagerkraft in A: $A = \dfrac{2}{3}G$ (Zugkraft).

Ritterschnitt:

ΣM^A: $S_4 = -3\sqrt{2}\,G$ (Druckstab),
ΣM^B: $S_1 = \frac{4}{3}\sqrt{2}\,G$ (Zugstab),
$\sum F_v$: $S_2 = \frac{2}{3}\,G$ (Zugstab).

Aufgabe 21   Abschn. 1.11   Schwierigkeitsgrad: 💣※

Zwei biegesteif verschweißte Träger werden wie skizziert durch die Streckenlast q_0 und die Einzelkraft F belastet.

Man bestimme das Biegemoment $M_b(x)$ für den Bereich $0 < x < 2a$ und skizziere den Momentenverlauf für den horizontalen Träger!

Wie groß ist das größte auftretende Biegemoment?

Gegeben: a, F, q_0.

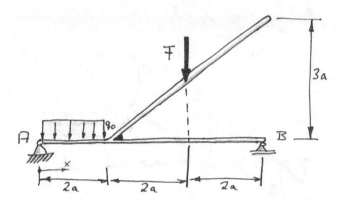

Lösung

Bestimmung der Lagerreaktionen: $\Sigma M^B = F\,2\,a + 2\,a\,q_0\,5\,a - A_z 6\,a = 0,$
$$\Rightarrow A_z = F/3 + 5\,q_0\,a/3.$$

Querkraft für $0 < x < 2a$: $Q = A_z - q_0\,x$.

Biegemoment für $0 < x < 2\,a$: $\Sigma M^A = M_B(x) - Q\,x - \int\limits_0^x \bar{x} q_0\,d\bar{x} = 0,$
$$\Rightarrow M_B(x) = A_z x - q_0 x^2 + 0{,}5\,q_0\,x^2$$
$$= Fx/3 + 2q_0\,a^2\left[\frac{5x}{6a} - \left(\frac{x}{2a}\right)^2\right].$$

Maximales Biegemoment: $M_{B,max} = M_B(2a) + F2a = 8Fa/3 + 4q_0a^2/3.$

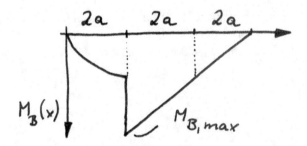

(Momentensprung, da an diesem Ort durch den schräg nach oben ragenden Träger ein Moment eingeleitet wird!)

Ein abgesetzter Rotor (Durchmesser d, D) aus homogenem Material mit dem Gewicht G ist wie skizziert gelagert.

Man skizziere die Verläufe der Querkraft und des Biegemoments infolge des Eigengewichts und gebe die Werte an den Stellen der Querschnittssprünge und in der Mitte des Rotors an!

Gegeben: a, d, D = 2d, G.

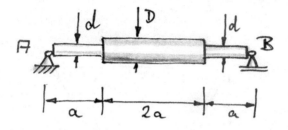

Lösung

Gewicht pro Länge:

$$4q\,2a + 2q\,a = G \Longrightarrow q = \frac{G}{10a}$$

Streckenlast:

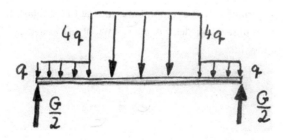

Querkraftverlauf:

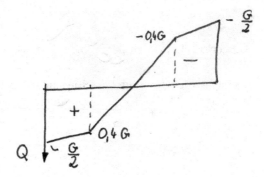

Biegemomentenverlauf:

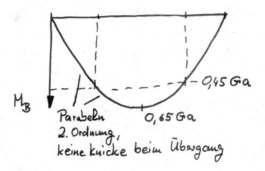

Aufgabe 23	Abschn. 1.11	Schwierigkeitsgrad: 💣

Es ist fünf Minuten vor neun.

Man ermittle den Verlauf des Biegemoments und des Maximalwertes desselben im großen Zeiger der Turmuhr, wenn der Zeiger (Gewicht G) konstante Dicke und einen dreiecksförmigen Verlauf hat!

Gegeben: L, b, G.

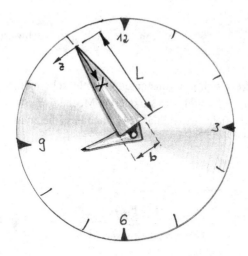

Lösung

Biegemomentenverlauf: $M_B(x) = -\frac{1}{6}GL\left(\frac{x}{L}\right)^3$.

Maximalwert bei x = L: $M_{bmax} = -G\sin 30°\, L/3 = -\frac{1}{6}GL$.

Und das mal völlig ohne Angabe des Lösungsweges. Umso schöner ist es doch dann, wenn man das Ergebnis auch so herausgefunden hat! Für alle, die das geschafft haben: herzlichen Glückwunsch! Wenn man etwas anderes oder gar nichts ausgerechnet hat: einfach am Ball bleiben und es immer wieder versuchen! Es wird dann irgendwann klappen, ganz sicher …

4.2 Aufgaben zur Elastostatik

Aufgabe 24   Abschn. 2.2   **Schwierigkeitsgrad:** ✿

Eine Bremstrommel dreht sich mit konstanter Winkelgeschwindigkeit ω. Das Bremsseil (Querschnittsfläche A) wird mittels des skizzierten Mechanismus gespannt.

Wie groß darf das Gewicht G maximal sein, ohne dass die zulässige Spannung σ_{zul} im Seil überschritten wird?

Gegeben: a, b, μ, A, σ_{zul}.

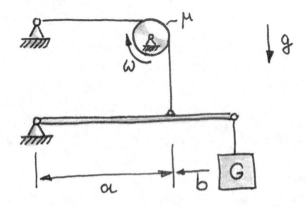

Lösung

Kraft im vertikalen Teilstück des Seiles:

$$S_V = G\,\frac{a+b}{a}.$$

Kraft im horizontalen Teilstück des Seiles:

$$S_H = S_V\,e^{\mu\pi/2}.$$

Spannung: $\sigma_{zul} = \dfrac{S_H}{A} = \dfrac{G(a+b)e^{\mu\pi/2}}{aA}$,

$$\Rightarrow G = \frac{\sigma_{zul}\,a\,A\,e^{-\mu\pi/2}}{a+b}.$$

Auf den skizzierten Pyramidenstumpf mit quadratischem Querschnitt (Kantenlängen: Oberseite a, Unterseite b, Höhe h, E-Modul E) wirkt an der Oberseite die Druckspannung σ_0. Das Eigengewicht des Pyramidenstumpfes soll im Folgenden vernachlässigt werden.

a) Wie groß ist die Spannung σ_U auf der Unterseite?
b) Um welchen Betrag verkürzt sich der Stumpf?

Gegeben: a, b, h, σ_0, E.

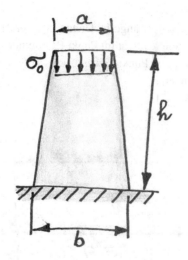

Lösung

a) Kraft an der Oberseite:

$$F = \sigma_0 \, a^2.$$

Gleiche Kraft an der Unterseite:

$$F = \sigma_U \, b^2 \implies \sigma_U = \sigma_0 \frac{a^2}{b^2}.$$

b) $\Delta h = \displaystyle\int_0^h \frac{\sigma(x)}{E} dx \quad$ mit $\sigma(x) = \dfrac{F}{A(x)}$.

$$A(x) = s^2(x).$$

Kantenlänge $s(x) = a + x\,(b{-}a)/h$.

$$\Delta h = \int_0^h \frac{\sigma_0 a^2}{A(x)E}\,dx = \int_0^h \frac{\sigma_0 a^2}{s^2(x)\,E}\,dx$$

$$= \frac{\sigma_0 a^2}{E}\,\frac{h}{(a-b)}\,\frac{1}{a + x(b-a)/h}\,\Bigg|_0^h \qquad\qquad [38],$$

$$\Rightarrow \Delta h = \frac{\sigma_0 a h}{Eb}.$$

Aufgabe 26	Abschn. 2.2	Schwierigkeitsgrad: ✿

Der spannungsfrei montierte Stab (Länge L, Dichte ρ, Querschnitt A, Elastizitätsmodul E, Wärmeausdehnungskoeffizient α) liegt im Punkt P auf einer Unterlage.

Wie klein ist der Reibwert μ im Punkt P, wenn sich der Stab infolge einer Erwärmung $\Delta\vartheta$ des Stabes um ΔL verlängert?

Gegeben: L, A, E, ρ, α, $\Delta\vartheta$, ΔL, g.

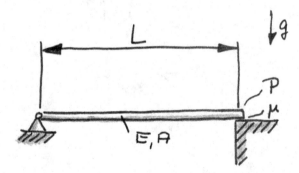

Lösung

Hier die Lösung in Kurzform:

Statik: Reibkraft

$$F_R = \frac{\mu \rho A L g}{2}.$$

Verlängerung:

$$\Delta L = -\frac{\mu \rho A L^2 g}{2EA} + \alpha \Delta\vartheta L.$$

Auflösen nach μ:

$$\mu = \frac{2E(\alpha \Delta \vartheta L - \Delta L)}{\rho L^2 g}.$$

Aufgabe 27 Abschn. 2.2 **Schwierigkeitsgrad:** ☼

Die skizzierte Anordnung besteht aus einem starren Balken und zwei Stäben (Elastizitätsmodul E, Querschnittsfläche A, Wärmeausdehnungskoeffizient α), die bei Raumtemperatur spiel- und spannungsfrei montiert wurden.

Welche Kraft wirkt im Stab 1, wenn sich die Umgebungstemperatur um $\Delta \vartheta$ ändert?

Gegeben: E, A, α, $\Delta \vartheta$, a, b.

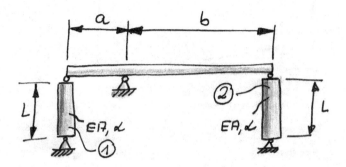

Lösung

Normalkräfte in den Stäben $\Longrightarrow$ Momentengleichgewicht am Balken:

$N_1 a = N_2 b.$

Geometrie bei Winkeländerung am (starren!) Balken:

$\Delta L_1 b = -\Delta L_2 a.$

Verlängerungen der Stäbe:

$\Delta L_1 = \frac{N_1 L}{EA} + L \alpha \Delta \vartheta.$

$\Delta L_2 = \frac{N_2 L}{EA} + L \alpha \Delta \vartheta,$

d. h. vier Gleichungen mit den nur vier (juhu!) Unbekannten N_1, N_2, ΔL_1, ΔL_2.

$\Longrightarrow N_1 = -EA\alpha\Delta\vartheta \,\frac{(a + b)b}{a^2 + b^2}.$

Ein konischer (auch komischer) Stab mit kreisförmigem Querschnitt liegt spiel- und spannungsfrei zwischen zwei starren Wänden. Der Stab wird gleichmäßig um $\Delta\vartheta$ erwärmt.

Wie groß ist die dann auftretende maximale Spannung im Stab?

Gegeben: d, D, L, E, α, $\Delta\vartheta$, (L $\gg$ D).

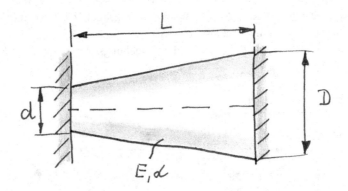

Lösung

$$\Delta L = \int_0^L \left(\frac{N}{A(x)E} + \alpha\Delta\vartheta \right) dx \quad \text{mit } \Delta L = 0.$$

Querschnittsfläche: $A(x) = \pi\, r^2(x)$,

$$r(x) = \frac{1}{2}\left(d + \frac{D-d}{L}x \right),$$

$$\Rightarrow N = -\frac{\alpha\Delta\vartheta LE}{\int \frac{1}{A(x)}dx} \quad \text{mit } \int \frac{1}{A(x)}dx = \frac{L}{\pi dD} \text{ (z. B. [38])},$$

$$\Rightarrow N = -\alpha\Delta\vartheta E\pi dD,$$

$$\Rightarrow \sigma_{max} = \frac{N}{A_{min}} = \frac{4N}{\pi d^2} = -4\alpha\,\Delta\vartheta\,E\frac{D}{d}.$$

Eine Schraubverbindung besteht aus einer Hülse (Querschnittsfläche A_H, Elastizitäts-modul E_H, Wärmeausdehnungskoeffizient α_H) und einer Schraube (Querschnittsfläche

A_S, Elastizitätsmodul ES, Wärmeausdehnungskoeffizient α_S, Ganghöhe h). Die Mutter wird durch eine Sechsteldrehung angezogen.

Wie groß ist die Normalkraft im Bolzen, wenn die Verbindung um $\Delta\vartheta$ erwärmt wird?

Gegeben: E_S, E_H, A_S, A_H, α_S, α_H, h, L.

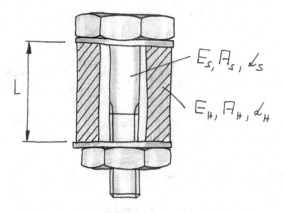

Lösung

Knackpunkt dieser Aufgabe ist (neben dem inneren Schweinehund) weder die Statik noch die Festigkeitslehre, sondern allein die Vorstellung, was hier eigentlich genau passiert. Und als kleiner Trick: Am besten versteht man dies, wenn man sich die folgenden Sonderfälle vor Augen führt:

1. Die Hülse sei starr: Das würde bedeuten, dass die Schraube um h/6 infolge der Verspannung der Schraubverbindung verlängert werden müsste, also $\Delta L_S = h/6$.
2. Die Schraube sei starr: Das würde bedeuten, dass die Hülse um h/6 infolge der Verspannung der Schraubverbindung verkürzt werden müsste, also $\Delta L_H = h/6$.

Sind nun beide Bauteile elastisch, dann *überlagern* sich die beiden Verformungen:

$$\frac{h}{6} = \Delta L_S - \Delta L_H.$$

Wir können noch die Unbekannten ΔL_S und ΔL_H bestimmen:

$$\Delta L_S = \frac{NL}{E_S A_S} + \alpha_S \, \Delta\vartheta \, L,$$

$$\Delta L_H = \frac{-NL}{E_H A_H} + \alpha_H \, \Delta\vartheta \, L.$$

Achtung Negative Normalkraft in der Hülse wegen Druckbelastung!

Nun muss man die drei errungenen Gleichungen noch kurz durch die mathematische Mühle drehen, d. h. alles zusammenpacken und nach N auflösen, einen gemeinsamen Hauptnenner bilden … und es ergibt sich

$$N = \left[\frac{h}{6L} + (\alpha_H - \alpha_S)\Delta\vartheta\right] \frac{E_S A_S E_H A_H}{E_S A_S + E_H A_H}.$$

Finito!

| **Aufgabe 30** | Abschn. 2.3 | **Schwierigkeitsgrad:** 💣* |

Das Bauteil wird wie skizziert durch die Spannungen σ_a, σ_b und τ belastet. Das Bauteil verfügt über die Schweißnähte A und B, die gegenüber den Körperkanten um α geneigt sind.

Man bestimme die in den Schweißnähten wirkenden Normal- und Schubspannungen σ_A, σ_B und τ_{AB}.

Gegeben: $\sigma_a = -2$ kN/cm², $\sigma_b = 6$ kN/cm², $\tau = 3$ kN/cm², $\alpha = 52°$.

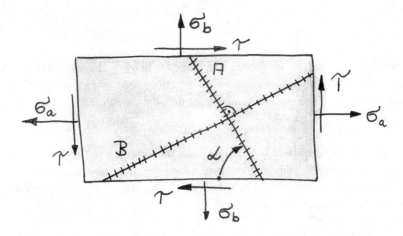

Lösung

Konstruktion des Mohr'schen Spannungskreises:

1. Eintragen des Punktes P_a (σ_a; $-\tau$) (Achtung Vorzeichen τ; s. Vorzeichenkonvention Kap. 2)
2. Eintragen des Punktes P_b (σ_b; τ) (Achtung Vorzeichen τ; s. Vorzeichenkonvention Kap. 2)

3. P_a und P_b liegen am Bauteil um $90°$ gegeneinander verdreht $\Rightarrow$ im Mohr'schen Spannungskreis liegen diese Punkte auf gegenüberliegenden Seiten $(180°) \Rightarrow$ der Schnittpunkt der Verbindungsgeraden von P_a und P_b mit der σ-Achse liefert den Mittelpunkt des Mohr'schen Spannungskreises $\Rightarrow$ man zeichne den Spannungskreis um den Mittelpunkt durch P_a (oder/und P_b).

4. Eintragen von P_B: Von der Fläche b (das ist die Fläche, an der σ_b wirkt) kommt man beim Bauteil zur Fläche A durch eine Drehung im Uhrzeigersinn um den Winkel $\alpha = 52° \Rightarrow$ im Mohr'schen Spannungskreis müssen wir ebenfalls im Uhrzeigersinn, allerdings um den Winkel $2\alpha = 104°$ drehen und erhalten den Punkt P_A (3,95 kN/cm², –4,6 N/cm²).

5. Der Punkt P_B liegt dem Punkt P_A im Mohr'schen Spannungskreis gegenüber $(2 \times 90° = 180°)$. Oder anders: Wir kommen von der Fläche b zum Schnitt B, indem wir um $90° - \alpha = 38°$ gegen den Uhrzeigersinn drehen, also im Mohr'schen Spannungskreis um $2 \times 38° = 76°$ von P_b gegen den Uhrzeigersinn drehen.

6. Ablesen der Koordinaten führt auf
P_B (0,1 kN/cm², 4,6 kN/cm²).

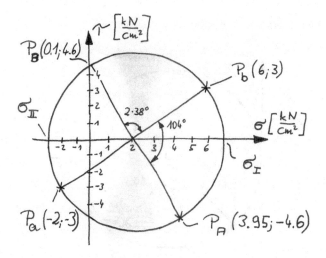

(Auf Basis der Skizze lassen sich über die Winkel- und Kreisbeziehungen auch exakte Werte berechnen.)

Aufgabe 31	Abschn. 2.3	Schwierigkeitsgrad: ♦※

Ein dünner Blechstreifen wird wie skizziert durch eine unbekannte Zugspannung σ_0 belastet. Im Schnitt A–A, der um den Winkel $\alpha = 22,5°$ gegenüber dem unbelasteten Rand gedreht ist, tritt die Normalspannung $\sigma_n = 10,25$ N/mm² auf. Im Schnitt B–B, der um den Winkel 3α gegenüber dem unbelasteten Rand gedreht ist, ergibt sich die gleiche Schubspannung wie in A–A.

Wie groß ist die Spannung σ_0?

Gegeben: $\sigma_n = 10{,}25$ N/mm^2.

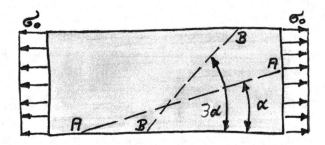

Lösung

Mohr'scher Spannungskreis:

$$==> R = \sigma_M$$
$$\sigma_M = \sigma_n + R\cos 45°.$$
$$\sigma_M = \frac{\sigma_n}{1-0{,}5\sqrt{2}}.$$
$$\sigma_0 = 2\sigma_M = 2\frac{\sigma_n}{1-0{,}5\sqrt{2}} \approx 70\,\text{N/mm}^2.$$

Bei einem Zugversuch (Stabquerschnitt A) unterscheiden sich die Schubspannungen in zwei unter den Winkeln 2α gegeneinander geneigten Schnittflächen nur im Vorzeichen.

Wie groß ist die Kraft F, wenn die gemessenen Schubspannungen τ_m betragen?

Gegeben: τ_m, A, α.

Lösung

$\sin 2\alpha = \tau_m/R \Rightarrow R = \tau_m/\sin 2\alpha,$

$\sigma_I = 2R = F/A,$

$F = 2AR = \frac{2A\tau_m}{\sin 2\alpha}.$

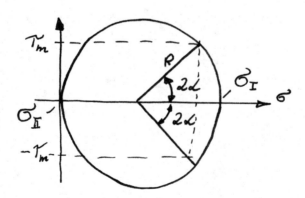

Aufgabe 33   Abschn. 2.4   **Schwierigkeitsgrad:** ◐※

An der skizzierten Spitze einer dünnen Scheibe greifen die Spannungen τ_a ($\sigma_a = 0$) und σ_b ($\tau_b = 0$) an.

Man ermittle aus der gegebenen Spannung τ_a die Normalspannung σ_b und die Vergleichsspannung nach der Hypothese der größten Gestaltänderungsarbeit!

Gegeben: τ_a.

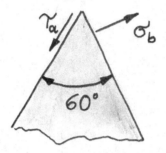

Lösung

$$\sin 60° = \frac{\sqrt{3}}{2} = \tau_a / R,$$
$$\Rightarrow R = \frac{2\tau_a}{\sqrt{3}}, \sigma_b = \sigma_I = R + R\cos 60° = \sqrt{3}\,\tau_a,$$
$$\sigma_{II} = \sigma_I - 2R = -\frac{1}{\sqrt{3}}\tau_a.$$

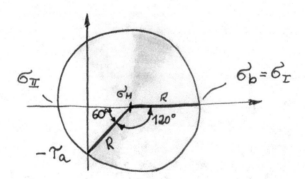

$$\sigma_{\mathrm{V}} = \sqrt{0{,}5\left[\left(\sqrt{3}+\frac{1}{\sqrt{3}}\right)^2 + (\sqrt{3})^2 + \left(\frac{1}{\sqrt{3}}\right)^2\right]}\,\tau_{\mathrm{a}}$$

$$= \sqrt{\frac{13}{3}}\,\tau_{\mathrm{a}}.$$

Aufgabe 34   Abschn. 2.4   **Schwierigkeitsgrad: ♦**

An den skizzierten Schnittflächen eines Körpers wirken Spannungen σ_1, σ_2, σ_3, τ_1 und τ_2.

a) Wie groß ist der Winkel φ?
b) Wie groß sind die Hauptspannungen?
c) Wie groß ist die Vergleichsspannung nach Tresca?

Gegeben: $\sigma_1 = 60\ \mathrm{N/mm^2}$, $\sigma_2 = 10\ \mathrm{N/mm^2}$, $\sigma_3 = -85\ \mathrm{N/mm^2}$, $\tau_1 = 30\ \mathrm{N/mm^2}$, $\tau_2 = 20\ \mathrm{N/mm^2}$.

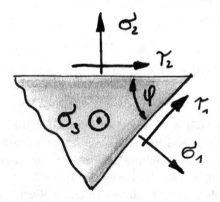

Lösung

Hier empfehlen wir die grafische Lösung! Also wieder: der Mohr'sche Spannungskreis:

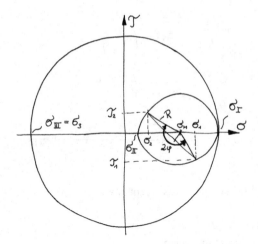

Es ergibt sich durch Ablesen aus der Zeichnung oder mittels Rechnung:

$$R = 10\sqrt{13}\ \text{N/mm}^2,$$
$$\sigma_I = (4 + \sqrt{13})\ 10\text{N/mm}^2,$$
$$\sigma_{II} = (4 - \sqrt{13})\ 10\text{N/mm}^2,$$
$$\sigma_{III} = 85\ \text{N/mm}^2,$$
$$\varphi = 78{,}5°,$$
$$\sigma_{\text{Tresca}} = \sigma_I - \sigma_{III} = 161\ \text{N/mm}^2.$$

Für die folgenden Aufgaben können die in der Literatur angegebenen Tabellen für die unterschiedlichen Biegefälle verwendet werden. Folgende Tabelle ist beispielhaft der Formelsammlung des Instituts für Mechanik, Uni Hannover, entnommen [4]. Die Nummerierung der Biegefälle in den Lösungen der Aufgaben bezieht sich auf die Nummerierung der Biegefälle in der folgenden Tabelle:

	Belastungsfall	Gleichung der Biegelinie	Durchbiegung	Neigung $\tan\alpha$
1		$w(x) = \dfrac{1}{6}\,\dfrac{F}{E\cdot I}\cdot \ell\cdot x^2\left(3-\dfrac{x}{\ell}\right)$	$w(\ell)=f=\dfrac{F\cdot\ell^3}{3\,EI}$	$\tan\alpha=\dfrac{F\cdot\ell^2}{2\,EI}$
2		$w(x)=\dfrac{M}{2EI}\cdot x^2$	$w(\ell)=f=\dfrac{M\cdot\ell^2}{2\,EI}$	$\tan\alpha=\dfrac{M\cdot\ell}{E\cdot I}$
3		$w(x)=\dfrac{q\cdot\ell^4}{24EI}\left[\,6\left(\dfrac{x}{\ell}\right)^2-4\left(\dfrac{x}{\ell}\right)^3+\left(\dfrac{x}{\ell}\right)^4\right]$	$w(\ell)=f=\dfrac{q\cdot\ell^4}{8\,EI}$	$\tan\alpha=\dfrac{q\cdot\ell^3}{6\,EI}$
4		$x\leqq \ell/2$ $w(x)=\dfrac{F\cdot\ell^3}{16\cdot EI}\left(\dfrac{x}{\ell}-\dfrac{4}{3}\cdot\dfrac{x^3}{\ell^3}\right)$	$w\!\left(\dfrac{\ell}{2}\right)=f=\dfrac{F\cdot\ell^3}{48\,EI}$	$\tan\alpha=\dfrac{F\cdot\ell^2}{16\,EI}$
5		$x\leqq a:$ $w(x)=\dfrac{F\cdot\ell^3}{6EI}\cdot\dfrac{a}{\ell}\cdot\left(\dfrac{b}{\ell}\right)^2\dfrac{x}{\ell}\left(1+\dfrac{\ell}{b}-\dfrac{x^2}{ab}\right)$ $a\leqq x\leqq \ell:$ $w(x)=\dfrac{F\cdot\ell^3}{6EI}\cdot\dfrac{b}{\ell}\cdot\left(\dfrac{a}{\ell}\right)^2\dfrac{\ell-x}{\ell}\left(1+\dfrac{\ell}{a}-\dfrac{(x-\ell)^2}{a\cdot b}\right)$	$w(a)=f=\dfrac{F\cdot\ell^3}{3EI}\left(\dfrac{a}{\ell}\right)^2\left(\dfrac{b}{\ell}\right)^2$ $f^*_{max}=f\cdot\dfrac{\ell+b}{3b}\sqrt{\dfrac{\ell+b}{3a}}$ $x^*_{1max}=a\sqrt{\dfrac{(\ell+b)}{3a}}$ *gilt nur für $a>b$	$\tan\alpha_1=f\cdot\dfrac{1}{2b}\left(1+\dfrac{\ell}{a}\right)$ $\tan\alpha_2=f\cdot\dfrac{1}{2a}\left(1+\dfrac{\ell}{b}\right)$
6		$w(x)=\dfrac{M_1\cdot\ell^2}{6EI}\left[\dfrac{x}{\ell}-\dfrac{x^3}{\ell^3}\right]+$ $+\dfrac{M_2\cdot\ell^2}{6EI}\left[2\dfrac{x}{\ell}-3\left(\dfrac{x}{\ell}\right)^2+\left(\dfrac{x}{\ell}\right)^3\right]$	für $M_1=M_2:$ $f_{max}=\dfrac{M_1\cdot\ell^2}{8\,EI}$	$\tan\alpha_1=$ $\dfrac{\ell}{6\,EI}(2M_1+M_2)$ $\tan\alpha_2=$ $\dfrac{\ell}{6\,EI}(2M_2+M_1)$
7		$w(x)=\dfrac{q\cdot\ell^4}{24EI}\cdot\dfrac{x}{\ell}\left[1-2\left(\dfrac{x}{\ell}\right)^2+\left(\dfrac{x}{\ell}\right)^3\right]$	$w\!\left(\dfrac{\ell}{2}\right)=f_{max}=\dfrac{5\cdot q\cdot\ell^4}{384\,EI}$	$\tan\alpha=\dfrac{q\cdot\ell^3}{24\,EI}$
8		$x\leqq\ell:$ $w(x)=-\dfrac{F\cdot\ell^3}{6EI}\cdot\dfrac{a}{\ell}\cdot\dfrac{x}{\ell}\left[1-\left(\dfrac{x}{\ell}\right)^2\right]$ $\ell\leqq x\leqq(\ell+a):$ $w(x)=\dfrac{F\cdot\ell^3}{6EI}\cdot\dfrac{x-\ell}{\ell}\left[\dfrac{2a}{\ell}+\dfrac{3a}{\ell}\right.$ $\left.\cdot\dfrac{x-\ell}{\ell}-\left(\dfrac{x-\ell}{\ell}\right)^2\right]$	$f=\dfrac{F\cdot\ell^3}{3EI}\left(\dfrac{a}{\ell}\right)^2\left(1+\dfrac{a}{\ell}\right)$ $f_{max}=\dfrac{F\cdot\ell^3}{9\sqrt{3}\,EI}\cdot\dfrac{a}{\ell}$ $x_{1max}=\dfrac{\ell}{\sqrt{3}}$	$\tan\alpha_2=\dfrac{F\cdot\ell^2}{6EI}\cdot\dfrac{a}{\ell}$ $\tan\alpha_1=2\tan\alpha_2$

Aufgabe 35   Abschn. 2.5   **Schwierigkeitsgrad:** ⚙

Zwei Schaltkontakte (Blattfedern mit Kontaktauflage) sind wie skizziert angeordnet.

Um welchen Weg f müsste man den Fuß B der rechten Kontaktfeder aus der skizzierten kraftlosen Lage nach unten verschieben, damit die vorgeschriebene Kontaktkraft F erzeugt wird?

Gegeben: F, L, EI.

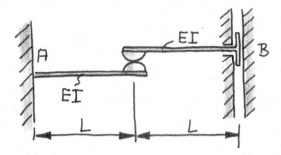

Lösung

Belastungsfall 1: Durchsenkung linker Balken: $f_{links} = \dfrac{FL^3}{3EI}$.

Durchsenkung rechter Balken: $f_{rechts} = \dfrac{FL^3}{3EI}$.

Gesamtverschiebung in B: $f_{ges} = f_{links} + f_{rechts}$,

$$\Rightarrow f_{ges} = \frac{2FL^3}{3EI}.$$

Alternativer Lösungsweg: Ersatzmodell der Biegebalken,
Federn mit jeweils Federsteifigkeit $c_{Ersatz} = \frac{3EI}{L^3}$.
Verschaltung der beiden Federn: Federwege addieren sich zur Gesamtverschiebung, Normalkraft ist in beiden Federn gleich,

$\Rightarrow$ Reihenschaltung:

$$\frac{1}{c_{GES}} = \frac{1}{c_{Ersatz}} + \frac{1}{c_{Ersatz}}, \quad c_{GES} = \frac{3EI}{2L^3},$$

$$F = c_{GES}\, f_{GES} ==> f_{GES} = \frac{2FL^3}{3EI}.$$

Beim skizzierten System aus den Balken 1 und 2 (Gewicht pro Länge q, E-Modul E, Quadratquerschnitte mit Kantenlänge b) wird an der Balkenunterseite im Punkt A die Dehnung ε_A in Längsrichtung gemessen.

Mit welcher Zugkraft S muss in C am Balken 2 gezogen werden, damit $\varepsilon_A = 0$ gilt?

Gegeben: F, q = F/2a, E, ε_A, a, b.

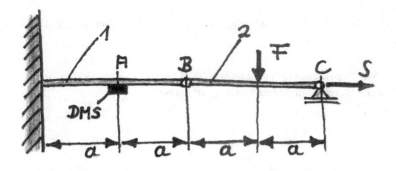

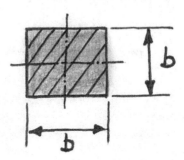

Lösung

Statik: Biegemoment im Träger 1 an der Stelle A:

$$M_{BA} = -\frac{5}{4}Fa.$$

Spannung auf Balkenunterseite:

$$\sigma_A = \frac{M_{BA}}{I}z + \frac{S}{A} = 0 \ \ \text{mit} \ \ A = b^2 \ \text{mit}$$

$$I = b^4/12,$$

$$z_{DMS} = b/2,$$

$$\Rightarrow S = \frac{15a}{2b}F.$$

Aufgabe 37   Abschn. 2.5   **Schwierigkeitsgrad:** ✿

Das skizzierte System wird durch die Kraft F belastet.
   Wie groß ist die Durchsenkung des Kraftangriffspunktes?
   Gegeben: L, F, EI.

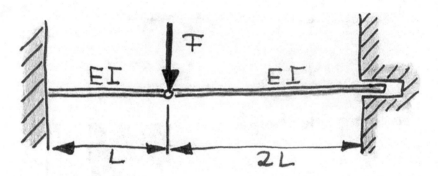

Lösung

Freikörperbild Gelenk ==> Kraft im linken und rechten Träger, Kraftzerlegung:

$$F = F_{links} + F_{rechts}.$$

Durchsenkung links: Belastungsfall 1 aus Biege-Tabelle:

$$f_{links} = \frac{F_{links}L^3}{3EI}.$$

Durchsenkung rechts: Belastungsfall 1:

$$f_{rechts} = \frac{F_{rechts}(2L)^3}{3EI}.$$

Da der Träger am Gelenk nicht auseinanderreißt, gilt f = flinks = frechts, also

$$\frac{F_{links}L^3}{3EI} = \frac{F_{rechts}(2L)^3}{3EI},$$
$$\Longrightarrow F_{links} = 8\,F_{rechts} = \frac{8}{9}F.$$

Damit kann aber die Durchsenkung bestimmt werden:

$$f = \frac{8FL^3}{27EI}.$$

Alternativer Lösungsweg Ersetzen der Biegebalken durch Ersatzfedern

Bestimmung der Steifigkeiten der Ersatzfedern:

$$c_{Ersatz,links} = \frac{3EI}{L^3},$$

$$c_{Ersatz,rechts} = \frac{3EI}{8L^3}.$$

Verschaltung der Federn: Gleiche Wege,

Addition der Kräfte in den Federn,

$\Rightarrow$ Parallelschaltung der Federn,

$$c_{ges} = c_{Ersatz,links} + c_{Ersatz,rechts} = \ldots = \frac{27EI}{8L^3}.$$
$$F = c_{ges}\,f \Rightarrow f = \frac{8FL^3}{27EI}.$$

Aufgabe 38	Abschn. 2.5	**Schwierigkeitsgrad:** ✿

Für einen LKW soll eine Blattfeder aus Stahlblech mit konstanter Dicke d so ausgelegt werden, dass bei der angegebenen Belastung die maximalen Spannungen in jedem Querschnitt gleich der zulässigen Spannung σ_{zul} sind.

Man gebe die Breite der Feder als Funktion des Ortes an!

Gegeben: F, L, d, σ_{zul}.

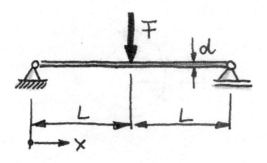

Lösung

Aus Symmetriegründen wird nur die linke Seite betrachtet.

Biegemomentenverlauf für $0 < x < L$:

$$M_B(x) = \frac{F}{2}x.$$

Maximale Spannung:

$$\sigma_{max} = \sigma_{zul} = \frac{M_B(x)}{I_{(x)}} z_{max}$$

$$\text{mit } I(x) = \frac{b(x)d^3}{12},$$

$$z_{max} = d/2,$$

$$\Rightarrow b(x) = \frac{3Fx}{\sigma_{zul}\, d^2}.$$

Aufgabe 39	Abschn. 2.5	**Schwierigkeitsgrad:** 💣

Eine Blattfeder mit konstantem Rechteckquerschnitt (Breite B, Dicke D, E-Modul E, Länge $L \gg D$) soll wie skizziert zu einem Kreisring gebogen werden.

a) Welcher Art muss die Belastung sein?
b) Wie groß ist die maximal auftretende Spannung?

Gegeben: B, D, E, $L \gg D$.

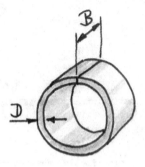

Lösung

a) Der Radius der Biegelinie muss konstant sein, d. h. $w''(x) = $ const., d. h. $M_B(x) = $ const. An den Enden der Blattfeder wird also jeweils ein Biegemoment eingeleitet.

$$w''(x) = 1/R = \frac{2\pi}{L} = -\frac{M_B}{EI} ==> M_B = (-)\frac{2\pi EI}{L}.$$

b)
$$\sigma_{max} = \frac{M_B}{I} z_{max} \qquad \text{mit} \quad z_{max} = (-)D/2,$$
$$\Rightarrow \sigma_{max} = \frac{\pi ED}{L}.$$

Aufgabe 40 Abschn. 2.5 **Schwierigkeitsgrad:** 🔥※

Ein Glasrohr (spezifisches Gewicht γ, Innendurchmesser d, Außendurchmesser D) ist wie skizziert gelagert.

Welche Länge L darf das Rohr maximal haben, damit die zulässige Spannung σ_{zul} bei Belastung durch das Eigengewicht nicht überschritten wird?

Gegeben: d, D, γ, σ_{zul}.

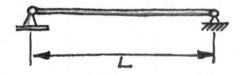

Rohrquerschnitt:

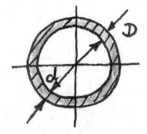

Lösung

Schnittgrößen: maximales Moment bei $x = L/2$:

$$M_{max} = \frac{G}{2}\frac{L}{2} - \frac{G}{2}\frac{L}{4} = \frac{GL}{8} \text{ mit } G = \gamma\frac{1}{4}(D^2 - d^2)\pi L.$$

maximale Biegespannung:

$$\sigma_{max} = \frac{M_{max}}{I} z_{max} \quad \text{mit } z_{max} = D/2 \quad \text{und } I = \frac{\pi}{64}(D^4 - d^4),$$

$$\sigma_{max} = \frac{\gamma L^2 D}{D^2 + d^2} \leq \sigma_{zul} \Rightarrow L \leq \sqrt{\frac{(D^2 + d^2)\sigma_{zul}}{\gamma D}}.$$

Aufgabe 41   Abschn. 2.5   **Schwierigkeitsgrad:** ✿ 💣※

Der skizzierte Radsatz wird durch die Achslast F belastet.

a) An welcher Stelle der Achse tritt die größte Spannung auf?
b) Wie groß muss der Durchmesser d der Achse mindestens sein, damit die zulässige
   Spannung σ_{zul} nicht überschritten wird?
c) Wie groß ist bei dem gewählten Durchmesser d die Durchbiegung der Achse zwischen den Radscheiben?
d) Um welche Winkel α neigen sich die Radscheiben infolge der Belastung?

Gegeben: F, s, L, σ_{zul}, E.

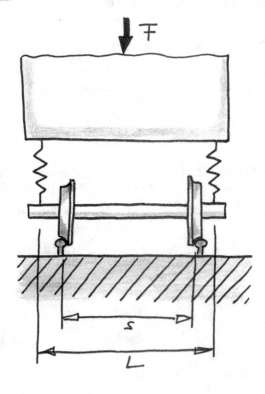

Lösung

Hinweis In der Mitte zwischen den Rädern liegt Biegefall 6 aus der Biegefall-Tabelle vor mit

$$M_1 = M_2 = \frac{F(s-L)}{4}.$$

a) Größte Spannung: an der Stelle des maximalen Biegemomentbetrags, also zwischen den Rädern. Oberer Rand: max. Zugspannung, unterer Rand: max. Druckspannung.

b) Biegemoment in der Mitte zwischen den Rädern:

$$M_{b,\text{mitte}} = \frac{F}{4}(s-L).$$

Spannung infolge Biegung:

$$\sigma = \frac{M_{b,\text{mitte}}}{I} z_{\max} \leq \sigma_{\text{zul}},$$
$$\Rightarrow \sigma_{\text{zul}} = \frac{4F(L-s)}{4\pi r^4} r$$
$$\Rightarrow d = 2r = 2\sqrt[3]{\frac{F(L-s)}{\pi\,\sigma_{\text{zul}}}}.$$

c) Vgl. Biegefall 6:

$$f_{\max} = \frac{F(s-L)s^2}{32EI}$$
$$= \frac{2F(s-L)s^2}{E\pi\,d^4}.$$

d) Vgl. Biegefall 6:

$$\tan\alpha = \frac{F(s-L)s}{8EI}.$$

Aufgabe 42	Abschn. 2.5	**Schwierigkeitsgrad:** 💣

Der Träger (Biegesteifigkeit EI, Länge 2L) wird wie skizziert durch den Stab (Längs-steifigkeit EA, Höhe h, Wärmeausdehnungskoeffizient α) unterstützt. Bei Raumtemperatur ist das System spannungsfrei. Der Stab wird um $\Delta\vartheta$ erwärmt.

Um welchen Betrag Δh verschiebt sich der Punkt P infolge der Erwärmung des Stabes?

Gegeben: L, I, A, h, α, $\Delta\vartheta$.

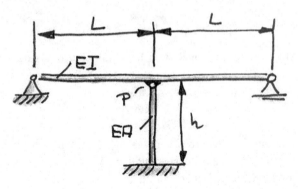

Biegebalken: Belastungsfall 4:

$$\Delta h = \frac{F(2L)^3}{48EI} = \frac{FL^3}{6EI}.$$ (4.1)

Stab:

$$\Delta h = -\frac{Fh}{EA} + h\,\alpha\Delta\vartheta.$$ (4.2)

Einsetzen von F umgeformt aus Gl. 4.1 in Gl. 4.2:

$$\Delta h = -\frac{6EIh}{EAL^3}\Delta h + h\,\alpha\,\Delta\vartheta,$$

$$\Rightarrow \Delta h = \frac{h\alpha\Delta\vartheta}{1+\frac{6Ih}{AL^3}}.$$

| **Aufgabe 43** | Abschn. 2.5 | **Schwierigkeitsgrad:** ✿ |

Der Träger (Länge L, Kantenlänge a, Wandstärke s) trägt die Last F.
   Wie groß ist die maximale Spannung infolge der Biegung des Trägers?

Gegeben: $L = 10$ m, $F = 200$ kN, $s = 10$ mm, $a = 300$ mm.

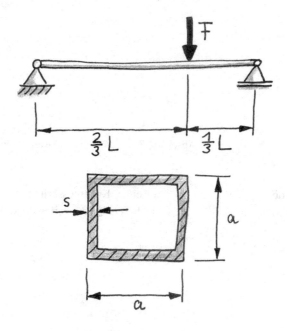

Lösung

1. Bestimmung des maximalen Biegemoments:

$$M_{max} = \frac{2}{9}FL \text{ (Stelle der Krafteinleitung!)}.$$

2. Flächenträgheitsmoment des Kastenprofils:

$$I = \frac{a^4}{12} - \frac{(a - 2s)^4}{12}.$$

3. Widerstandsmoment:

$$W = \frac{I}{z_{max}} = \frac{2I}{a}.$$

4. maximale Spannung:

$$\sigma_{max} = \frac{M_{max}}{W}.$$

5. Zahlenwert:

$$\sigma_{max} = 409{,}5 \ N/mm^2.$$

Die Skizze zeigt den vereinfachten Aufbau einer Kraftmessbrücke mit den Dehnungsmessstreifen (DMS) 1 und 2. Mittels der Dehnungsmessstreifen wird die Differenz der
Dehnungen $\varepsilon_2 - \varepsilon_1$ gemessen.

Wie groß ist die Kraft F?

Gegeben: a, b, s, $\varepsilon_2 - \varepsilon_1$, E.

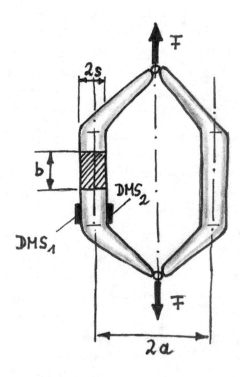

Lösung

Ersatzmodell:

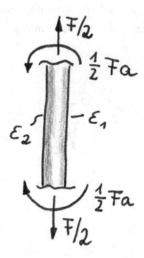

Spannungen am Rand:

$$\sigma_{2,1} = \frac{N}{A} \pm \frac{M_B}{I}s \quad \text{mit } I = 2bs^3/3.$$

Dehnungsdifferenz:

$$\varepsilon_2 - \varepsilon_1 = (\sigma_2 - \sigma_1)/E = \frac{2M_B s}{EI} = \frac{3Fa}{2Ebs^2}.$$

Gesuchte Kraft:

$$F = \frac{2Ebs^2}{3a}(\varepsilon_2 - \varepsilon_1).$$

Aufgabe 45	Abschn. 2.5	**Schwierigkeitsgrad:** 📖

----- **ABSOLUTES MUSS!!! UNBEDINGT ANGUCKEN!!!** -----

Die Aufgaben zur Bestimmung der Biegelinie, die über das einfache Ablesen aus der Tabelle hinausgehen, können in folgende Aufgabengruppen unterteilt werden:

a) Überlagerung zweier Biegefälle an einem Bauteil

Der skizzierte Träger (homogener Balken, Masse m, Biegesteifigkeit EI, Länge L) wird zusätzlich zu seiner Gewichtskraft durch die Kraft F belastet.

Wie groß muss die Kraft F gewählt werden, damit die Durchsenkung an der Stelle der Krafteinleitung verschwindet?

Gegeben: m, EI, L.

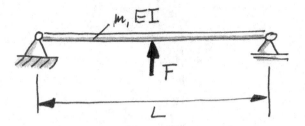

Lösung

Hier gilt es, die richtigen Belastungsfälle herauszupicken und an der richtigen Stelle in der Tabelle zu schmökern. Die Belastung durch die Einzelkraft F stellt den Biegefall 4 dar, sodass

$$w_F(L/2) = -\frac{FL^3}{48EI}$$

kein großes Geheimnis ist. Zusätzlich stellt die Masse des Trägers eine Streckenlast vom Betrag q = mg/L dar. Hier liegt Biegefall 7 vor. Dieser führt auf

$$w_m(L/2) = \frac{5qL^4}{384EI}.$$

Die Gesamtdurchsenkung ergibt sich aus der *Überlagerung der Einzelfälle*, wobei die Durchsenkung an der Stelle verschwinden soll, also

$$w_{ges} = -\frac{FL^3}{48EI} + \frac{5qL^4}{384EI} = 0.$$

Aus dieser Gleichung lässt sich dann die erforderliche Kraft F bestimmen:

$$F = \frac{5\,mg}{8}.$$

Das war zu einfach? Okay. Wir legen noch einen drauf.

b) Überlagerung der Biegefälle an mehreren Trägern

Der skizzierte Träger (Biegesteifigkeit EI, Länge der Teilstücke jeweils L) wird durch eine Kraft F belastet.

Wie groß ist die Verschiebung u des Kraftangriffspunktes in Richtung der Kraft F? Gegeben: F, L, EI.

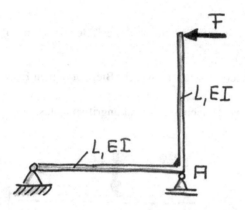

Lösung

Bei dieser Aufgabe sind die Belastungsfälle schon etwas besser getarnt: Zunächst nehmen wir einmal an, dass *das horizontale Teilstück des Trägers starr* ist. Dann ist der Balken am Lager A derart fixiert, dass er auf jeden Fall vertikal nach oben läuft. Eine Neigung des vertikalen Teilstückes wird also vermieden; eine horizontale und vertikale Verschiebung des Trägers im Punkt A wird durch die gewählte Lagerung vermieden. Betrachten wir die Schnittgrößen des vertikalen Teilstückes im Punkt A, dann existieren hier eine Querkraft und ein Biegemoment! Langer Rede kurzer Sinn: Die Belastung des vertikalen Teilstückes wird durch den Belastungsfall 1 repräsentiert. Es ergibt sich somit für die Verschiebung des Lastangriffspunktes

$$u_I = \frac{FL^3}{3EI}.$$

Im zweiten Schritt nehmen wir an, dass *das vertikale Teilstück starr* ist, während der horizontale Träger elastisch ist. Nun wirkt aber am Lager A auf das horizontale Teilstück ein Moment $M = FL$, welches den Träger gemäß Belastungsfall 6 malträtiert, sodass

$$\tan \alpha_1 = \frac{FL^2}{3EI}$$

gilt. Damit neigt sich aber auch das noch starre Vertikalstück um den Winkel α_1. Der Kraftangriffspunkt verschiebt sich demzufolge um

$$u_{II} = L \tan \alpha_1 \frac{FL^3}{3EI}.$$

Die gesuchte Gesamtverschiebung beträgt also

$$u = u_I + u_{II} = \frac{FL^3}{3EI} + \frac{FL^3}{3EI} = \frac{2FL^3}{3EI}.$$

Das war immer noch zu leicht? Wenn das so ist … wir können auch noch anders!

c) Statisch überbestimmte Systeme (Sonderfälle von a bzw. b!)

Der wie skizziert gelagerte Träger (Länge 2L, Biegesteifigkeit EI) wird durch die Kraft F belastet.

Man bestimme die Verschiebung des Kraftangriffspunktes.

Gegeben: F, L, EI.

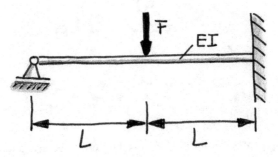

Lösung

Na, jetzt guckt ihr aber ratlos, was? Dieser Belastungsfall ist leider in unserer Tabelle nicht enthalten. Und zu allem Überfluss ist das System noch statisch überbestimmt!

Kann man so eine Aufgabe überhaupt lösen? Man nicht, aber wir:

Wir stellen uns zunächst einmal ganz dumm (was Herrn Dr. Romberg nicht so ganz schwerfällt) und ignorieren das Loslager auf der linken Seite! Klar, in dem Fall ergibt sich (Belastungsfall 1):

$$w_I(L) = \tfrac{FL^3}{3EI},$$

$$\tan \alpha = \tfrac{FL^2}{2EI},$$

$$w_I(2L) = w_I(L) + L \tan \alpha$$

$$= \tfrac{FL^3}{3EI} + \tfrac{FL^3}{2EI}$$

$$= \tfrac{5FL^3}{6EI}.$$

Und jetzt kommt der Clou: Wir ersetzen das Loslager einfach durch eine Kraft Q, deren Größe wir nicht kennen – noch nicht. Wenn wir nun die Kraft F einmal für kurze Zeit vergessen, dann biegt sich der Träger infolge von Q gemäß

$$w_{II}(L) = -\frac{5QL^3}{6EI},$$

$$w_{II}(2L) = -\frac{Q(2L)^3}{3EI}$$

durch.

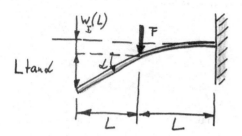
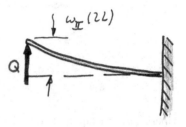

Zwingend gefordert ist aber, dass $w_{ges}(2L)=0$ erhalten bleibt, solange das Loslager seine Funktion erfüllt. Aus

$$w_{ges}(2L) = w_I(2L) + w_{II}(2L) = 0$$

kann die unbekannte Auflagerkraft Q bestimmt und das statisch unbestimmte System durch ein statisch bestimmtes System ersetzt werden:

$$Q = \frac{5}{16}F.$$

Die Durchsenkung des Trägers ergibt sich dann aus der Überlagerung der beiden Belastungsfälle:

$$w_{ges}(L) = w_I(L) + w_{II}(L) = \frac{7FL^3}{96EI}.$$

Ist das nicht wunderbar? Ist es nicht faszinierend, wie man auf diese Weise zum Ergebnis kommt? Und es gibt (nicht nur) in der Mechanik unzählige solcher „Wunder". Also: viel Spaß beim Weiterstudieren!

Aufgabe 46	Abschn. 2.5	**Schwierigkeitsgrad: ✿ ◐**

Der skizzierte Balken (Länge L, Biegesteifigkeit EI) ist durch eine Streckenlast q_0 und ein Moment M belastet.

Wie groß ist die Durchsenkung an der Stelle $x = L/3$?

Gegeben: q_0, M, L, EI.

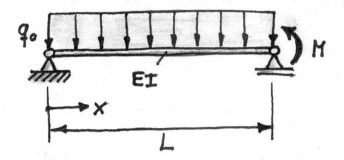

Lösung

Überlagerung (Superposition) der Belastungsfälle 6 und 7:

$$w_{ges}(x) = w_6(x) + w_7(x) \text{ mit } w_6(x) = \frac{ML^2}{6EI}\left[\frac{x}{L} - \frac{x^3}{L^3}\right].$$

$$w_7(x) = \frac{q_0 L^4}{24EI}\frac{x}{L}\left[1 - 2\left(\frac{x}{L}\right)^2 + \left(\frac{x}{L}\right)^3\right],$$

$$\Rightarrow w_{ges}(x = L/3) = \frac{11}{972}\frac{q_0 L^4}{EI} + \frac{4ML^2}{81EI}.$$

Aufgabe 47   Abschn. 2.5   **Schwierigkeitsgrad:** ❂✳✖

Ein Träger mit konstanter Biegesteifigkeit EI wird wie dargestellt durch das Moment M belastet.

Wie groß ist die Lagerkraft im Lager B?

Gegeben: a, M, EI.

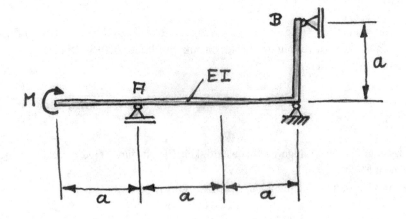

Lösung

Überlagerung (Superposition!) der Teilbelastungen:

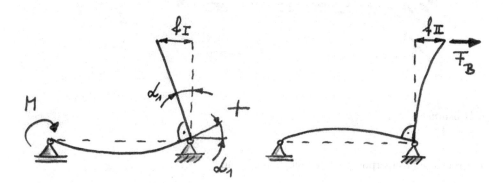

I: Belastungsfall 6:

$\tan \alpha_1 = \frac{2a}{6EI}M,$

$f_I = \frac{Ma^2}{3EI}.$

II: Belastungsfall 8: (Überraschung! Und ein bisschen nachdenken … Einverstanden? Wenn nicht, dann den Arbeitsweg über Kombination der Fälle 1 und 6 wählen!)

$f_{II} = \frac{F_B 8a^3}{3EI} \left(\frac{a}{2a}\right)^2 \left(1 + \frac{a}{2a}\right)$

$= \frac{F_B a^3}{EI}.$

Keine Verschiebung des Lagers:

$$\Rightarrow f_I = f_{II} \quad \Rightarrow F_B = \frac{M}{3a}.$$

Aufgabe 48   Abschn. 2.5   **Schwierigkeitsgrad:** ◆※

Der skizzierte Kragträger (E-Modul E, Durchmesser d, Länge a) wird an seinem freien Ende mit der Kraft F und einem Moment M belastet.

Wie groß sind die maximale Auslenkung und die betragsmäßig größte Biegespannung?

Gegeben: a, d, E, F, M = 2Fa/3.

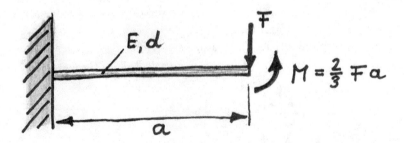

Überlagerung (Superposition) der Biegefälle 1 und 2:

$$w(x) = \frac{F}{6EI}ax^2\left(3 - \frac{x}{a}\right) - \frac{M}{2EI}x^2 = \frac{Fax^2}{6EI}\left(1 - \frac{x}{a}\right) \quad \text{mit } I = \frac{\pi d^4}{64}.$$

Minimale Auslenkung:

$$w'(x_{min}) = 0 = 2\,a\,x_{min} - 3\,x_{min}^2,$$
$$\Rightarrow x_{min} = \frac{2}{3}a,$$
$$\Rightarrow w_{max} = w(x_{min}) = \frac{128}{81\pi}\frac{Fa^3}{Ed^4}.$$

Das Biegemoment nimmt in Richtung der Einspannstelle linear ab, also

$$M_B(x = 0) = Fa/3.$$

Maximales Biegemoment:

$$M_{bmax} = \frac{2}{3}Fa.$$

Biegespannung:

$$\sigma_{bmax} = \frac{M_B}{1}z_{max} = \frac{64Fa}{3\pi d^3}.$$

Aufgabe 49   Abschn. 2.5   **Schwierigkeitsgrad:** ♟

Gegeben ist der beidseitig gelenkig gelagerte Balken unter linearer Belastung.
    Wie lautet die Gleichung der Biegelinie?

Gegeben: q_1, q_2, EI, L.

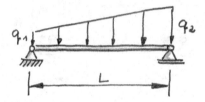

Lösung

Übrigens: Nachgucken im „Dubbel" gibt's hier nicht!

1. Streckenlast:

$$q(x) = q_1 + (q_2 - q_1)\frac{x}{L}.$$

2. Lagerreaktionen:

$$F_{rechts} = \frac{L}{6}q_1 + \frac{L}{3}q_2, F_{links} = \frac{L}{3}q_1 + \frac{L}{6}q_2.$$

3. Biegemomentenverlauf:

$$M_B(x) = F_{rechts}\, x - \left[\frac{q_1}{2}x^2 + \frac{q_2 - q_1}{3L}x^3\right].$$

Tja, und dann immer schön integrieren … Randbedingungen: $w(0) = 0$, $w(L) = 0$:

$$\Rightarrow w(x) = \frac{1}{360}\frac{(q_2 - q_1)L^4}{EI}\left[3\frac{x^5}{L^5} - 10\frac{x^3}{L^3} + 7\frac{x}{L}\right] + \frac{1}{24}\frac{q_1L^4}{EI}\left[\frac{x^4}{L^4} - 2\frac{x^3}{L^3} + \frac{x}{L}\right]$$

Auuuuu … – weihaaa!

Aufgabe 50   Abschn. 2.5   **Schwierigkeitsgrad:** ♟

Ein beidseitig gelenkig gelagerter Balken trägt eine parabolisch über die Länge verteilte Last (Scheitelwert genau in der Balkenmitte).

Man gebe die Gleichung der Biegelinie an und berechne die Durchsenkung in der Balkenmitte.

Gegeben: q_0, L.

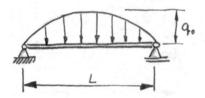

Lösung

1. Streckenlast:

$$q(x) = Ax^2 + Bx + C.$$

Bestimmung von A, B, C aus $q(0) = q(L) = 0$ und $q(L/2) = q_0$:

$$q(x) = 4\, q_0 \left[\frac{x}{L} - \frac{x^2}{L^2} \right].$$

2. Beide Auflager jeweils:

$$F_V = \frac{1}{3} q_0\, L.$$

3. Querkraft: $Q(x) = -\int\limits_0^x q(x)dx = \frac{1}{3} q_0\, L - 4q_0 \left[\frac{x^2}{2L} - \frac{x^3}{3L^2} \right].$

4. Biegemoment: $M_B(x) = \int\limits_0^x Q(x)dx.$

$$= \frac{1}{3} q_0\, L\, x - 4\, q_0 \left[\frac{x^3}{6L} - \frac{x^4}{12L^2} \right].$$

Tja, dann wieder mal schön integrieren. Randbedingungen: $w(0) = w(L) = 0$:

… „wie man leicht sieht" … $\Rightarrow w(L/2) = \frac{61}{5760} \frac{q_0 L^4}{EI}.$

Aufgabe 51   Abschn. 2.5   **Schwierigkeitsgrad:** 💣

Ein Träger (Länge 3L, Biegesteifigkeit EI) ist an den Stellen A, B und C gelagert.

Wie groß ist die Auflagerkraft in B, wenn der Träger wie skizziert durch die Kraft F belastet wird?

Gegeben: L, EI, F.

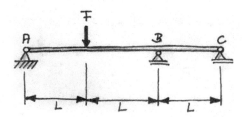

Das System ist statisch überbestimmt, daher wird Lager B durch eine Vertikalkraft B ersetzt

Superposition: I) System ohne B mit Kraft F bei x = L

II) System ohne F mit Kraft B bei x = 2L

Dies ist jeweils Belastungsfall 5; dann muss B in der Summe der einzelnen Durchbiegungen so hingepfriemelt werden, dass für die Durchsenkung an der Stelle des Lagers $w_{GES}(x = 2L) = 0$ gilt, also:

$$w_I(x = 2L) = \frac{F(3L)^3}{6EI} \frac{2L}{3L} \left(\frac{L}{3L}\right)^2 \frac{3L-2L}{3L} \left(1 + \frac{3L}{L} - \frac{(2L-3L)^2}{L\,2L}\right)$$

$$= \frac{7}{18} \frac{FL^3}{EI},$$

$$w_{II}(x = 2L) = -\frac{F(3L)^3}{3EI} \left(\frac{2L}{3L}\right)^2 \left(\frac{L}{3L}\right)^2 = -\frac{4BL^3}{9EI},$$

$$w_I(x = 2L) + w_{II}(x = 2L) = 0,$$

$$\Rightarrow B = \frac{7}{8} F.$$

Aufgabe 52   Abschn. 2.5   **Schwierigkeitsgrad:** 💣※

Der skizzierte Balken (Länge L, Biegesteifigkeit EI) wird zusätzlich durch eine Feder unterstützt.

Wie groß ist die Federkraft?

Gegeben: F, a, c $=$ EI/a^3.

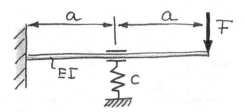

Verformung nur durch F ohne Feder:

$$w_F(a) = \frac{1}{6}\frac{F}{EI}2a\,a^2\left(3 - \frac{a}{2a}\right) = \frac{5}{6}\frac{Fa^3}{EI}.$$

Verformung nur durch eine Kraft F_F, die am Ort der Feder wirkt:

$$w_c(a) = -\frac{1}{3}\frac{F_Fa^3}{EI}.$$

Wird die Durchsenkung des Gesamtsystems an der Stelle a mit w_{GES} beschrieben, dann beträgt die Federkraft

$$F_F = c\,w_{GES},$$

also

$$w_c(a) = -\frac{1}{3}\frac{cw_{GES}a^3}{EI} = -\frac{1}{3}w_{GES}.$$

Überlagerung der Belastung durch die Feder und die Kraft F:

$$w_{GES}(a) = w_F(a) + w_c(a) = \frac{5}{6}\frac{Fa^3}{EI} - \frac{1}{3}w_{GES}.$$

$$\Rightarrow w_{GES}(a) = \frac{15}{24}\frac{Fa^3}{EI},$$

$$\Rightarrow F_F = c\,w_{GES}(a) = \frac{5}{8}F.$$

| **Aufgabe 53** | Abschn. 2.5 | **Schwierigkeitsgrad:** 📖 |

Der skizzierte Rechteckträger (Länge L, Biegesteifigkeit EI, Breite B, Höhe H), der unter dem Winkel α fest eingespannt ist, wird an seinem freien Ende durch die Kraft F belastet.

Man bestimme die horizontale Verschiebung des Kraftangriffspunktes.

Gegeben: L, H, B, α, E.

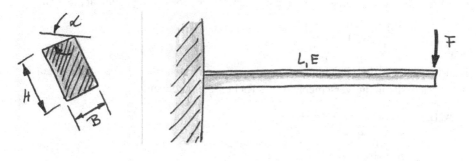

Lösung

Machen wir zunächst mal, was wir schon immer gemacht haben: Wir holen uns die Flächenträgheitsmomente für Biegung um die Symmetrieachsen y und z aus Tab. 2.1 (Abschn. 2.5):

$$I_y = BH^3/12, I_z = HB^3/12.$$

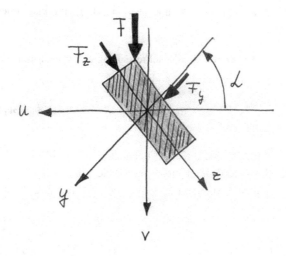

In der Statik hatten wir ja zwei Kräfte zu einer Kraft, der Resultierenden, zusammengefasst. Hier machen wir jetzt den umgekehrten Schritt und zerlegen die Kraft F in zwei Kraftkomponenten Fy und Fz:

$$F_y = F \sin\alpha, F_z = F \cos\alpha.$$

Da es dem Träger wohl egal ist, ob er durch die Resultierende F oder die zwei Kraftkomponenten belastet wird, haben wir jetzt durch diesen kleinen Trick die Biegung um eine beliebige Achse so transformiert, dass wir zwei Biegungen um die Hauptachsen y und z erhalten. Dies können wir dann mit den Standardbelastungsfällen abarbeiten:

$$w_y(L) = \frac{F_y L^3}{3EI_z}, w_z(L) = \frac{F_z L^3}{3EI_y}.$$

Nun können wir die Gleichungen noch zusammenbraten und die Verschiebungen in y- und z-Richtung in die Verschiebung in u-Richtung umrechnen:

$$\begin{aligned} w_u(L) &= w_y(L) \cos\alpha - w_z(L) \sin\alpha \\ &= \tfrac{4FL^3 \sin\alpha \ \cos\alpha}{EBH} \left[\tfrac{1}{B^2} - \tfrac{1}{H^2} \right] \\ &= \tfrac{2FL^3 \sin 2\alpha}{EBH} \left[\tfrac{1}{B^2} - \tfrac{1}{H^2} \right]. \end{aligned}$$

Ergänzend dazu die vertikale Verschiebung:

$$\begin{aligned} {}_v(L) &= w_y(L) \sin\alpha + w_z(L) \cos\alpha \\ &= \tfrac{4FL^3}{EBH} \left[\tfrac{\sin^2\alpha}{B^2} + \tfrac{\cos^2\alpha}{H^2} \right]. \end{aligned}$$

Interessant hier die Kontrolle für:

1. gerade Biegung, d. h. $\alpha = 0°$ oder $\alpha = 90°$
2. gerade Biegung für beliebige α und B = H, d. h. punktsymmetrischer Körper ($\sin^2\alpha + \cos^2\alpha = 1$)

Also, bei Ausnutzung der Statik ist die schiefe Biegung im Grunde genommen nichts Neues.

Aufgabe 54	Abschn. 2.5	**Schwierigkeitsgrad:** 📖

Das skizzierte Profil wird durch die Kraft F belastet.

Wie groß ist der Abstand d der Kraft F vom Flächenschwerpunkt des Profils, wenn das Profil infolge der Schubspannung durch die Querkraft nicht verdreht wird?

Gegeben: a, t, t << a.

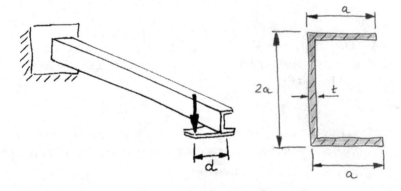

Lösung

Zunächst sammeln wir Punkte, indem wir das tun, was wir schon können: das Flächenträgheitsmoment berechnen:

$$I = \frac{t(2a)^3}{12} + 2(a^2\, a\, t) + \frac{at^3}{12}.$$

Im Folgenden werden wir den letzten Term weglassen, da dieser für $t \ll a$ gegenüber den anderen Summanden vernachlässigbar ist, also

$$I = \frac{8ta^3}{3}.$$

Die sich ergebende Schubspannungsverteilung sieht folgendermaßen aus:

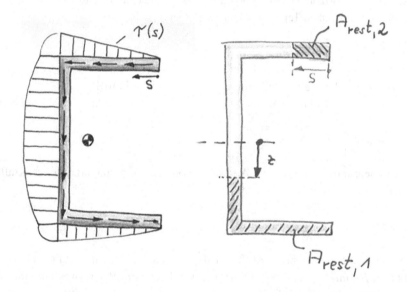

Diese muss nun berechnet werden! Hierzu legen wir zunächst zwei Koordinatensysteme in unser Profil: die vom Schwerpunkt nach unten zählende Koordinate z sowie – für die horizontalen Profilteile – die Koordinate s. Für die Schubspannung im vertikalen bzw. horizontalen Teil des Profils ergibt sich jetzt

$$\tau(z) = -\frac{QS(z)}{Ib(z)} \quad \text{bzw.} \quad \tau(s) = -\frac{QS(s)}{Ib(s)}.$$

Mit dem bekannten Flächenträgheitsmoment, $b(z) = b(s) = t$ und $Q = F$ fehlt uns nur noch das statische Moment. Dieses ergibt sich wie folgt:

Vertikaler Teil	Horizontale Stege
$A_{rest},1 = t\,a + (a-z)\,t$	$A_{rest'}2 = t\,s$
$z_{rest,1} = \frac{t\,a\,a + (a-z)\,t\,(z+(a-z)/2)}{A_{rest,1}}$	$z_{rest'}2 = a$
$S(z) = t\,a\,a + (a-z)\,t\,(z+(a-z)/2)$ $= 0{,}5\,t\,(3a^2 - z^2)$	$S(s) = a\,t\,s$
$\tau(z) = -\frac{3Q(3-z^2/a^2)}{16ta}$	$\tau(s) = -\frac{3Qats}{8\,t^2\,a^3}$

Nun können wir aus der Schubspannung die wirkenden Kräfte berechnen:

Es folgt für die Kräfte F_1 und F_2 im horizontalen Steg des Profils

$$F_i = \int \tau dA = \int \tau t ds = \ldots = \frac{3F}{16}. \quad (i = 1, 2).$$

Die Richtung dieser Kräfte korrespondiert mit den Richtungen der Schubspannungen, sodass sich die Horizontalkräfte sinnvollerweise aufheben. Die Resultierende F3 der Schubkräfte im vertikalen Teil des Trägers ergibt sich analog:

$$F_3 = \int \tau dA = \int \tau\,t\,dz = \ldots = F.$$

Die Resultierende der drei Einzelkräfte ergibt also die Querkraft!!!

Von den Kräften wird ein Moment um den Flächenschwerpunkt $y_s = 0{,}25\,a$ erzeugt:

$$M = \frac{3F}{16}\,a + \frac{3F}{16}\,a + \frac{F}{4}\,a = \frac{5Fa}{8}.$$

Dieses Moment muss durch die im Abstand d vom Schwerpunkt angreifende Kraft ausgeglichen werden:

$$F\,d = M ==> d = \frac{5}{8}\,a.$$

Übrigens wird der so berechnete Kraftangriffspunkt auch Schubmittelpunkt genannt.

Und nun für alle (außer Herrn Dr. Hinrichs!): Die ganze Rechnung könnt ihr getrost vergessen! Ihr solltet euch einfach nur merken, dass es einen *Schubmittelpunkt* gibt.

Aufgabe 55	Abschn. 2.6	**Schwierigkeitsgrad:** ✿

Für den skizzierten Kessel soll die Wandstärke s derart dimensioniert werden, dass bei einem Überdruck Δp die größere der beiden Hauptspannungen den höchstzulässigen Wert σ_{zul} nicht überschreitet.

Wie groß ist die maximale Schubspannung?

Gegeben: Δp, σ_{zul}, d

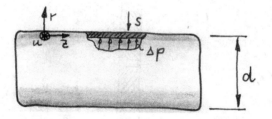

Lösung

Spannung in Richtung der z-Achse:

$$\sigma_z = \frac{\Delta p d}{4s}.$$

Spannung in Umfangsrichtung:

$$\sigma_u = \frac{\Delta p d}{2s} > \sigma_z,$$

$$\Rightarrow \sigma_u \leq \sigma_{zul},$$

$$\Rightarrow s \geq \frac{\Delta p d}{2\sigma_{zul}},$$

$$\tau = \sigma_u / 4.$$

Aufgabe 56	Abschn. 2.7	**Schwierigkeitsgrad:** 🌶

Auf der Welle 1 des skizzierten Getriebes wirkt ein Torsionsmoment M_t. Die Welle 1 (Durchmesser d_1, Schubmodul G) mit Zahnrad (Zähnezahl z_1) steht über ein weiteres Zahnrad (Zähnezahl z_2) im Eingriff mit der fest eingespannten Welle 2 (Durchmesser d_2, Schubmodul G).

Wie groß ist die Verdrehung φ der Welle 1 an der Stelle, an der M_t in die Welle eingeleitet wird?

Gegeben: M_t, G, L_1, L_2, z_1, z_2, d_1, d_2.

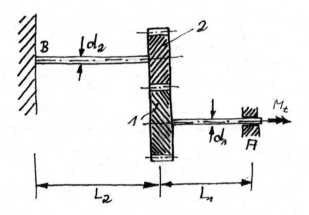

Torsionsmoment Welle 2:

$$M_{t2} = M_t \frac{z_2}{z_1}.$$

Verdrehung Welle 2:

$$\Delta\varphi_2 = \frac{M_{t2}L_2}{G\pi d_2^4/32}.$$

Verdrehung Zahnrad 1:

$$\Delta\varphi_1 = \Delta\varphi_2 \frac{z_2}{z_1}.$$

Gesamtverdrehung:

$$\Delta\varphi_{ges} = \Delta\varphi_1 + \frac{M_t L_1}{G\pi d_1^4/32}.$$
$$= \frac{32M_t}{\pi G}\left[\frac{z_2^2}{z_1^2}\frac{L_2}{d_2^4} + \frac{L_1}{d_1^4}\right]$$

Aufgabe 57   Abschn. 2.7   **Schwierigkeitsgrad:** ●

Ein Träger der Länge L mit e-förmigem Profil (mittlerer Durchmesser D, Wandstärke b<<D) wird durch die Momente M_T belastet.

a) Welche maximale Schubspannung wird durch M_T hervorgerufen?

b) Um welchen Winkel werden die Endquerschnitte des Trägers gegeneinander verdreht?

Gegeben: L, D, b, b$<<$D, M_T, G.

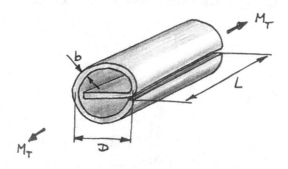

Torsion eines dünnwandigen geschlitzten Hohlquerschnittes, wirksame Querschnittslänge:

$$s = \pi\, D + D = (\pi + 1)\, D.$$

Torsionsflächenträgheitsmoment:

$$I_t = \frac{(\pi + 1)}{3} Db^3.$$

a) Maximale Schubspannung:

$$\tau_{max} = \frac{M_T}{I_t} b = \frac{3}{\pi + 1} \frac{M}{Db^2}.$$

b) Verdrehung:

$$\Delta\varphi = \frac{M_T L}{G I_t} = \frac{3}{\pi + 1} \frac{ML}{GDb^3}.$$

Aufgabe 58   Abschn. 2.7   **Schwierigkeitsgrad:** ✿ ❍✳

Eine Hinweistafel, die mithilfe eines Rahmens an einem vertikalen Pfahl (dünnwandiges Rohr, Außendurchmesser D) angebracht ist, wird wie skizziert durch die Windkraft F belastet.

Welche Wandstärke s muss der Pfahl mindestens haben, damit am Ort der maximalen Beanspruchung die Vergleichsspannung nach der Gestaltänderungshypothese die zulässige Spannung σ_{zul} nicht überschreitet?

Hinweis Eigengewicht und Schubspannungen infolge der Querkraft sind zu vernachlässigen.

Gegeben: a, h, D, F, σ_{zul}.

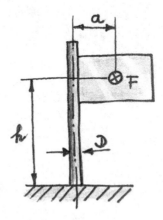

Lösung

Maximales Biegemoment wirkt am Fußpunkt!

$$M_t = F\,a, \; M_{B,max} = F\,h,$$

$$\tau_{max} = \frac{Fa}{I_t}\frac{D}{2} = 2a\,\frac{F}{\pi D^2 s}, \; \sigma_{max} = \frac{Fh}{I}\frac{D}{2} = 4h\,\frac{F}{\pi D^2 s}.$$

Gestaltänderungshypothese:

$$\sigma_V = \sqrt{\sigma^2 + 3\tau^2},$$

$$\sigma_{zul} \geq \frac{F}{\pi D^2 s}\sqrt{16h^2 + 12a^2} \Rightarrow s \geq \frac{2F}{\pi D^2 \sigma_{zul}}\sqrt{4h^2 + 3a^2}.$$

Aufgabe 59   Abschn. 2.7   **Schwierigkeitsgrad:** ✿ ●✳

Ein Fräser, der aus dem Schaft (Radius r) und dem Fräskopf (Radius R) besteht und fest im Spannfutter eingespannt ist, wird während des Fräsvorgangs im Abstand L von der festen Einspannung durch die Kraft F belastet.

Wie groß ist die Vergleichsspannung nach der Hypothese der Gestaltänderungsarbeit am Ort der maximalen Belastung?

Hinweis Schubspannungen infolge der Querkraft sind zu vernachlässigen.

Gegeben: F, r, R = 2r, L = 4r.

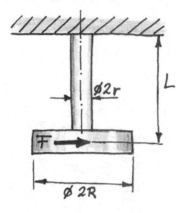

Lösung

Überlagerung: Torsion mit $M_t = F\,R$ und Biegemoment $M_B = F\,L$.

Maximale Belastung an der Stelle des maximalen Biegemoments, also an der Stelle der festen Einspannung.

Biegespannung:

$$\sigma = F\,L\,r/I = 4\frac{FL}{\pi r^3} = 16\frac{F}{\pi r^2}.$$

Torsionsspannung:

$$\tau = M_t\,r/I_t = 2\frac{FR}{\pi r^3} = 4\frac{F}{\pi r^2}.$$

Ebener Spannungszustand:

$$\sigma_V = \sqrt{\sigma^2 + 3\,\tau^2} = \ldots = \frac{4F}{\pi r^2}\sqrt{19}.$$

Aufgabe 60   Abschn. 2.7   Schwierigkeitsgrad: 💣※

Eine masselose Schraubenfeder (Radius R) wird aus einem Draht (Radius r, Schubmodul G) mit n eng aneinanderliegenden Windungen gewickelt. Im unbelasteten Zustand kann mit R >> r näherungsweise davon ausgegangen werden, dass für den Steigungswinkel der Windungen $\alpha \approx 0$ gilt.

Wie groß ist die Federkonstante c der Schraubenfeder?

Gegeben: n, R, r, G.

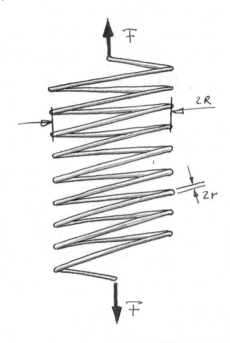

Lösung

Das ist nicht ganz ohne! Und wenn wir gar nie nicht wissen, was wir machen sollen, fangen wir immer mit einem Freikörperbild an. Und für die erste Wicklung sieht das so aus:

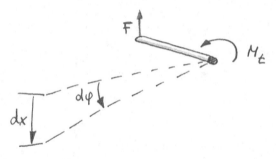

Die Querschnitte werden also durch ein Torsionsmoment $M_t = F\,R$ belastet. Mit dieser Torsion können wir aber in die schicke Torsionsformel für den Kreisquerschnitt gehen:

$$d\varphi = \frac{2M_t}{G\pi r^4}\,ds,$$

wobei s die Koordinate ist, die in Richtung des Drahtes läuft. Im Freikörperbild ist mit einer gestrichelten Linie die sich ergebende Verformung $d\varphi$ eingezeichnet. Die Verschiebung des Endpunktes dx ergibt sich über

$$dx = R\,d\varphi.$$

Die Verlängerung ΔL der gesamten Feder ergibt sich dann mittels

$$\Delta L = R \int_0^L \frac{2M_t}{G\pi r^4}\,ds,$$

$$= \frac{2FRR2\pi Rn}{G\pi r^4}.$$

Ein Vergleich mit dem Federgesetz $F = c\,\Delta L$ ergibt eine Federsteifigkeit

$$c = \frac{Gr^4}{4R^3 n}.$$

Aufgabe 61	Abschn. 2.7	**Schwierigkeitsgrad:** ◗※

Zwei Wellen (Durchmesser d_1, d_2, Länge L) sind wie skizziert fest eingespannt und auf der rechten Seite durch zwei Zahnräder (Durchmesser D_1, D_2) spielfrei miteinander verbunden.

Wie groß ist die Verdrehung des Zahnrades 1 infolge des Moments M?
Gegeben: M, L, d_1, d_2, D_1, D_2, G.

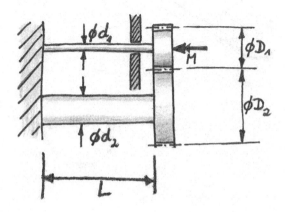

Lösung

Knackpunkt der Aufgabe: Das Freischneiden der Zahnräder zeigt, dass natürlich an den Zähnen der beiden Zahnräder jeweils dieselbe Kraft F wirkt.

Für Welle 1 ergibt sich dann:

$$M = M_{t1} + F\,D_1/2 \text{ mit } F = 2\,M_2/D_2$$
$$= \frac{GI_{t1}}{L}\,\varphi_1 + M_2\frac{D_1}{D_2}$$
$$= \frac{GI_{t1}}{L}\,\varphi_1 + \frac{GI_{t2}}{L}\,\varphi_1\left(\frac{D_1}{D_2}\right)^2$$
$$= \ldots = \varphi_1\frac{G\pi}{32L}\left(d_1^4 + d_2^4\left(\frac{D_1}{D_2}\right)^2\right).$$

Aufgabe 62   Abschn. 2.7   **Schwierigkeitsgrad:**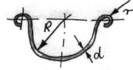

Zum Richten einer verbogenen Dachrinne aus Blech (Länge L >> R, Radienverhältnis R/r = 10, konstante Dicke d, Schubmodul G) werden die Endquerschnitte kurzzeitig um 90° gegeneinander verdreht.

Welches Torsionsmoment ist dafür erforderlich, und welche maximale Schubspannung tritt dabei auf?

Gegeben: L, r, R = 10r, d, G, $\Delta\varphi = 90°$.

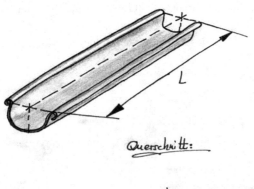

Querschnitt:

Lösung

Torsionsflächenträgheitsmoment:

$$I_t = \frac{1}{3} \int_0^L d^3 \, ds$$

mit hier $L = 13\pi r$ (nicht zu verwechseln mit der Länge L der Dachrinne!)

$$= 13\,\pi r d^3/3.$$

Torsionsmoment:

$$M_t = \frac{GI_t\Delta\varphi}{L} = \frac{13\pi^2 r d^3}{6L}G.$$

Schubspannung:

$$\tau_{max} = M_t/M_t = \frac{G\pi d}{2L}.$$

Aufgabe 63   Abschn. 2.7   **Schwierigkeitsgrad:** ✿ ◗※

Der einseitig fest eingespannte Kegel (Gleitmodul G, Kreisquerschnitt) wird an der Stelle $x = L$ mit dem Torsionsmoment M_t belastet.

Um welchen Winkel φ dreht sich das freie Kegelende infolge der Belastung?

Gegeben: d, L $\ll$ d, G, M_t

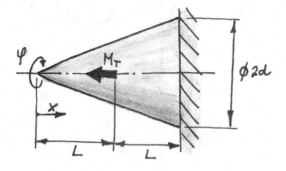

Lösung

Verdrehung:

$$\Delta\varphi = \int\limits_{L}^{2L} \frac{M_t}{GI_t}\,dx = \frac{32M_t}{\pi G}\int\limits_{L}^{2L}\frac{dx}{D^4(x)} \quad \text{mit } D(x) = d\frac{x}{L},$$

$$\Delta\varphi = \frac{32M_tL^4}{\pi Gd^4}\int\limits_{L}^{2L}\frac{dx}{x^4} = \ldots = \frac{28}{3\pi}\frac{M_tL}{Gd^4}.$$

Aufgabe 64   Abschn. 2.7   **Schwierigkeitsgrad:** 💣✳

Ein Träger (Rundstahl Durchmesser d) ist bei B fest eingespannt, ragt horizontal aus der Wand heraus und knickt bei der Länge L um 90° horizontal zur Seite. Dieser abgeknickte Teil wird durch eine konstante Streckenlast q_0 belastet.

Wie groß ist die vertikale Verschiebung des Balkenendpunktes?

Gegeben: q_0, d, L, E, G.

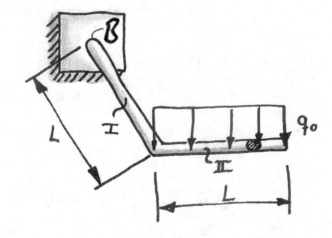

Lösung

Flächenträgheitsmoment:

$$I = \frac{\pi d^4}{64}.$$

Torsionsflächenträgheitsmoment:

$$I_t = \frac{\pi d^4}{32}.$$

Überlagerung von drei Lastfällen:

1. Torsion Träger I:

$$\varphi = \frac{M_t L}{GI_t}$$
$$= \frac{q_0 L^3}{2GI_t},$$

$\Rightarrow$ Verschiebung des Endpunktes:

$$w_t = \frac{q_0 L^4}{2GI_t}.$$

2. Durchbiegung des Trägers I: Lastfall 1:

$$w_I = \frac{q_0 L^4}{3EI}.$$

3. Durchbiegung des Trägers II: Lastfall 3:

$$w_{II} = \frac{q_0 L^4}{8EI}.$$

Zusammenwurschteln:

$$w_{ges} = \frac{q_0 L^4}{\pi d^4} \left[\frac{16}{G} + \frac{88}{3E} \right].$$

Aufgabe 65   Abschn. 2.8   **Schwierigkeitsgrad:** ✶

Eine Stütze (Rundstab, Durchmesser d, Länge L_0) wird aus der skizzierten spannungsfreien Stellung (Winkel $\alpha \neq 0°$) durch Verschieben des unteren Lagers in eine senkrechte Lage gebracht ($\alpha = 0°$).

Wie groß darf die Länge L_0 höchstens sein, damit die Stütze in der senkrechten Stellung nicht ausknickt?

Gegeben: d, $L = 30d$.

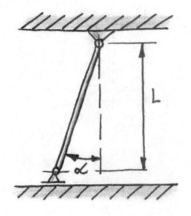

Lösung

Knickfall 2: $F = -EI\,\pi^2/L^2$.

   Dehnung: $\varepsilon = (L - L_0)/L_0 = \frac{F}{EA} = -\frac{EI\pi^2}{L^2 EA}$,

$$\Rightarrow L - L_0 = -L_0 \left[\frac{I\pi^2}{L^2 A}\right],$$

$$\Rightarrow L_0 = \frac{L}{1 - \frac{I\pi^2}{L^2 A}} \text{ mit } I = \frac{\pi d^4}{64} \text{ und } A = \frac{\pi d^2}{4},$$

$$\Rightarrow L_0 = 30{,}02 \text{ d}.$$

Aufgabe 66	Abschn. 2.8	**Schwierigkeitsgrad:** ✿ 💣

Die Stößelstange der Ventilsteuerung eines Dieselmotors wird maximal mit der Kraft F belastet. Das Rohr soll so bemessen werden, dass die maximale Druckspannung σ_{zul} nicht überschritten wird und außerdem eine dreifache Sicherheit gegen Ausknicken vorhanden ist.

   Wie groß müssen Innendurchmesser r und Außendurchmesser R des Rohres gewählt werden?

   Gegeben: F, E, L, σ_{zul}.

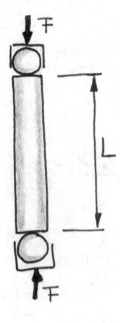

Lösung

Druckspannung:

$$\sigma_{zul} = \frac{F}{A} = \frac{F}{\pi(R^2 - r^2)}.$$

Knickfall 2:

$$F = \frac{E\pi^2}{3L^2}\left[\frac{\pi}{4}(R^4 - r^4)\right].$$

Das heißt zwei Gleichungen, zwei Unbekannte, also locker lösbar!

$$r = \sqrt{\frac{1}{2\pi}\left[\frac{12}{\pi}\frac{L^2\sigma_{zul}}{E} - \frac{F}{\sigma_{zul}}\right]}$$
$$\ldots R = \sqrt{\frac{1}{\pi}\frac{F}{\sigma_{zul}} + r^2}.$$

Aufgabe 67	Abschn. 2.8	**Schwierigkeitsgrad:** 💣

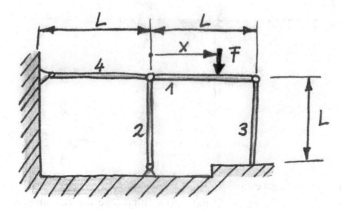

Das skizzierte System besteht aus einem Balken 1 (Länge L) und drei gleichen, schlanken Stäben 2, 3 und 4 (jeweils Länge L, Biegesteifigkeit EI).

An welchem Ort x des Balkens 1 muss die vertikale Kraft F angreifen, wenn die Stäbe 2 und 3 die gleiche Sicherheit gegen Knickung haben sollen?

(Hinweis: Es finden ausschließlich Verformungen in der Zeichenebene statt!)

Gegeben: L, EI.

Lösung

Stab 2: Knickfall 2:

$$F_{krit2} = \frac{\pi^2 EI}{L^2}.$$

Stab 3: Knickfall 3:

$$F_{krit3} = 2,0457 \frac{\pi^2 EI}{L^2}.$$

ΣM um den Kraftangriffspunkt, Balken 1:

$$F_{krit2} \, x = F_{krit3}(L - x),$$
$$\Rightarrow x = \frac{F_{krit3}}{F_{krit2} + F_{krit3}} L = \frac{2,0457}{1 + 2,0457} L \approx \frac{2}{3} L.$$

| **Aufgabe 68** | Abschn. 2.8 | **Schwierigkeitsgrad:** |

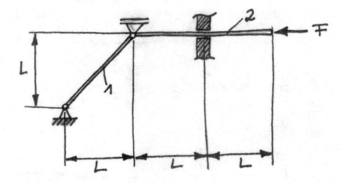

Das skizzierte System wird durch die Kraft F belastet.

Wie müssen die Durchmesser d_1 und d_2 der Rundstäbe dimensioniert werden, damit beide Stäbe mit gleicher Sicherheit gegen Knicken ausgelegt sind?

Gegeben: L, E, F.

Lösung

Stab 1: Normalkraft:

$$F_1 = \sqrt{2} \, F.$$

Knickfall 2:

$$F_{\text{krit1}} = \frac{EI_1\,\pi^2}{(\sqrt{2}L)^2}.$$

Stab 2: Normalkraft:

$$F_2 = F.$$

Rechts von der Führung: Knickfall 1, links von der Führung: Knickfall 2

$\Rightarrow$ rechts ist kritische Stelle:

$$F_{\text{krit2}} = \frac{EI_2\,\pi^2}{4L^2},$$

$$\Rightarrow \frac{F_{k1}}{F_1} = \frac{F_{k2}}{F_2}, \frac{I_2}{I_1} = \sqrt{2} \Rightarrow \frac{d_2}{d_1} = \sqrt[8]{2}.$$

Aufgabe 69	Abschn. 2.8	**Schwierigkeitsgrad:** 🌡※

Zwei Rundstäbe desselben Durchmessers werden wie skizziert durch die Kraft F belastet. Der längere Stab sei in der Mitte durch ein dünnes starres reibungsfreies Lochblech gestützt.

a) Wie groß ist die Knicksicherheit des Systems?
b) Welche Knicksicherheit hat das System, wenn die Lochblende entfernt wird?

Gegeben: EI, a, F.

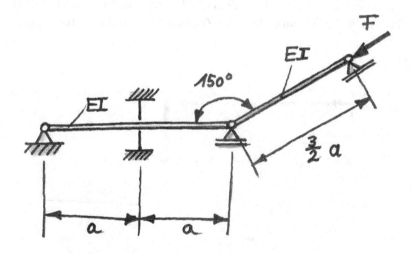

Lösung

Der Horizontalstab kann als zwei Stäbe der Länge a mit Knickfall 2 angesehen werden. Es liegt somit dreimal der Knickfall 2 vor. Der schräge Stab ist dabei mehr gefährdet, da er mit einer größeren Normalkraft beaufschlagt ist und länger ist (3a/2) als die beiden horizontalen Knickkandidaten.

a) Knicksicherheit schräger Stab:

$$S_k = \frac{F_{krit}}{F} = \frac{4\pi^2 EI}{9a^2 F}.$$

b) Horizontaler Stab ohne Lochblende:

$$S_k = \frac{F_k}{\frac{1}{2}\sqrt{3}F} = \frac{\sqrt{3}\pi^2 EI}{6a^2 F} \text{ und somit } \frac{4}{9} > \frac{\sqrt{3}}{6},$$

d. h., der Horizontalstab ohne Lochblende knickt zuerst!

Aufgabe 70	Abschn. 2.8	**Schwierigkeitsgrad:** 💣

Das skizzierte System aus zwei starren Balken B und zwei Rundstäben S (Durchmesser d, E-Modul E, Länge 2a bzw. a) wird durch die Kraft F belastet.

a) Wie groß darf F werden, damit eine dreifache Knicksicherheit eingehalten wird?
b) Wie groß ist die Verlängerung des durch Zug belasteten Stabes bei dieser Last?

Gegeben: a, d, E, d << a.

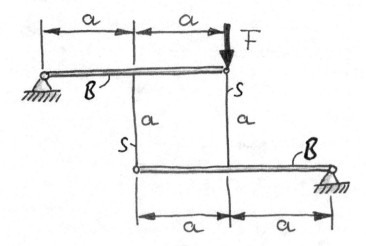

Lösung

Statik: Freischneiden der beiden Stäbe: Normalkraft links sei A, rechts sei B.

ΣM oberer Balken:

$$Aa + B2a + F2a = 0.$$

ΣM unterer Balken:

$$A2a + Ba = 0,$$

$$\Rightarrow A = \tfrac{2}{3}F \text{ (Zugstab)}, B = -\tfrac{4}{3}F \text{ (Druckstab)}.$$

Druckstab: Knickfall 2:

$$-B = \tfrac{4}{3}\,F = \tfrac{1}{3}F_{krit} = \tfrac{1}{3}\frac{E\pi^2}{L^2}\frac{\pi d^2}{64},$$

$$\Rightarrow F_{max} = \frac{E\pi^3 d^4}{256a^2}.$$

Zugstab:

$$\Delta L = \frac{Na}{EA} \text{ mit } N = \tfrac{2}{3}\,F_{max} \text{ und } A = \frac{\pi d^2}{4},$$

$$\Rightarrow \Delta L = \frac{\pi^2 d^2}{96a}.$$

| **Aufgabe 71** | Abschn. 2.8 | **Schwierigkeitsgrad:** |

Die skizzierte Schubstange aus Rundmaterial (Länge L, Biegesteifigkeit EI) wird in ihrer Längsrichtung durch die Kraft F belastet. Wie groß ist der Abstand a des Lagers A zu wählen, damit eine möglichst hohe Knickfestigkeit erreicht wird?

Wie groß darf F in diesem Fall höchstens werden?

Gegeben: L, EI.

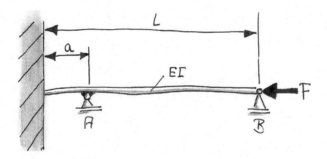

Lösung

Kannste knicken! Aber wie? Zunächst die Lastfälle: Im Bereich I links des Lagers A liegt Lastfall 4 vor, im rechten Teilstück II des Trägers liegt Lastfall 3 vor. Jetzt gibt es sicherlich Protest. Wir bleiben aber bei unserer Meinung – und haben auch ein Argument, welches hoffentlich zieht: Die oft von Studenten (und auch Professoren!) geäußerte Vermutung, es handle sich hier um die Fälle 3 und 2, würde zutreffen, wenn an der Stelle A der Träger durch *ein Gelenk unterbrochen wäre!* Für den durchgehenden Träger wird an der Stelle A aber ein Biegemoment übertragen, klar, oder?

Mit den Formeln für die Knickfälle ergibt sich:

$$F_{kirt,I} = 2{,}0457 \, \frac{EI\pi^2}{a^2}, F_{kirt,II} = \frac{EI\pi^2}{(L-a)^2}.$$

Das Lager ist am günstigsten positioniert, wenn die Knicklast bei beiden Teilstücken gleich ist:

$$2{,}0457 \, \frac{EI\pi^2}{a^2} = \frac{EI\pi^2}{(L-a)^2}.$$

Auflösen der Gleichung, die quadratisch für a ist, ergibt nach viel Kritzelei:

$$a = 0.{,}59 \, L.$$

Damit kann die Last bestimmt werden, bei der der Träger ausknickt:

$$F_{krit,I} = F_{Krit,II} = 5{,}9 \, \frac{EI\pi^2}{L^2}.$$

4.3 Aufgaben zur Kinetik und Kinematik

Aufgabe 72	Abschn. 3.3	Schwierigkeitsgrad: ✿

Ein altes Problem – verblüffende Thesen [30]:

a) Wenn Kraft immer gleich Gegenkraft ist, kann ein Pferd keine Kutsche ziehen, da die Kraft des Pferdes genau genommen von der Kraft auf das Pferd aufgehoben werden müsste! Die Kutsche zieht das Pferd mit der gleichen Kraft rückwärts, wie das Pferd die Kutsche vorwärts zieht.

b) Das Pferd kann die Kutsche doch nach vorn ziehen, weil das Pferd die Kutsche infolge von Verlusten minimal stärker nach vorn zieht, als die Kutsche das Pferd nach hinten zieht.

c) Infolge der begrenzten Reaktionszeit der Kutsche zieht das Pferd die Kutsche vorwärts, bevor die Kutsche die Gegenkraft aufbauen kann.

d) Das Pferd kann die Kutsche nur nach vorn ziehen, wenn es schwerer ist als die Kutsche.

Welche der Thesen ist/sind richtig?

Lösung

Keine der gegebenen Thesen ist richtig. Tatsächlich ist *actio* gleich *reactio* – also ist die Kraft, die das Pferd auf die Kutsche ausübt, genauso groß wie die Kraft, die die Kutsche auf das Pferd ausübt. Das ist aber das Einzige, was an den beiden Teilsystemen Pferd und Kutsche gleich ist. Die Kraft „will" eine Bewegung verursachen. Das Pferd stemmt sich mit seinen Hufen fest gegen die Erde. Die von der Kutsche auf das Pferd ausgeübte

Kraft will also das Pferd nach hinten ziehen. Wenn die Beine nicht einknicken oder das Pferd nicht ausrutscht (zu schwere Kutsche), muss die Kraft die gesamte Erde etwas zurückdrehen. Dies wird ihr nur um einen sehr kleinen Betrag gelingen.

Die Kutsche ist aber über Räder gegenüber der Erde gelagert, sodass die auf die Kutsche wirkende Kraft nur die Masse der Kutsche bewegen muss!

Oder nochmal anders: Betrachtet man das Gesamtsystem Kutsche–Pferd, dann wirkt auf dieses in horizontaler Richtung nur die Schlammkraft an den Hufen (und die vernachlässigte Rollreibung der Räder). Und diese bewirkt aus mechanischer Sicht die Bewegung – natürlich ist das Pferd an der ganzen Sache nicht ganz unbeteiligt.

Aufgabe 73	Abschn. 3.1	**Schwierigkeitsgrad:** ✿

Der Wissenschaftler Herr Dr. Hinrichs lebt völlig isoliert in seinem Elfenbeinturm, der vereinfacht als ein Kasten dargestellt werden kann. Der Kasten bewege sich mit konstanter Geschwindigkeit.

Herr Dr. Romberg isoliert sich auch zunehmend – sein Kasten dreht sich offensichtlich im Kreis (damit versucht er, die Drehung auszugleichen, die ihm sein betäubtes Gleichgewichtsorgan vorgaukelt).

Ist es möglich, ohne Verbindung mit der Außenwelt innerhalb der Kästen den Bewegungszustand des jeweiligen Kastens, beispielsweise die Geschwindigkeit, zu ermitteln [30]?

Lösung

Nur für den rotierenden Herrn lässt sich der Bewegungszustand ermitteln. Lässt er beispielsweise seine Flasche fallen, bewegt sich diese tangential zur Kreisbahn weiter und landet somit nicht senkrecht unter dem Abwurfpunkt. Der Flasche fehlt also die

Zentripetalbeschleunigung bzw. eine auslösende Kraft zum Umbiegen der Bewegung. Wird die Beschleunigung groß genug, macht sich irgendwann der Übelkeitssensor im Bauch bemerkbar.

Der Kasten von Herrn Dr. Hinrichs wird jedoch nicht beschleunigt. Hier wirken also keine durch die Bewegungsform bedingten Kräfte. Folglich ist die Bestimmung der Bewegungsform nicht möglich. Selbst wenn man aus dem Kasten herausgucken könnte und sehen würde, dass sich die Umgebung gegenüber dem Gesichtsfeld bewegt, könnte man nicht mit Sicherheit sagen, ob man sich selber bewegt, die Umgebung bewegt wird oder ob beide gegeneinander verschoben werden. Das kennt wohl jeder aus dem Zug. Würde der Kasten angehalten oder beschleunigt oder geschüttelt, könnte man die Bewegung spüren oder anhand des Fallexperiments prüfen.

Als Ergebnis merken wir uns: Ein ruhender oder ein gleichförmig translatorisch bewegter Körper ist kräftefrei bzw. die wirkenden Kräfte heben sich gegenseitig auf.

Aufgabe 74	Abschn. 3.2	**Schwierigkeitsgrad:** ☼

Zwei Fahrradfahrer fahren mit gleichmäßiger Geschwindigkeit von jeweils 10 km/h aufeinander zu. Als sie genau 20 km voneinander entfernt sind, fliegt eine Biene vom Lenker des rechten Fahrrades mit einer Absolutgeschwindigkeit von 25 km/h direkt zum linken Fahrrad.

Die Biene setzt sich kurz auf den Lenker des linken Rades, kehrt in vernachlässigbar kurzer Zeit um und fliegt mit der gleichen Geschwindigkeit (25 km/h) zum rechten Fahrrad zurück, setzt sich dort kurz auf den Lenker, dreht wieder um … und fliegt weiter immer hin und her, bis die beiden Räder zusammenstoßen.

Welche Gesamtstrecke (Summe der Hin- und Rückflüge) hat die Biene vom ersten Abflug bis zum Zusammenstoß der Räder zurückgelegt [30]?

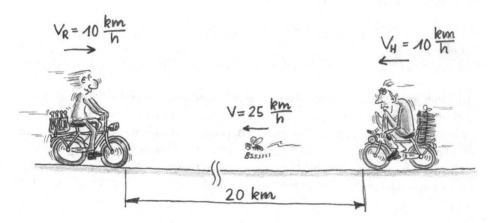

Lösung

Die Lösung dieser Aufgabe ist gaaaaaaanz einfach – wenn man den richtigen Weg einschlägt:

- 20 km mit zweimal 10 km/h $\Rightarrow$ Fahrzeit der Radfahrer: 1 h
- Flugzeit der Biene: 1 h

Geschwindigkeit der Biene: 25 km/h $\Longrightarrow$ Flugstrecke 25 km! Ha! Also manchmal hilft auch Nachdenken, obwohl Ingenieurpragmatismus (ohne nachzudenken) in 95 % aller Aufgaben zum Ziel führt ...

Aufgabe 75	Abschn. 3.2	**Schwierigkeitsgrad:** ✿

Herr Dr. Hinrichs übt mit pseudowissenschaftsoptimierten Methoden und seinem Hund das Apportieren. Zu diesem Zweck geht er (Hinrichs) genau 15 min spazieren (Gehgeschwindigkeit 5 km/h) und wirft einen Stock mit einer Wurfgeschwindigkeit 10 km/h

a) zur Seite,
b) nach vorn
c) nach hinten.

Wenn der Hund den Stock apportiert hat (Laufgeschwindigkeit Hund: 15 km/h), wiederholt sich der Vorgang von vorn.

Welche der drei Varianten muss Herr Dr. Hinrichs wählen, damit Alexander von Humboldt[5] möglichst lange läuft [30]?

Lösung

Hier schon wieder! Auch das ist schon fast eine Scherzfrage! Da in der Aufgabenstellung gegeben war, *dass die ganze Sache 15 min dauert,* kann Herr Dr. Hinrichs werfen, wohin er will – der Hund läuft 15 min. (Anders hätte das Ganze ausgesehen, wenn gefragt worden wäre, für welche Variante der Hund die längste Strecke läuft. Das war aber nicht gefragt.)

Hier also ein kleiner Tipp für Prüfungen: *Immer mehrmals überprüfen, was eigentlich gefragt ist und im Nachhinein nochmals kontrollieren, ob auch alle Teilfragen gelöst sind* [30]!

---

[5]Name des armen Hundes von Herrn Dr. Hinrichs (kein Kommentar von Herrn Dr. Romberg).

Ein Zug der Deutschen Bundesbahn schleicht trotz Verspätung mit 400 cm/s über das Gleis. Herr Dr. Romberg, der seinen Führerschein schon lange „verloren" hat, wankt im Zug in Fahrtrichtung zum Zugbistro (Relativgeschwindigkeit gegenüber Zug: 100 cm/s). Dabei führt er oral gleichförmig bewegt ein Baguette in sich hinein (Vorschubgeschwindigkeit des Baguettes: 5 cm/s).

Eine Ameise läuft – um nicht verspeist zu werden – mit einer Geschwindigkeit von 2 cm/s auf dem Baguette in Richtung freies Ende [30].

Wie groß ist die Geschwindigkeit der Ameise gegenüber dem Gleis?

Anderes Szenario: Ein umweltunbewusster Fahrgast wirft mit $v_{Dose} = 300$ cm/s quer zur Fahrrichtung eine Dose (pfui!) durch das gekippte Fenster der Toilette direkt auf das Gleis.

Wie hoch ist die Geschwindigkeit, mit welcher die Dose mit den Schwellen kollidiert (Luftwiderstand vernachlässigt)?

Lösung

Zunächst zur Nahrungsaufnahme: Die Geschwindigkeiten des Zuges, die des Baguette-Essers und der Ameise sind gleichgerichtet und können addiert werden. Die Geschwindigkeit des Baguettes ist diesen Geschwindigkeiten entgegengesetzt und muss somit von der vorgenannten Summe abgezogen werden. Es ergibt sich also für die Absolutgeschwindigkeit:

$$400 \text{ cm/s} + 100 \text{ cm/s} + 2 \text{ cm/s} - 5 \text{ cm/s} = 497 \text{ cm/s}.$$

Wir merken uns: Gleichgerichtete Geschwindigkeiten können addiert oder subtrahiert werden.

Nun zum Dosenwerfer: In diesem Fall sind die Geschwindigkeiten nicht gleichgerichtet. Hier müssen die Geschwindigkeiten vektoriell addiert werden. Wir suchen also die Hypothenuse in einem rechtwinkligen Dreieck, wobei eine Kathete der Geschwindigkeit des Zuges und die andere Kathete v_{Dose} entspricht.

Für die Absolutgeschwindigkeit ergibt sich somit

$$v = \sqrt{400^2 + 300^2} \text{ cm/s} = 500 \text{ cm/s}.$$

Aufgabe 77 Abschn. 3.3 **Schwierigkeitsgrad:** ✿

Ein Findling und ein kleiner Stein aus gleichen Materialien fallen bei vernachlässigtem Luftwiderstand dieselbe Höhe H hinunter in Richtung y.

Welcher der beiden Gegenstände fällt länger?

Lösung

Das kann man nicht oft genug sagen: Beide brauchen gleich lange! Hier sollte man sich mal das *Freikörperbild* aufmalen. Zwar ist für den Findling die beschleunigende Kraft sehr viel größer – es muss aber auch eine um denselben Faktor größere Masse beschleunigt werden. Das *Freikörperbild und Newton* führen auf

$$m \ddot{y} = m \, g.$$

Bingo! Die Masse m kürzt sich raus, und es bleibt die *Erdbeschleunigung g*, die jeden beliebig großen Stein beim Fallen gleich „antreibt", egal wie schwer dieser ist!

Oder anders: Zerschlägt man den Findling in viele kleine Steine und lässt diesen Steinhaufen fallen, dann ändert sich ja wohl auch nichts an der Flugzeit. Und somit ist die resultierende Beschleunigung in beiden Fällen gleich.

Dennoch hört man immer wieder anders lautende Kommentare wie beispielsweise beim Skilaufen: Du bist schneller unten, weil du schwerer bist. Dies stimmt im Allgemeinen nicht. Allerdings haben ganz genaue Untersuchungen gezeigt, dass die Reibverhältnisse im Schnee von der Normalkraft abhängen können und tatsächlich schwere Skiläufer andere Reibverhältnisse vorfinden. Aber ob diese in all den schlauen Sprüchen beim Après-Ski in Erwägung gezogen wurden? Hier müssen dann nämlich auch Luftwiderstand, Equipment u. a. in Betracht gezogen werden!

Aufgabe 78 Abschn. 3.4 **Schwierigkeitsgrad:** ✿

Ein Stein wird in schlammigen Morast geworfen. Er dringt h = 5 cm in den Morast ein.

Wie schnell muss geworfen werden, damit die Eindringtiefe 20 cm betragen soll? Für alle Hardcore-Mechaniker: Der Morast sei eine homogene Pampe [30]!

Lösung

Wir müssen (überraschenderweise?) nur doppelt so schnell werfen. Der gesunde Menschenverstand führt uns hier unter Umständen in die Irre. Man könnte glauben:

vierfache Eindringtiefe, d. h. vierfache Geschwindigkeit. Pustetorte! Für die vierfache Eindringtiefe 4 h braucht man viermal so viel Energie. Man kann sich den Morast ja auch in vier Scheiben der Dicke h = 5 cm schneiden und braucht für jede Scheibe dieselbe Energie. Die Energie ermittelt sich ja über

$$E = \int F ds = F h,$$

da bei der homogenen Pampe die Widerstandskraft des Morasts konstant ist. Und woher kommt die Energie? Natürlich aus der kinetischen Energie $E = 0{,}5\, mv^2$ des Steines. Diese hängt aber quadratisch von der Geschwindigkeit ab. Also: Vierfache Eindringtiefe bedeutet doppelte Geschwindigkeit!

Aufgabe 79	Abschn. 3.4	**Schwierigkeitsgrad: ☼**

Eine Kugel aus Gummi und eine Kugel aus Stahl haben beide dieselbe Größe, Geschwindigkeit und Masse. Sie werden gegen einen wackeligen Klotz geworfen [30].

a) Welche der Kugeln wirft den Klotz eher um?
b) Welche Kugel richtet bei dem Klotz mehr Schaden an?

(Für alle Minimalisten: Auch eine fundierte Begründung könnte ganz interessant sein!)

Lösung

Vor dem Auftreffen der Kugel sind die Impulse der unterschiedlichen Kugeln gleich. Der Impuls des Klotzes ist hingegen null. Nach dem Auftreffen der Kugel haben die Stahlkugel und der Klotz eine gemeinsame (verschwindend kleine) Geschwindigkeit. Dabei übt die Stahlkugel einen zeitlich begrenzten Kraftstoß auf den Klotz aus.

Die Impulsänderung der Gummikugel ist aber bis zu doppelt so groß wie die Impulsänderung der Stahlkugel, da die Geschwindigkeit nicht nur abgebremst, sondern auch wieder in umgekehrter Richtung beschleunigt werden muss. Aus diesem Grund wirft die Gummikugel den Klotz sehr viel eher um. „Aber wenn ich was zerdeppern will, dann nehme ich doch lieber eine Stahlkugel?", könnte man jetzt fragen … ja, aber das hat andere Gründe:

Bezüglich des anzurichtenden Schadens am Klotz begutachten wir einmal unsere Energiebilanz. Die kinetische Energie der Kugel vor dem Stoß muss der kinetischen Energie der Kugel nach dem Stoß sowie der Verformungsenergie des Klotzes (und der Kugel) entsprechen. Im einfachsten Fall kehrt die Energie mit gleicher Geschwindigkeit vom Klotz wieder um (ideale Gummikugel). Der kinetischen Energie ist das Vorzeichen der Geschwindigkeit aber egal.

Für die Energiebilanz bedeutet das, dass keine Energie mehr für die Verformung des Klotzes übrig bleibt. Anders bei der Stahlkugel: Hier wird die kinetische Energie verbraten, nämlich in Form plastischer Verformungen der Kugel und des Klotzes. Somit richtet die Stahlkugel mehr Schaden in Form von plastischen Verformungen an!

Aufgabe 80	Abschn. 3.3	**Schwierigkeitsgrad:** ☼

Auf einer rotierenden Scheibe (Winkelgeschwindigkeit ω) stehen zwei Personen. Eine Person wirft einen Ball mit der Geschwindigkeit v unmittelbar in Richtung der zweiten Person. Im Moment des Abwurfes fährt die zweite Person gerade an einem Tor vorbei [30].

a) Trifft der Ball die zweite Person?
b) Trifft der Ball das Tor?

Lösung

Wir müssen leider beide Fragen mit Nein beantworten. Wenn wir einmal die Geschwindigkeit des Balles bestimmen, so hat dieser in Richtung des Kreismittelpunktes die Geschwindigkeit v – und tangential zur Scheibe infolge der Drehung der ersten Person die Geschwindigkeit ωR, wobei R den Abstand des Werfers vom Kreismittelpunkt bezeichnet. Der Ball fliegt also weiter nach rechts als gedacht und somit sowohl rechts an der Person als auch rechts am Tor vorbei. Und was die Sache noch schwieriger macht:

In der Zeit, in der der Ball für den Fall eines richtigen, weiter nach links gerichteten Abwurfes am Tor ankommen würde, ist die zweite Peron in der Flugzeit schon etwas weitergefahren. Die zweite Person zu treffen, ist also gar nicht so einfach – deshalb ersparen wir uns auch die Rechnung für den korrekten Abwurfwinkel, oder?

Guckt man sich die tatsächliche Wurfkurve mal im Koordinatensystem des gedrehten Teilsystems an – also beispielsweise aus der Sicht der beiden Personen –, dann fliegt der Ball scheinbar auf einer gekrümmten Bahn. Die Beobachtung dieser Ablenkung ist umso erstaunlicher, wenn man nicht einmal merkt, dass man sich dreht (z. B. als Erd-bewohner an anderen Orten als Nord- und Südpol). Diese Ablenkung wird nach ihrem Entdecker Coriolis benannt. Wenn man trotz dieses Effekts eine geradlinige Bahn hin-zaubern wollte, müsste man die Kugel in eine Röhre werfen, die zwischen den beiden Personen verläuft. Und die Wände würden die Bahnkurve geradebiegen, also eine Kraft (Corioliskraft) auf die Kugel ausüben.

| **Aufgabe 81** | Abschn. 3.1 | **Schwierigkeitsgrad:** ◗✳ |

Jetzt aber mal endlich was zum Rechnen: Die Antriebskurbel 1 dreht sich mit konstanter Winkelgeschwindigkeit ω. Der Stab liegt im Punkt P auf der Kante auf und hebt wäh-rend der gesamten Bewegung nicht von der Kante ab.

a) Bestimmen Sie grafisch den Momentanpol für die skizzierte Stellung!
b) Bestimmen Sie die Winkelgeschwindigkeit des Stabes 2 für $\varphi = 45°$!
c) Bei welchen Winkeln φ führt Stab 2 kurzzeitig translatorische Bewegungen aus?

Gegeben: ω, r.

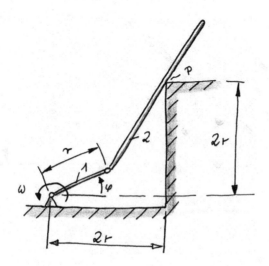

Lösung

a) Für die Konstruktion des Momentanpols kennen wir am Körper 2 zwei Geschwindigkeitsrichtungen: Die Geschwindigkeit des Gelenks v_1 ist senkrecht zur antreibenden Kurbel. Da der Stab 2 an der Kante weder abheben noch in die Kante eindringen kann, ist v_2 im Punkt P nur in Stabrichtung möglich. Nach der Regel gemäß Abschn. 3.1 ergibt sich der Momentanpol Q als Schnittpunkt der Senkrechten zu v_1 und v_2.

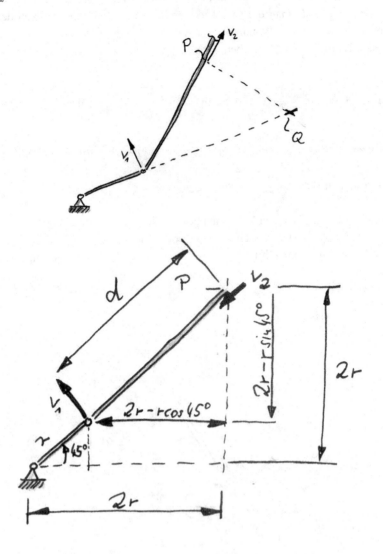

b) Aus der Skizze oben analog zu a für $\varphi = 45°$ ergibt sich, dass der Momentanpol in P liegt. Für das Gelenk, welches ein Körperpunkt von Stab 2 ist, ist die Geschwindigkeit v_1 durch die Kurbel über $v_1 = r\,\omega$ gegeben.
Dieser Punkt hat aber vom Momentanpol des Stabes 2 den Abstand

$$d = \sqrt{(2r - r\cos 45°)^2 + (2r - r\sin 45°)^2} = \ldots r\,(4 - \sqrt{2})/\sqrt{2}.$$

Es ergibt sich also:

$$\omega_2 = v_1/d = \omega\sqrt{2}/(4 - \sqrt{2}).$$

c) Translatorische Bewegung ist dann gegeben, wenn zwei Geschwindigkeiten parallel gerichtet sind. Im vorliegenden Fall bedeutet dies, dass sich die Kurbel in Richtung des Stabes bewegen muss. Dies ist für die skizzierten Extremstellungen I und II gegeben.

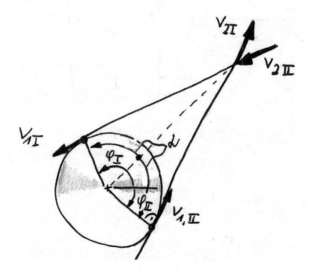

Es handelt sich somit um die Lagen, für die der Stab tangential zum vom Kurbelendpunkt beschriebenen Kreis orientiert ist. Aus den Winkelbeziehungen ergibt sich:

$$\cos \alpha = r/(2\,\sqrt{2}r) = 1/(2\,\sqrt{2}) \Rightarrow \alpha = 69{,}3°,$$
$$\varphi_{I,II} = 45° \pm \alpha,$$
$$\varphi_I = 114{,}3°, \quad \varphi_{II} = -24{,}3°.$$

| **Aufgabe 82** | Abschn. 3.1 | **Schwierigkeitsgrad:** ◐✳ |

Die Skizze zeigt die Antriebseinheit einer Dampflok, die sich mit der Geschwindigkeit v_0 bewegt. Die Räder rollen, ohne zu rutschen.

a) Bestimmen Sie für die skizzierte Stellung die Lage des Momentanpols der Schubstange im gegebenen Koordinatensystem.

b) Bestimmen Sie die Relativgeschwindigkeit des Kolbens gegenüber dem Zylinder.

Gegeben: $R, r = \frac{1}{2}\sqrt{2}R, v_0, L, \alpha = 45°$.

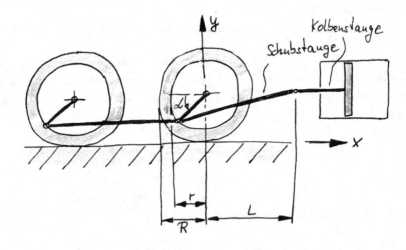

Lösung

a) $x_Q = L$, $y_Q = -L/\tan\alpha = -L$.

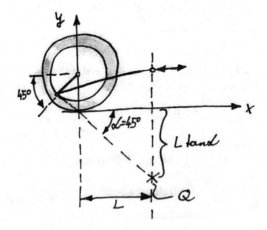

b) $v_{rel} = v_K - v_0$ mit v_K: Geschwindigkeit der Kolbenstange,

$$v_K = w_S(R + L),$$

$$\omega_S = v_S/d \text{ mit } d = r + \sqrt{2}\,L = \frac{\sqrt{2}}{2}(R + 2L).$$

$$\omega_{Rad} = \frac{v_0}{R} = \frac{v_s}{r} ==> v_S = \frac{r}{R}\,v_0 = \frac{\sqrt{2}}{2}v_0,$$

$$\Rightarrow \omega_S = \frac{v_0}{R + 2L},$$

$$\Rightarrow v_K = \frac{R + L}{R + 2L}\,v_0 ==> v_{rel} = \frac{-L}{R + 2L}\,v_0.$$

Aufgabe 83	Abschn. 3.2	**Schwierigkeitsgrad: ✿**

Ein homogener schlanker Stab (Länge L, Masse m) befindet sich zunächst wie skizziert im labilen Gleichgewicht und fällt dann infolge einer kleinen Störung um.

Wie groß ist die Geschwindigkeit v_{Ende} des freien Stabendes zu dem Zeitpunkt, in dem der Stab die stabile Gleichgewichtslage (Stab hängt nach unten) passiert?

Gegeben: L, g.

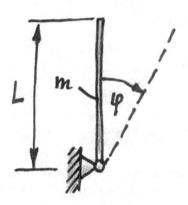

Lösung

Energiesatz (Nullniveau: Lager):

$$mgL = 0{,}5\,J\,\omega^2 \qquad \text{mit } J = \frac{1}{3}m\,L^2$$

und

$$v_{Ende} = \omega\,L ==> v_{Ende} = \sqrt{6gL}.$$

Aufgabe 84   Abschn. 3.2   **Schwierigkeitsgrad:** ☼

Von einem Turm der Höhe H wird im Schwerefeld der Erde ein Ball mit der Anfangs-geschwindigkeit v_0 senkrecht nach oben geworfen.

a) Bestimmen Sie die maximale Wurfhöhe H_{max} und die Steigzeit tmax.
b) Bestimmen Sie die Zeit t_E bis zum Auftreffen des Balles auf der Erde!

Gegeben: $H = 5$ m, $v_0 = 10$ m/s, $g = 9{,}81$ m/s^2.

Lösung

a) $\dot{y}(t_{max}) = 0 = -gt_{max} + v_0 ==> t_{max} = v_0/g = 1{,}02$ s,
   $y(t_{max}) = -\frac{1}{2}gt_{max}^2 + v_0 t_{max} = 5{,}1$ m,
   $H_{max} = y(t_{max}) + H = 10{,}1$ m.

b) $y(t) = -\frac{1}{2}gt_E^2 + v_0\, t_E = -H$,
   $\Rightarrow t_E^2 - \frac{2v_0}{g}\, t_E - \frac{2H}{g} = 0$,
   $\Rightarrow t_E = 2{,}45$ s.

Aufgabe 85   Abschn. 3.3   **Schwierigkeitsgrad:** ☀

Ein Zylinder (Masse m, Radius R) liegt auf einer horizontalen Ebene. Der Reib-koeffizient zwischen Ebene und Zylinder ist $\mu = \mu_0 = 0{,}1$. Mittels der skizzierten Kraft $F = 0{,}1$ mg soll der Zylinder in Bewegung gesetzt werden.

a) Rollt oder rutscht der Zylinder?
b) Wie groß ist die Beschleunigung des Zylinders?

Gegeben: m, R, $F = 0{,}1$ mg, $\mu = \mu_0 = 0{,}1$.

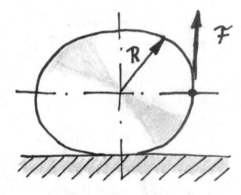

Lösung

Freikörperbild:

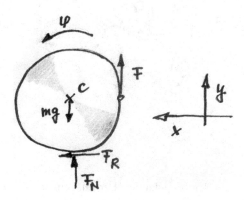

Bestimmung von FN:

$$\Sigma F_y = m\ \ddot{y} = 0 = F + F_N - mg \implies F_N = 0,9\ mg,$$
$$\Sigma F_X = m\ \ddot{x} = F_R,$$
$$\Sigma M^C: \ J^C\ \ddot{\varphi} = F\ R - F_R\ R \qquad \text{mit } J^C = 0,5\ m\ R^2.$$

Annahme: Zylinder rollt! (Annahme gültig, wenn FR < μ FN),

$$\Rightarrow \ddot{x} = R\ddot{\varphi}.$$

Zusammenbraten der Gleichungen:

$$\ldots F_R = \frac{2}{3}F = 0{,}067\ mg < \mu\ F_N = 0.09\ mg,$$

⇒ Annahme gültig, also rollt der Zylinder!
Bestimmung der Winkelbeschleunigung:

$$\ddot{\varphi} = (F\ R - F_R\ R)/J^C = \frac{2g}{30R},$$
$$\ddot{y} = \ddot{\varphi}R = \frac{1}{15}\ g.$$

Aufgabe 86   Abschn. 3.2   **Schwierigkeitsgrad:** ✪

Nach dem Genuss einiger örtlicher Spezialitäten verlässt Herr Dr. Romberg die Gebirgs-hütte.

Auf dem Rückweg erreicht der gut gelaunte Herr mit seinem Wagen (Masse m) die skizzierte Stellung (Geschwindigkeit v_0), widmet seine volle Aufmerksamkeit den Sternen, kuppelt aus und rollt ... nach der Strecke L gegen eine Wand (Federkonstante c).

Wie groß ist die maximal auf die Wand ausgeübte Kraft?

Gegeben: c, m, g, L, α, v_0.

Lösung

Wahl des Nullniveaus: maximale Einfederung der Wand

Energiesatz (x ist die Einfederung der elastischen Wand):

$$m\,g\,(L+x)\,\sin\alpha + 0{,}5\,m\,v_0^2 = 0{,}5\,c x^2.$$

Ingenieurmäßige Vereinfachung: x<<L,

$$\Rightarrow \quad x = \sqrt{\frac{2mgL\sin\alpha + mv_0^2}{c}},$$
$$F = cx = \sqrt{c\,(2mgL\sin\alpha + mv_0^2)}.$$

Aufgabe 87   Abschn. 3.3   **Schwierigkeitsgrad:**

Auf einem Klotz (Masse 2 m), der reibungsfrei auf einer Ebene liegt, befindet sich eine Kugel (Masse m, Radius R). Der Klotz wird durch die Kraft F beschleunigt – gleichzeitig beginnt die Kugel zu rollen. Wie groß ist die Reibkraft zwischen Kugel und Klotz?

Gegeben: m, R, F.

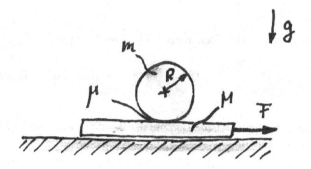

Zunächst die Freikörperbilder:

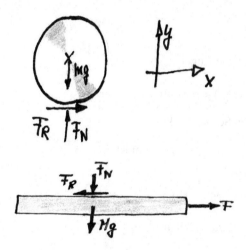

Ihr könnt das ja auch mal mit einem Becher auf einem Frühstücksbrettchen ausprobieren: Erst dreht sich der Becher nach hinten und dann in die andere Richtung!
Komisch, oder?

Impulssatz für die Teilsysteme:

$$\Sigma F_{X,Kugel} = m\, \ddot{x}_{C,Kugel} = F_R,$$
$$\Sigma F_{X,Klotz} = M\, \ddot{x}_{Klotz} = F - F_R.$$

Drallsatz Kugel:

$$\Sigma M_{Kugel^C} = J_{Kugel^C}\, \ddot{\varphi} = F_R\, R \qquad \text{mit } J_{Kugel^C} = \frac{2}{5}\, mR^2.$$

Kinematik:

$$\ddot{x}_{Klotz} = \ddot{x}_{C,Kugel} + \ddot{\varphi}\,R.$$

Und nun zusammenbraten (vier Gleichungen, vier Unbekannte): ... FR = F/8.

Aufgabe 88	Abschn. 3.3	**Schwierigkeitsgrad:** 💣

Eine Kugel (Masse m, Radius R), die sich mit der Winkelgeschwindigkeit ω_0 dreht, wird auf eine Ebene (Reibkoeffizient μ) gesetzt.

a) Wie lange dauert es, bis reines Rollen eintritt?
b) Welche Horizontalgeschwindigkeit hat die Kugel dann erreicht?

Gegeben: m, R, ω_0, μ.

Lösung

Impulssatz freigeschnittene Kugel:

$$\Sigma F = m\,\ddot{x}_{Schwerpunkt} = F_R = \mu\,mg.$$

Drallsatz Kugel um den Schwerpunkt:

$$\Sigma M = J\,\ddot{\varphi} = -F_R R \qquad \text{mit } J = \tfrac{2}{5}\,m\,R^2,$$

$$\Rightarrow \ddot{\varphi} = \dot{\omega} = -\tfrac{F_R R}{J}\text{const.},$$

$$\Rightarrow \omega(t) = \omega_0 + \dot{\omega}\,t = \omega_0 - \tfrac{F_R R}{J}t.$$

Bedingung für Übergang zum Rollen:

$$\dot{x} = \mu\,gt = \omega(t)\,R\ldots \;\Rightarrow\; t = \tfrac{2\omega_0 R}{7\mu g},$$

$$\Rightarrow \dot{x} = \tfrac{2}{7}\,\omega_0\,R.$$

(Herr Dr. Hinrichs kann außerdem noch die Energie ausrechnen, die durch das Rutschen verloren, also nicht in Bewegung umgesetzt wird: Angeblich sollen das 5/7 der Anfangsenergie sein.)

Aufgabe 89	Abschn. 3.3	Schwierigkeitsgrad: ☀

Ein Pendel (Länge L), das aus einem masselosen Faden und einer Masse m besteht, wird aus der skizzierten horizontalen Position losgelassen. Der Faden reißt zu dem Zeitpunkt, zu dem die Fadenkraft $F_F = F_{krit} = 1{,}5$ mg beträgt. Welche Geschwindigkeit hat die Masse zu diesem Zeitpunkt?

Gegeben: m, $F_{krit} = 1{,}5$ mg, L, g.

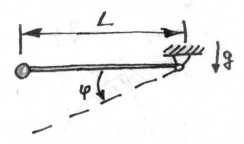

Lösung

Freikörperbild:

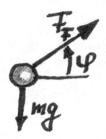

Impulssatz in Fadenrichtung:

$$\Sigma F = F_F - mg \sin \varphi = m \, \omega^2 L.$$

Energiesatz:

$$0{,}5 \, (mL^2) \, \omega^2 = mgL \, \sin \varphi.$$

Miteinander verwurschteln:

$$\varphi = 30°, \, v = \sqrt{gL}.$$

Ein Zylinder (Masse m, Radius r) rollt (fast) ohne Anfangsgeschwindigkeit den skizzierten Hügel hinunter. Beim Winkel $\varphi = \varphi_0$ beginnt der Zylinder zu rutschen.

Wie groß ist der Haftreibwert μ?

Gegeben: m, r, R, φ_0.

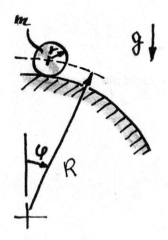

Lösung

Freikörperbild des Zylinders:

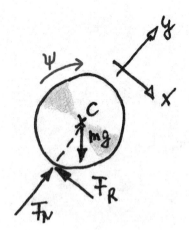

Drallsatz um den Schwerpunkt:

$$0{,}5 \, m \, r^2 \, \ddot{\psi} = F_R \, r.$$

Impulssatz (x):

$$\Sigma F_x: m \, r \, \ddot{\psi} = mg \sin \varphi - F_R.$$

Zusammenbraten:

$$F_R = \frac{1}{3} \, mg \sin \varphi \, v.$$

Impulssatz (y):

$$\Sigma F_y: F_N - mg \cos \varphi = -m \frac{v^2}{R}.$$

Energiesatz mit Rollbedingung:

$$g \, R \, (1 - \cos \varphi) = \frac{1}{2} m \, v^2 + \frac{1}{2} \frac{1}{2} \, m \, r^2 \, \frac{v^2}{r^2} = \frac{3}{4} \, m \, v^2.$$

Verwurschteln:

$$F_N = \frac{1}{3} \, mg \, (7 \cos \varphi - 4).$$

Reibgesetz zum Zeitpunkt des Übergangs Rollen–Rutschen:

$$F_R = \mu \, F_N,$$
$$\Rightarrow \sin \varphi_0 = \mu (7 \cos \varphi_0 - 4),$$
$$\Rightarrow \mu = \frac{\sin \varphi_0}{7 \cos \varphi_0 - 4}.$$

Aufgabe 91	Abschn. 3.3	**Schwierigkeitsgrad:** 💣※

Herr Dr. Romberg hatte mal wieder einen schönen Abend in seiner Lieblingskneipe[6]. Anschließend wird Herr Dr. Romberg im Anhänger am Auto von Herrn Dr. Hinrichs nach Hause befördert. Man ermittle die Kraft in der Verbindungsstange zwischen Auto und Anhängerkupplung bei Talfahrt, wenn alle Räder gerade noch rollen, ohne zu rutschen (Masse Auto + Dr. Hinrichs: m_1, Masse Anhänger, Dr. Romberg: m_2).

---

[6]Herr Dr. Romberg möchte hier nochmals ausdrücklich betonen, dass er sich für die Hinrichs'schen, sagen wir mal „Humor"-Ansätze nicht verantwortlich fühlt, ihm aber geraten wurde, nicht zu widersprechen.

Gegeben: m_1, m_2, g, α, μ_1, μ_2.

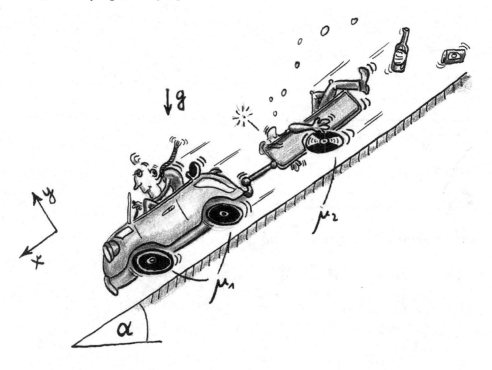

Freikörperbild Dr. Hinrichs:

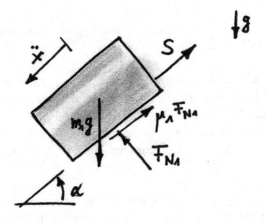

Freikörperbild Dr. Romberg:

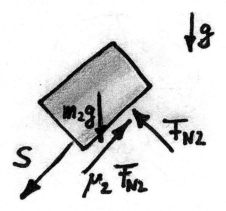

Zunächst treffen wir die gewagte Grundannahme, dass die Masse von Herrn Dr. Romberg während der gesamten Fahrt konstant bleibt.

Impulssatz für das Gesamtsystem:

$$\Sigma F_X = (m_1 + m_2)\, g \sin\alpha - m_1\, g \cos\alpha\, \mu_1 - m_2\, g \cos\alpha\, \mu_2,$$
$$= (m_1 + m_2)\, \ddot{x}.$$
$$==> \ddot{x} = g \sin\alpha - \frac{m_1}{m_1+m_2} g \cos\alpha\, \mu_1 - \frac{m_2}{m_1+m_2} g \cos\alpha\, \mu_2,$$

Impulssatz, beispielsweise für Masse 1:

$$\Sigma F_X = -S + m_1\, g \sin\alpha - m_1\, g \cos\alpha\, \mu_1 = m_1\, \ddot{x}.$$

Einsetzen von $\ddot{x}$:

$$==> S = \frac{m_1 m_2}{m_1 + m_2}(\mu_2 - \mu_1) g \cos\alpha.$$

Aufgabe 92	Abschn. 3.3	Schwierigkeitsgrad: ✿ ● ❋

Ein Riesenrad (Radius R) dreht sich mit konstanter Winkelgeschwindigkeit ω. In der unteren Gondel sitzt die Dame des Interesses von Herrn Dr. Hinrichs (Masse m), in der oberen Gondel sitzt die Jugendfreundin von Herrn Dr. Romberg (Masse M = 2 m). Beide sitzen aus unerfindlichen Gründen auf einer Waage.

Wie schnell (gesucht: ω) muss sich das Riesenrad drehen, damit beide Waagen in der skizzierten Stellung dasselbe Gewicht anzeigen?

Gegeben: g, R.

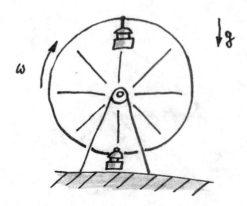

Kleine Anmerkung, um euch nebenbei zu verwirren: Die Gondeln bewegen sich *rein* translatorisch, obwohl sie sich im Kreis bewegen … Darüber könnt ihr euch ja etwas den Kopf zerbrechen! Kleiner Tipp: Man skizziere doch einmal die Geschwindigkeitsrichtungen für zwei Punkte einer Gondel im Gegensatz zu einer radialen Stange.

Wenn wir uns das Freikörperbild eines Fahrgastes vorstellen, so können wir wieder schreiben (gähn):

Summe der Kräfte:

$$\Sigma F_y = F_{N1} - mg = m\,\ddot{y} \qquad \text{mit } \ddot{y} = \omega^2 R$$

bzw.

$$\Sigma F_y = F_{N2} - Mg = M\,\ddot{y} \qquad \text{mit } \ddot{y} = -\omega^2 R.$$

Bedingung:

$$F_{N1} = F_{N2},$$
$$\Rightarrow m\,\omega^2 R + m\,g = M\,g - M\,\omega^2 R.$$

$$\omega = \sqrt{\frac{g}{3R}}.$$

Aufgabe 93   Abschn. 3.3   **Schwierigkeitsgrad:**

Herr Dr. Hinrichs mit Fahrrad (gemeinsamer Schwerpunkt C, Gesamtmasse m, Geschwindigkeit v_0) muss eine Gefahrenbremsung (Reibkoeffizient Fahrbahn–Reifen: μ) machen, da der betrunkene Herr Dr. Romberg auf der Fahrbahn Platz genommen hat.

Wie lang ist der Bremsweg, wenn Herr Dr. Hinrichs nur die Hinterradbremse benutzt und das Hinterrad gerade noch nicht blockiert?

Gegeben: m, g, v_0, μ.

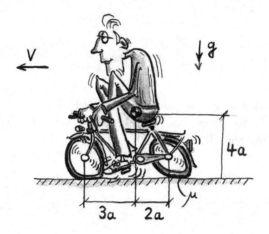

Lösung

Freikörperbild:

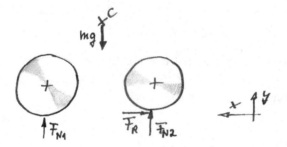

Impulssatz:

$$F_x = m\,\ddot{x} = -\mu\,F_{N2},$$
$$F_y = m\,\ddot{y} = 0 = F_{N1} + F_{N2} - mg.$$

Drallsatz um den Schwerpunkt:

$$0 = -3a\,F_{N1} + 2a\,F_{N2} + 4\,a\,\mu\,F_{N2}.$$

Zusammenwurschteln:

$$\Rightarrow F_{N2} = \frac{3\,mg}{5+4\mu},$$
$$\Rightarrow \ddot{x} = \frac{3\,\mu}{5+4\mu}\,g.$$

Geschwindigkeitsverlauf:

$$v(t) = v_0 + \dot{x}\, t \implies t_{stop} = -v_0/a,$$

$$s(t_{stop}) = v\, t_{stop} + \frac{\ddot{x}}{2} t_{stop}^2 = -\frac{v_0^2}{2a} = \frac{(5+4\mu)v_0^2}{6\mu g}.$$

Aufgabe 94   Abschn. 3.4   **Schwierigkeitsgrad:** ✿ ✸

Eine Kugel fällt vertikal auf eine schiefe Ebene (Stoßzahl e).

Wie groß muss der Neigungswinkel der Ebene sein, wenn die Kugel nach dem Aufprall horizontal wegfliegen soll?

Gegeben: e.

Lösung

Geschwindigkeitskomponenten vor dem Aufprall:

1. Normal zur Ebene:

$$v_{1N} = v \cos \alpha.$$

2. Tangential zur Ebene:

$$v_{1T} = v \sin \alpha.$$

Geschwindigkeitskomponenten nach dem Aufprall:

1. Normal zur Ebene:

$$v_{2N} = -e\, v \cos \alpha.$$

2. Tangential zur Ebene:

$$v_{2T} = v \sin \alpha.$$

Bestimmung der Komponenten in vertikaler Richtung:

$$v_{2V} = v_{2N} \cos \alpha + v_{2T} \sin \alpha.$$

Bedingung für horizontales Wegfliegen:

$$v_{2V} = 0 = -e\, v \cos \alpha \cos \alpha + v \sin \alpha \sin \alpha.$$

Umformen mit

$$\cos^2 \alpha = 1 - \sin^2 \alpha, \tan^2 \alpha = \frac{\sin^2 \alpha}{1 - \sin^2 \alpha} \Rightarrow \tan \alpha = \sqrt{e}.$$

Die letzte Faust der Shaolin, Masse $m = 0,05$ kg, durchschlägt ein Brett der Masse $M = 5$ kg. Die Auftreffgeschwindigkeit der Faust beträgt $v_0 = 600$ m/s, die Faust hat nach dem Schlag eine Geschwindigkeit $v = 150$ m/s. Das Brett ist reibungsfrei auf der Unterlage verschieblich.

a) Wie groß ist die Geschwindigkeit V des Brettes nach dem Stoß?
b) Wie viel Energie geht bei der Verformung des Brettes verloren?

Gegeben: $m = 0,05$ kg, $M = 5$ kg, $v_0 = 600$ m/s, $v = 150$ m/s.

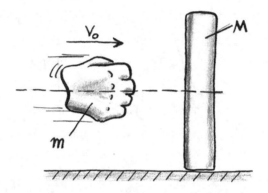

Lösung

Impulserhaltung:

$$m\,v_0 = m\,v + M\,V,$$
$$\Rightarrow V = m\,(v_0 - v)/M = 4,5 \text{ m/s}.$$

Energiebilanz:

$$0,5\,m\,v_0^2 = 0,5\,m\,v^2 + 0,5\,M\,V^2 + E_{\text{kaputt}}.$$
$$===> E_{\text{kaputt}} = 0,5\,m\,v_0^2 - \left(0,5\,m\,v^2 + 0,5\,M\,V^2\right) = 8386,9 \text{ kgm}^2/\text{s}^2.$$

Ein Pendel besteht aus einem masselosen Faden und einer im Abstand $L = 2$ m befestigten Masse $M = 1$ kg. Das Pendel wird aus der Anfangsauslenkung $\varphi_0 = 30°$ losgelassen und stößt für $\varphi = 0$ auf einen anderen Pendelkörper (Masse $m = 0{,}5$ kg, $e = 1$), dessen Pendellänge nur $L/2$ beträgt.

Wie weit schwingt das kürzere Pendel nach dem Stoß aus?

Gegeben: $M = 1$ kg, $m = 0{,}5$ kg, $L = 2$ m, $\varphi_0 = 30°$, $e = 1$, $g = 10$ m/s^2.

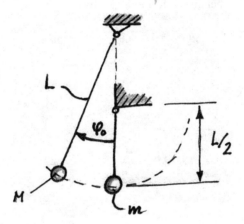

Lösung

Geschwindigkeit vor dem Stoß:

$$g\,L(1 - \cos\varphi_0) = 0{,}5\,J\,\omega^2 \text{ mit } J = M\,L^2,$$

$$\Rightarrow \omega = \sqrt{\tfrac{2g(1-\cos\varphi_0)}{L}},\ v = \omega\,L = \ldots = 2{,}32 \text{ m/s.}$$

Geschwindigkeit des zweiten Pendels nach dem Stoß:

$$V = \tfrac{1}{m+M}\,[(1 + e)\,M\,v] = \ldots = 3{,}09 \text{ m/s,}$$

$$\Rightarrow \omega_2 = 2V/L.$$

Energiesatz nach dem Stoß:

$$0{,}5\,J_2\,\omega_2^2 = m\,g\,L(1 - \cos\varphi_{max})/2 \quad \text{mit } J_2 = m\,L^2/4.$$

Auflösen nach φ_{max}:

$$\varphi_{max} = \arccos\left(1 - \frac{J_2\omega_2^3}{mgL}\right).$$

Zusammenbraten der Gleichungen, einsetzen:

$\varphi_{max} = 58{,}4°.$

Aufgabe 97	Abschn. 3.4	Schwierigkeitsgrad: ♦※

Ein Flummi stößt an den Stellen P_1, P_2, P_3, P_4 … gegen eine (ideal glatte) Ebene. Der Abstand der Auftreffpunkte P_1 und P_2 ist dabei gleich dem Abstand der Punkte P_2 und P_4.
Wie groß ist die Stoßzahl e?
Gegeben: $P_2 - P_1 = P_4 - P_2$.

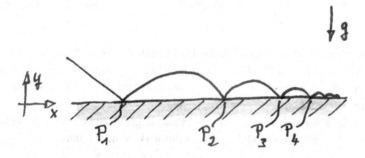

Lösung

Die x-Komponente der Geschwindigkeit bleibt während der Stöße konstant ($v_{x0} = $ const.), in y-Richtung können die Gleichungen des freien Falls verwendet werden ($v_{y0} = $ Geschwindigkeit in y-Richtung kurz nach dem Stoß):

$$y(t) = v_{y0}\, t - 0{,}5\, g\, t^2.$$

Zeit zwischen zwei Stößen:

$$y(T) = 0 \implies T = \frac{2v_{y0}}{g}.$$

Abstand d von zwei Stoßpunkten:

$$d = v_{x0} \, T = 2 \frac{v_{x0} v_{y0}}{g}.$$

Benachbarte Abstände:

$$d_{n+1} = e \, d_n,$$
$$d_{n+2} = e^2 \, d_n.$$

Mit $P_2 - P_1 = P_4 - P_2$ folgt:

$$d_n = d_{n+1} + d_{n+2},$$
$$\Rightarrow 1 = e + e^2,$$
$$\Rightarrow e = 0{,}618.$$

So, zum Ausklang noch zwei sogenannte „Laberaufgaben" für Nerd-Partys:

Aufgabe 98	Abschn. 3.3	**Schwierigkeitsgrad:** ✧

Herr Dr. Hinrichs fliegt auf den alljährlichen Freischneiderball. In einem Gewitter sackt das Flugzeug „in einem Luftloch" ab. Herr Dr. Hinrichs schießt mitsamt seinem Pfefferminztee Richtung Kabinendecke. Als sich das Flugzeug wieder fängt, landet Herr Dr. Hinrichs unsanft auf dem Schoß des Flugbegleiters.

Während der Flugbegleiter versucht, auf seine Lage aufmerksam zu machen, überlegt Herr Dr. Hinrichs, wo denn bloß die große Kraft herkommt, die ihn aus seinem Sitz katapultierte.

Warum fällt das Flugzeug schneller nach unten als er, obwohl er ja – wohl genau wie das Flugzeug – im freien Fall der Erdbeschleunigung ausgesetzt war? Warum fängt sich das Flugzeug abrupter, als dies bei einem Aufsetzen auf der Landebahn der Fall zu sein scheint [30]?

Lösung

Herr Dr. Hinrichs scheint eine „negative Beschleunigung" in Richtung Himmel zu erfahren. Tatsächlich werden derartige Beschleunigungen, auch Levitationen genannt, nur in religiösen Kreisen für möglich gehalten.[7]

---

[7]Herr Dr. Romberg wirft ein, dass Scheinlevitationen auch durch gezieltes Inhalieren bestimmter qualmender Substanzen erreicht werden können.

Beschäftigen wir uns zunächst mit dem Zustand des Flugzeugs bei horizontalem Flug: Die an dem Flugzeug vorbeiströmende Luft übt auf dieses eine Auftriebskraft F_{Auf} aus, welche der Gewichtskraft G des Flugzeugs das Gleichgewicht hält:

$$\ddot{y} = \Sigma F = F_{Auf} - G = 0.$$

Fliegt das Flugzeug in Turbulenzen, so kann es in Bereiche kommen, in denen sich infolge dieser Turbulenzen die Anströmrichtung der Tragflächen so gravierend ändert („Abwinde"), dass die Auftriebskraft $F_{Auf} = -F_{Ab}$ negativ wird.

In diesem Bereich gilt somit:

$$\ddot{y} = \Sigma F = -F_{Ab} - G \ll 0.$$

Während Herr Dr. Hinrichs sich tatsächlich im freien Fall befindet, also nur seiner Gewichtkraft ausgesetzt ist, wird das Flugzeug zusätzlich zu seiner Gewichtskraft mit der Abtriebskraft nach unten beschleunigt. Infolge der unterschiedlichen Beschleunigungen vergrößert sich der Abstand von Herrn Dr. Hinrichs zu seinem Sitz. Es ergibt sich eine Relativgeschwindigkeit zwischen Flugzeug und dessen losem Inhalt, die zu einem unsanften Aufprall von Herrn Dr. Hinrichs an der Kabinendecke führt, sofern diese Bewegungsphase lange genug andauert.

Turbulenzen in einem Gewitter sind aber dadurch gekennzeichnet, dass sich sowohl die Strömungsrichtung als auch die Strömungsgeschwindigkeit sehr schnell ändern können. Den genannten starken Abwinden folgen daher ebenso starke Aufwinde, welche eine gegenüber dem Horizontalflug stark vergrößerte Auftriebskraft erzeugen, sodass das Flugzeug abrupt nach oben beschleunigt wird. Dieser Beschleunigungswechsel bewirkt einen abrupten Lastwechsel an dem Flugzeug, welcher für den angeschnallten Passagier als ein starker „Stoß" (Beschleunigungsänderung = $\dddot{y}$ = „Ruck") zu spüren ist und infolge der Strukturverformungen des Flugzeugs als lauter Knall zu hören sein kann. Für übliche große Passagierflugzeuge gibt die Norm „Joint Airworthiness Requirements" vor, dass diese einen Beschleunigungswechsel zwischen 3,8 g und –1 g aushalten müssen! Natürlich versucht die moderne Routenplanung unter Einbindung von Wetterinformationssystemen derartig unkomfortable Flugsituationen zu vermeiden

Aufgabe 99   **Schwierigkeitsgrad:** ✿

Woher kommt die Kraft, die Herrn Dr. Romberg beim täglichen „Steckdosen-Flush" quer durch den Raum schleudert? Kraft muss doch eine Ursache haben (Kap. 1), aber ein elektrischer „Schlag" ist doch eigentlich gar kein richtiger mechanischer Stoß mit entsprechender Wirkung [30]?

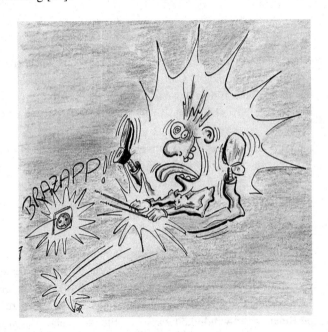

Lösung

Wenn man vom elektrischen Strom einen „gewischt" bekommt, dann wird die bewegungsverursachende Kraft von den eigenen Muskeln erzeugt! Wenn ein starker Strom durch einen mehr oder weniger lebendigen Körper fließt, ziehen sich dessen Muskeln zusammen – oft stärker, als dies bei einer bewusst herbeigeführten Kontraktion möglich wäre.

Normalerweise begrenzt der Körper selbst den Anteil der Muskelfasern, die willentlich dazu veranlasst werden können, sich gemeinsam zusammenzuziehen. Extremer Stress kann den Körper dazu bringen, diese Grenzen aufzuheben, was um den Preis möglicher Verletzungen unerwartet große Kräfte entstehen lassen. Wenn die Muskeln durch einen elektrischen Schlag stimuliert werden, wirken die eingebauten Begrenzungen nicht, weshalb die Kontraktionen sehr heftig sein können. Typischerweise durchfließt der Strom Arm, Rumpf und Beine, was bei dem größten Teil der Muskeln eine gleichzeitige Kontraktion auslöst. Diese führt dazu, dass das Opfer durch den Raum geschleudert wird, ohne dass es einen freiwilligen Beitrag leistet. Schlimmstenfalls können die Kontraktionen so heftig sein, dass es zu Muskel-, Gelenk- und Bindegewebsschäden kommt. Dies ist die Grundlage der „hysterischen Kraftentfaltung", die es Herrn Dr. Romberg manchmal ermöglicht, mehrere Lokalitäten gleichzeitig aufzumischen, wenn ihm das n-te Getränk versagt wird. Man erzählt sich, dass Herr Dr. Romberg bei einem Auftritt seiner Hobbyband „The Free Cuts" ein schlecht geerdetes Metallmikrofon umklammert haben soll. Da es für Herrn Dr. Romberg nicht ganz unüblich ist, dass er sich bei seinen „Konzerten" in mehr oder weniger rhythmischen Zuckungen auf dem Boden wälzt, dauerte es fast 20 min, bis die weiteren Bandmitglieder merkten, dass etwas nicht in Ordnung war, und den Strom abschalteten.

Literatur

1. Assmann, B. Technische Mechanik, Band 1: Statik, München, Wien: R. Oldenbourg Verlag, 1984.
2. Assmann, B. Technische Mechanik, Band 2: Festigkeitslehre, München, Wien: R. Oldenbourg Verlag, 1979.
3. Assmann, B. Technische Mechanik, Band 3: Kinematik und Kinetik, München, Wien: R. Oldenbourg Verlag, 1985.
4. Besdo, B., Dirr, B. Heimann, B., Popp, K., Teipel, I. Formelsammlung zu Technische Mechanik I-IV, Institut für Mechanik, Universität Hannover.
5. Besdo, D., Dirr, B., Heimann, B., Popp, K., Teipel, I. Klausursammlung des Instituts für Mechanik, Universität Hannover, 1985 – 1997.
6. Besdo, D., Dirr, B., Heimann, B., Popp, K., Teipel, I. Aufgabensammlung zur Technischen Mechanik I–IV, Institut für Mechanik, Universität Hannover.
7. Beitz, W., Küttner, K.-H. (Herausgeber). Dubbel, Taschenbuch des Maschinenbaus, 15. Auflage, Berlin, Heidelberg, New York, Tokyo: Springer Verlag, 1986.
8. Euler, L.. Theorie der Bewegung fester oder starrer Körper (Theoria motus corporum solidorum seu rigidorum), Greifswald: C. A. Koch's Verlagsgesellschaft, 1853.
9. Göldner, H., Holzweißig, F. Leitfaden der Technischen Mechanik: Statik, Festigkeitslehre, Kinematik, Dynamik, Darmstadt: Steinkopff Verlag, 1984.
10. Göldner, H., Witt, D. Lehr- und Übungsbuch Technische Mechanik, Band 1: Statik und Festigkeitslehre, Fachbuchverlag Leibzig Köln, 1993.
11. Gross, D., Hauger, W., Schnell, W. Technische Mechanik, Band 1: Statik, Berlin, Heidelberg: Springer Verlag, 1988.
12. Hauger, W., Schnell, W., Gross, D. Technische Mechanik, Band 3: Kinetik, Berlin, Heidelberg: Springer Verlag, 1986.
13. Holzmann, G., Meyer, H., Schumpich, G. Technische Mechanik, Teil 1: Statik, Stuttgart: Teubner Verlag, 1990.
14. Holzmann, G., Meyer, H., Schumpich, G. Technische Mechanik, Teil 2: Kinematik und Kinetik, Stuttgart: Teubner Verlag, 1986.
15. Holzmann, G., Meyer, H., Schumpich, G. Technische Mechanik, Teil 3: Festigkeitslehre, Stuttgart: Teubner Verlag, 1983.
16. Istituto Geographico de Agostini S. p. A., da Vinvi, L., Das Lebensbild eines Genies, Wiesbaden, Berlin: Emil Vollmer Verlag.
17. Klee, K.-D. Elastostatik, Skript Fachhochschule Hannover, 1. Auflage, 1994.
18. Magnus, K., Müller, H. H. Grundlagen der Mechanik, Stuttgart: Teubner-Verlag, 1990.

© Springer Fachmedien Wiesbaden GmbH, ein Teil von Springer Nature 2020
O. Romberg und N. Hinrichs, *Keine Panik vor Mechanik!*,
https://doi.org/10.1007/978-3-8348-2413-4

19. Mönch, E. Einführungsvorlesung Technische Mechanik, München, Wien: R. Oldenbourg Verlag, 1981.

20. Newton, I. Mathematische Prinzipien der Naturlehre, mit Bemerkungen und Erläuterungen von Prof. Dr. J. Ph. Wolfers, Berlin, Verlag von Robert Oppenheim, 1872.

21. Pestel, E. Technische Mechanik, Band 1: Statik, Mannheim, Wien, Zürich: BI Verlag, 1982.

22. Pestel, E., Wittenburg, J. Technische Mechanik, Band 2: Festigkeitslehre, Mannheim, Wien, Zürich: BI Verlag, 1983.

23. Pestel, E. Technische Mechanik, Band 3: Kinematik und Kinetik, Mannheim, Wien, Zürich: BI Verlag, 1988.

24. Ritter, A. Theorie und Berchnung eiserner Dach- und Brücken-Construktionen, Hannover: Carl Rümpler, 1863.

25. Ritter, A. Vorlesung über Mechanik, 1860.

26. Schnell, W., Gross, D., Hauger, W. Technische Mechanik, Band 2: Elastostatik, Berlin, Heidelberg: Springer Verlag, 1989.

27. Szabó, I. Repetitorium und Übungsbuch der Technischen Mechanik, Berlin, Göttingen, Heidelberg: Springer Verlag, 1963.

28. Szabó, I. Einführung in die Technische Mechanik, Berlin, Heidelberg, New York: Springer Verlag, 1975.

29. Szabó, I. Geschichte der mechanischen Prinzipien, Basel, Boston, Stuttgart: Birkhäuser Verlag, 1987.

30. Epstein, Lewis Caroll: Epsteins Physikstunde: 450 Aufgaben und Lösungen, Basel; Boston; Berlin: Birkhäuser, 1992, ISBN: 3-7643-2771-5 (s. a. englischsprachige Ausgabe: "Thinking Physics. Practical Lessions in Critical Thinking" by Insight Press, San Francisco).

31. Labuhn, D., Romberg, O. Keine Panik vor Thermodynamik!, Verlag Vieweg, 2012.

32. Strybny, J. Ohne Panik Strömungsmechanik!, Verlag Vieweg, 2012.

33. Oestreich, M., Romberg, O. Keine Panik vor Statistik!, Verlag Springer Vieweg, 2018.

34. Tieste, K.-D., Romberg, O. Keine Panik vor Regelungstechnik!, Verlag Vieweg, 2015.

35. Romberg, O., Hinrichs, N. Don't Panic with Mechanics!, Verlag Vieweg 2006.

36. Tieste, K.-D., Romberg, O. Keine Panik vor Elektrotechnik!, Verlag Springer Vieweg, 2015.

37. Dietlein, M., Romberg, O. Keine Panik vor Ingenieurmathematik!, Verlag Springer Vieweg, 2014.

38. Bronstein, I.N., Semendjajew, K.A. Taschentuch der Mathematik, Verlag Harri Deutsch, Frankfurt (Main) 23. Auflage.

39. Telefonbuch Maui, Hawaii (inkl. Branchenverzeichnis), Ausgabe 2019.

Sachregister

© Springer Fachmedien Wiesbaden GmbH, ein Teil von Springer Nature 2020
O. Romberg und N. Hinrichs, *Keine Panik vor Mechanik!*,
https://doi.org/10.1007/978-3-8348-2413-4

Printed in the United States
By Bookmasters